U0150252

明渠湍流数据分析方法

钟　强　刘春晶　陈启刚等　著

科学出版社
北　京

内 容 简 介

明渠湍流是自然界中常见的流动现象，在工程实践中应用广泛。明渠湍流中几乎所有重要现象都与湍流的特征有密切关系。明渠湍流研究的基础是通过实验和数值模拟获得大量湍流数据，数据分析是从湍流数据中寻找客观规律的必由之路。为方便初学者对明渠湍流数据分析方法快速入门，本书系统介绍了常用的明渠湍流数据分析方法。首先在简要介绍明渠湍流基本理论和湍流实验与数据处理基础后，系统介绍了包括紊动统计参数、相关分析、傅里叶变换与谱分析、小波变换、本征正交分解、涡旋识别技术等常用的明渠湍流数据分析方法。介绍完每种方法后，均以分析实例对方法应用与分析结果的物理意义进行了讲解。

本书可供从事水利工程、环境科学和工程、海洋工程、航空航天工程、土木工程、交通工程等领域工作的科技人员及高等院校相关专业师生参考。

图书在版编目（CIP）数据

明渠湍流数据分析方法 / 钟强等著. —北京：科学出版社，2022.7

ISBN 978-7-03-072551-6

Ⅰ. ①明… Ⅱ. ①钟… Ⅲ. ①明渠－湍流－统计数据－统计分析 Ⅳ. ①TV133

中国版本图书馆 CIP 数据核字（2022）第 101181 号

责任编辑：狄源硕 程雷星 / 责任校对：樊雅琼
责任印制：吴兆东 / 封面设计：无极书装

科 学 出 版 社 出版
北京东黄城根北街 16 号
邮政编码：100717
http://www.sciencep.com
北京建宏印刷有限公司 印刷
科学出版社发行 各地新华书店经销
*
2022 年 7 月第 一 版 开本：720 × 1000 1/16
2022 年 7 月第一次印刷 印张：15 插页：6
字数：302 000

定价：118.00 元

（如有印装质量问题，我社负责调换）

前　言

水利、港航等工程所面对的流动现象大多数是明渠湍流。理解湍流的物理机制对认识这些流动现象以及进行科学的工程设计至关重要。然而，作为“经典物理学中最后一个未被解决的难题”，湍流的复杂程度使得我们到目前为止仍然没有一套完善的理论能够应用于所有情况。普遍认为湍流仍然遵循纳维-斯托克斯（Navier-Stokes, N-S）方程组，但是由于N-S方程组的强非线性特征，从理论上分析N-S方程组遇到了重重困难。因此，现代湍流研究十分注重从实验或者数值模拟中获取湍流数据，使用一定的分析方法从数据中提取有意义的信息，发现新现象，验证理论预测。这就使得数据分析方法成为湍流研究中至关重要的手段。

由于现代湍流研究已有近140年历史，各种湍流数据分析方法散布在时间跨度很大的文献资料中，不便于刚刚进入这一领域的初学者熟悉掌握。特别是对于水利等工程学科的研究生，他们并不专门从事湍流研究，而是将其作为所研究问题的背景知识，更加需要较快地了解目前常用的湍流数据分析方法，以便尽快开展后续研究。作者刚进入明渠湍流这一领域时，为了分析实验数据，曾经花费了大量时间和精力收集文献资料，理解各种方法的物理意义，学习如何合理解释和运用各种方法所得的分析结果。当时作者曾经希望找到介绍明渠湍流数据分析的书籍，湍流理论以及数值模拟方面的经典名著不少，但系统介绍数据分析方法的教科书或者参考书则暂付阙如。鉴于此，在清华大学水利水电工程系李丹勋教授的建议和鼓励下，作者不揣谫陋，整理本书，希望可以帮助从事有关研究的初学者尽快熟悉目前主流的湍流数据分析方法。

本书内容偏重于从湍流“事件”以及“相干结构”的角度分析数据。湍流统计理论中揭示湍流微结构的各种标度率的数据分析方法，由于偏重于理论研究，本书暂未涉及。另外，三维数据分析是近年的研究热点，然而远不如一维和二维数据分析成熟，因此，本书以一维和二维数据为主进行介绍。本书将湍流数据分析总结为“尺度分解”和“尺度关联”两种基本思想。在实际测量所得湍流数据中，所有尺度的运动混合在一起不可分辨，造成流速无规律的脉动。直接对这种杂乱无章的信号进行研究必然无从下手。因此，明渠湍流数据分析的第一个重点就是从原始信号中分解出不同尺度的信号，即“尺度分解”。傅里叶变换、小波变换和本征正交分解等均为常用的尺度分解方法。分解出原始信号中不同尺度运动后，需要进一步研究不同尺度之间的相互影响和相互关系，即为“尺度关联”，相关分析就是研究尺度关联的主要手段。在这一思路下，每一种数据分析方法都不独立，而是各自在湍流数据分析框架下占据一定的位置，达到一定的分析目的，并在必要的时候和其他方法混合使用。本书的主要特点是在每一章介绍完方法的基本理论后，以明渠湍流实测数据分析实例对方法应用进行讲解，以便读者理解其应用方式和分析结果的物理意义。

本书写作过程中，李丹勋对全书组织方式提出了建议，王兴奎拟定了全书框架，钟强完成了第 1、3、4、10 章，谷蕾蕾完成了第 2 章，鲁婧完成了第 5、8 章，陈槐完成了第 6、9 章，刘春晶完成了第 7 章，陈启刚完成了大部分程序的编写整理和插图绘制。全书最后由钟强统稿，刘春晶整理，王兴奎定稿。

本书得到了国家自然科学基金项目（12072373、52179081、51809268）和中国水利水电科学研究院“十三五”“十四五”创新团队项目（SE0145B572017、SE0145B022021）的支持，在此一并表示感谢。由于湍流研究内容博大精深，而作者才疏学浅，本书难免有不足之处，还望广大读者批评指正。

钟　强

于中国农业大学东校区中以楼

2022 年 3 月 10 日

目　录

第1章 绪　论

1.1　层流与湍流

自然界中的流动一般可分为两种流态：层流（laminar flow）和湍流（turbulent flow）。在其他条件一定时，如果当流速很小，流体分层流动，互不混合，称为层流；逐渐增大流速，流体的流线开始出现波浪状的摆动，摆动的频率及振幅随流速的增大而增大，直至瞬时流线不再清楚可辨，流场中出现许多不同尺度的涡旋，在流场中某一固定点测量流动参量（如流速）时，参量会出现随机的变化，这种流态称为湍流，又称为紊流。

从层流到湍流的变化可以用雷诺数来量化：

$$Re = \frac{\rho UL}{\mu} \tag{1.1}$$

式中，ρ为流体密度；U为流动的特征速度；L为流动的特征尺度；μ为流体的黏性系数。

雷诺数的物理意义是惯性力与黏性力之比。当流动中出现小扰动时，惯性驱使初始扰动持续影响后续流动，而黏性力则能抑制扰动的发展。雷诺数较小时，黏性力起决定作用，流场中流速的小扰动会因相对较强的黏性力抑制作用而衰减，流动稳定，为层流。当雷诺数较大时，惯性力对流场的影响大于黏性力，流速的微小扰动容易发展、增强，最终形成紊乱、不规则的湍流。

流态转变时的雷诺数称为临界雷诺数。一般临界雷诺数都在数千的量级。自然界中流动的数值常常远大于临界雷诺数。例如，设一小溪的水深为10cm，流速为20cm/s，则其雷诺数为2×10^4，长江航道中水深在10m左右，流速在2m/s左右，则其雷诺数为2×10^7，两个雷诺数均远大于临界雷诺数。因此，自然界以及工程应用中的大多数流动均是湍流。

理解湍流的物理机制对我们认识自然中的流动现象、进行安全可靠高效的工程设计等至关重要。湍流内部的动量、热和质量输运与层流均有显著不同。最易观察到的现象是湍流中各种参量的随机脉动（fluctuation）。例如，曾经发现大洪水之后岷江中成吨的巨石越过都江堰的飞沙堰向下游输移。实际上，大洪水期间弯道内的平均床面剪切力根本不足以起动河床上如此巨大的石块，理解这一现象的关键在于洪水期河道中流态湍动剧烈，床面剪切力存在大幅的随机脉动，因此会以一定的概率发生瞬时剪切力远大于平均剪切力的极端事件，足以起动成吨的巨石。

现代湍流研究主要集中在机械与航空航天、大气与海洋环境等领域。经典的壁面湍流（wall-bounded turbulence）研究也主要集中在边界层（boundary layer）、管流（pipe flow）和封闭槽道流（channel flow）等经典流态上。明渠湍流的研究开始较晚，大约从 20 世纪 70 年代开始，随着热线风速仪和氢气泡示踪技术的发展，明渠湍流的研究才真正系统地开展起来。20 世纪 80 年代，激光多普勒测速计的使用使研究者首次获得了可靠的明渠湍流标准数据，进而开始了对明渠湍流各种现象以及物理机制的研究。

由于湍流本身的复杂性，湍流研究主要是采用数据分析方法分析实验数据以揭示湍流的机理。本书主要介绍明渠湍流研究中常用的数据分析方法。

1.2 湍流研究简介

关于湍流这一重要而普遍问题的研究已有数百年的历史。人类对湍流问题的最早关注可以追溯到阿基米德时代，有确切记载的研究可以追溯到约 500 年前的达·芬奇。达·芬奇在一些手稿中（图 1.1）绘出了河流与渠道中紊乱的流态。图 1.1 中上半部分为河流中急流绕过钝体后形成的紊动，下半部分为高速水体射入静水后形成的不同尺度的涡旋。达·芬奇通过敏锐的观察精确捕捉到了湍流中异常混乱的流态与尺度差异极大的涡旋，并通过天才的绘画技巧将其描绘出来了，这可能是人类第一次意识到湍流运动的复杂性与其多尺度特性，而达·芬奇通过绘画来展示和研究湍流也与近代流动显示的基本思想吻合。

图 1.1 达·芬奇关于湍流的手稿（现藏于法国国家图书馆）

现代湍流研究始于 Reynolds。Reynolds 在 1883 年进行了著名的雷诺实验[1]，清晰展示了层流与湍流的本质区别，层流是定常流动，而湍流中质点的运动速度存在随机脉动，因此不同位置的流体会随时间迁移而相互掺混。在这一实验结果的基础上，Reynolds 于 1895 年提出了雷诺分解，并推导了雷诺方程组[2]，成为现代湍流研究的基本理论框架。雷诺方程组将流速和压强均分解为平均值和脉动值，代入 N-S 方程组后得到平均流速和压强的控制方程。由于 N-S 方程组的强非线性特性，雷诺方程组在描述平均运动的同时，出现了脉动流速分量之间的相关矩，这一项具有应力量纲，因此称为雷诺应力，表征湍流中脉动对平均量存在影响。雷诺方程组的未知数个数大于方程个数，方程组不封闭而无法求解。因此，建立湍流模式封闭雷诺方程组成为湍流研究的核心问题。

围绕这一问题，早期的湍流理论研究逐渐分为两种思路：其一为使用一些物理假设建立物理模型，直接将雷诺应力与时均量建立关系。Boussinesq 于 1877 年提出二维湍流的雷诺应力与黏性力作用相似，雷诺应力与平均速度梯度成正比，二者之间的比值为涡黏系数[3]，随后这一假定被推广至三维情况。涡黏系数（eddy viscosity）在多数情况下并不是常数，这与湍流的平均运动有关，一般需要实验测定。因此，Boussinesq 假定虽然将雷诺应力与平均运动联系起来，但是多出了一个未知的经验系数，本质上并没有解决雷诺方程组封闭的问题。

在雷诺方程被提出30年之后，Prandtl于1925年提出混合长理论（mixing length model）[4]。Prandtl 借用分子运动论中的分子自由程概念，认为湍流中的流体微元与分子类似，假设微元携带了平均流场的平均动量向某一方向运动，其动量在走完一个混合长度后，突然与新位置周围不同动量的流体微元混合，在混合长之内，流体微元的动量保持不变。在这一假设下，Prandtl 能够将脉动流速和平均流场的平均速度梯度联系在一起。1933 年，在壁面湍流中，Prandtl 假设混合长与所研究的点到壁面的距离成正比，比例系数则由实验确定，称为 Kármán 常数。根据混合长理论和这一假设，雷诺方程组最终封闭。在壁面湍流中，根据混合长理论可推导得到著名的平均流速分布的对数律。这是现代湍流近 140 年研究历史上被实验反复验证和广泛接受的为数不多的定量结果之一。

以不同物理模型为基础，研究者逐渐发展了许多封闭雷诺方程组的方法，形成了各种湍流模式理论。这些研究成为目前计算流体力学及工程应用的基础。

雷诺应力与时均量直接建立关系的同时忽略了脉动这一湍流的重要特征，无法反映湍流内部运动的细节。因此，另一种封闭雷诺方程的思路主要关注湍流脉动的特征。这一思路更为基础，试图理解湍流运动的物理实质，最终形成了湍流统计理论。Friedman 和 Keller 于 1924 年按照推导雷诺方程组的基本思路，得到了空间两点脉动流速二阶相关矩，即雷诺应力的方程组（Friedman-Keller 方程组[5]），但是方程组中又出现了三阶相关矩，成为新的未知数，所以必须引入新的方程来描述三阶相关矩。由于 N-S 方程组的强非线性，这样的过程将会无穷无尽[6]。直接求解无穷个方程是不可能的事，因此必须对问题进行一定的简化。另外，在三维空间中的一般情况下，两点二阶相关矩具有 9 个独立分量，两点三阶相关矩有 18 个独立分量，即使只写出二阶和三阶相关矩的方程组，也会出现共 27 个未知数的方程组，问题解答也会过于困难。

为了简化问题，Taylor 于 1935 年提出了均匀各向同性湍流的理论模型[7]。均匀各向同性湍流简化了所有边界条件，假设湍流在一个完全独立无约束的均匀时空中演化，以研究湍流本身的特征。在自然界中，严格的均匀各向同性湍流是不存在的，其近似也只在极端条件下能够存在。不过，如果能在这种简单条件下对雷诺方程组封闭和湍流基本性质的研究取得进展，则有希望逐渐推广到更加复杂的条件中去。这种理想条件下，二阶和三阶相关矩均只剩一个独立分量。然而，即使在这种极简化模型的条件下，脉动相关矩的控制方程（Kármán-Howarth 方程）仍然不封闭。

虽然最终未能封闭雷诺方程组，但是研究者得到了一些重要的认识。例如，Kármán-Howarth 方程预测的两个二阶和三阶相关矩与实验结果相符，说明湍流确实能够被 N-S 方程组描述；均匀各向同性湍流的研究对了解湍流的衰减规律有所帮助。

Taylor 的均匀各向同性湍流条件过于苛刻，其中推导的结果也很难直接推广到稍微复杂的工况中。1941 年，Kolmogorov 提出湍流的非均匀各向同性主要是由大尺度涡旋引起的，而不同工况下的湍流在小尺度涡旋上则可能是均匀各向同性的，称为局部均匀各向同性。在这一假定基础上，Kolmogorov 使用结构函数取代相关矩反映小尺度涡旋的统计性质，放弃从 N-S 方程组导出其结构函数方程的方法，基于 Richardson 湍动能级串过程（cascade）的思想，使用量纲分析法，得到了结构函数的 2/3 定律以及一维湍谱或标量场湍谱的–5/3 定律，称为 K41 理论。K41 理论第一次导出了湍流微结构的规律，成为现代湍流近 140 年研究历史上另一个被实验反复验证和广泛接受的定量结果。

受实验条件和认识水平的限制，湍流前期的研究主要将湍流脉动视为随机的过程，每种尺度的涡旋均占据了湍流的整个时空。然而，1949 年 Batchelor 和 Townsend 发现湍流中的大尺度结构在时空中是不连续的，存在间歇性[8]。这与 K41 的理论基础矛盾。同时，Landau 指出 K41 假设能量级串的随机传递会导致雷诺数增大时耗散率趋于无穷大[9]。这些实验和理论上的问题表明湍流的内部结构并不是如 K41 描述的那样简洁。1981 年 Frisch 等应用复奇点理论研究检验了一些非线性系统，结果暗示间歇性是所有非线性系统的共同特征，并且都存在负幂形式的谱。

间歇性的发现导致众多对 K41 理论的修正，力图在包含间歇性的基础上也能导出能得到实验验证的结果，如 Kolmogorov 的 K62 理论[9]、Frisch 等于 1978 年提出的β模型[10]、佘振苏等于 1994 年提出的层次结构模型等[11]。

在新的实验技术发展起来之后，相干结构的研究成为湍流研究的另一个热点。Kline 等于 1967 年在壁面湍流黏性底层与缓冲区中发现了条带结构和猝发现象[12]，拉开了相干结构大规模研究的大幕。研究者在研究过程中逐渐认识到湍流中的运动并不是完全随机的，而是存在一定的有序结构，事实上湍流是一种随机性和确定性复杂交织的过程。经过整个湍流界 20 余年的研究和积累，Robinson 于 1991 年总结了湍流边界层的研究成果，基于发夹涡模型给出了猝发的发生和维持机制[13]。随着粒子图像测速（particle image velocimetry，PIV）技术和数值模拟技术的发展，对相干结构的研究日渐深入，Adrian 等于 2000 年基于发夹涡和发夹涡群模型建立了壁面湍流外区相干结构组织秩序[14]，并认为边界层中大尺度结构的间歇性来自于发夹涡群的发展和迁移。2007 年 Balakumar 和 Adrian 给出了壁面湍流中相干结构的三层结构[15]，其中最大一级的超大尺度结构纵向长度可以达到壁面湍流外尺度的几十倍。这些结构会引起时空中不同尺度的间歇性。

另一个湍流研究的新进展是数值模拟技术，特别是直接数值模拟（direct numerical simulation，DNS）技术。DNS 使用数值方法在不加任何物理模型的条件下直接解算 N-S 方程组。这种方法要求解算从 Kolmogorov 尺度到最大运动尺度的所有脉动，因此计算网格很密，计算量巨大。Kim 等于 1987 年首次得到摩阻雷诺数为 180 的封闭槽道流的 DNS 数据集[16]，并且与经典实验数据吻合良好，说明 DNS 能够获得可信度与实验结果无异的能反映湍流真实运动状况的数据集。随着计算机技术的飞速发展，目前最高雷诺数能够达到的摩阻雷诺数为 5200。虽然已经有了巨大的进步，但是限于计算能力，相对于工程应用，DNS 仍然只能处理极规则的边界条件和极小的计算区域。即使这样，相对于传统实验，DNS 数据集包含了三维流场中所有测点上的三维流速和压强信息，为研究者提供了前所未有的关于湍流的完整信息。因此，大量的研究力量开始集中于通过各种数据分析方法分析 DNS 数据集，希望得到关于湍流更加全面的知识。

1.3 本书主要内容

现代湍流近 140 年的研究虽然得到了丰富的成果，并形成了一些特殊条件下的局部理论，但是到目前为止仍然没有一套完善的湍流理论能够应用于各种工况，也就是说，我们仍然没有完全理解湍流。普遍认为湍流仍然遵循 N-S 方程组，并且正是 N-S 方程组的强非线性导致了湍流。从理论上分析 N-S 方程组遇到了重重困难。其他很多情况下我们都可以忽略非线性项进行线性分析，从而极大简化方程组。但是湍流条件下，我们必然要保留方程组的非线性特征，这将使问题极度困难。

因此，湍流研究的实际思路是从实验中发掘现象，进而反过来根据实验揭示的现象构建理论。纵观现代湍流的历史，每一种新的实验技术的发展都会带来对湍流更加深刻的认识。Reynolds 在 1883 年进行了著名的雷诺实验[1]，清晰展示了层流与湍流的本质区别，成为湍流现代研究的开端。早期的主要测量手段是毕托管测流速，毕托管的误差和响应速度使得它不能获得脉动流速，只能测量时间平均流速。因此，早期的湍流理论研究主要集中于湍流的平均特性以便于实验检验，必须涉及脉动特性时也通过各种假设将脉动特性与平均特性联系起来。例如，Prandtl 引入掺混长度使得雷诺应力与平均流速梯度建立了联系[4]。随着热线流速仪、激光多普勒测速计等光电观测技术的发展，可靠的脉动流速测量成为可能，于是研究开始转向脉动特征。氢气泡示踪等流动显示技术的出现在一定程度上给出了流场的信息，相干结构研究从此开始成为热点。二维、三维 PIV 和数值模拟技术使得我们可以真正得到完整的瞬时流场信息，湍流研究开始进入高速推进的阶段。

实验技术的发展使得获得完整的湍流数据成为可能，而接下来最重要的问题就是如何分析数据，得到湍流的特性。目前，我们可以通过 DNS 得到中等雷诺数工况下任意时刻流场中任意位置 N-S 方程组的所有四个未知数：三个方向的流速和压强。然而，这并不代表湍流问题得到根本解决。作者曾在美国物理学会第 68 届流体力学年会（American Physical Society 68th Annual DFD Meeting）的午餐会上与大涡模拟（large eddy simulation，LES）和 DNS 技术的奠基人之一——Parviz Moin 教授讨论这一问题，Moin 教授认为，在可预见的将来，我们很快就可以得到超过常规实验能力的 DNS 数据库，但这并不代表我们完全理解了湍流，相反，如何分析这些数据成为问题的核心。

从湍流实验和数值模拟数据库中提取出有意义的信息，数据分析方法是至关重要的研究手段。近年来的大部分湍流研究文献的主要思路均是使用专门设计的数据分析方法处理实验或者数值模拟结果，从而获得对湍流的新认识。因此，湍流数据分析方法成为湍流研究中一个非常重要的组成部分。但是，各种湍流数据分析方法散布在时间跨度极大的大量文献中，不便于刚刚进入湍流领域的学者熟悉掌握。特别是对于水利等工程学科的研究生和学者来说，他们并不专门从事湍流研究，而是将其作为所研究问题的背景知识，他们更加需要较快地了解目前常用的湍流数据分析方法，以便开展后续研究。

本书主要根据作者长期对明渠湍流研究的经验，介绍明渠湍流数据分析中的常用方法。将湍流数据分析总结为尺度分解和尺度关联两种基本思想。在这一思路下，每一种数据分析手段都不独立于其他方法，而是各自在分析框架下占据一定的位置，完成一定的分析目的，并在必要的时候和其他方法混合使用。第 2 章是明渠湍流基础，便于读者熟悉明渠湍流研究的基本内容。第 3 章介绍了明渠湍流实验数据获取的方法和数据处理中需要用到的一些基本概念和理论。第 4 章介绍明渠湍流数据处理的第一步，即紊动统计参数的计算。第 5 章、第 6 章、第 7 章和第 8 章分别介绍相关分析、傅里叶变换与谱分析、小波变换和本征正交分解。介绍完每种方法的基本概念后，以明渠湍流实测数据分析实例对方法应用进行了讲解，以便读者理解每种方法的应用方法和分析结果的物理意义。以上方法均是数据分析中的一些通用方法，并非湍流数据分析中的特有方法。第 9 章介绍了湍流数据分析的一个特殊课题，即涡旋识别。最后，第 10 章从两个具体例子入手，介绍如何基于尺度分解和尺度关联的湍流数据分析基本思想，综合运用各种方法对所得数据进行分析。

第2章 明渠湍流基础

2.1 坐标系定义

为了便于表述，首先定义全书的坐标系。如图 2.1 所示，沿主流速度方向为纵向或流向，定义为 x 轴正向，对应平均流速为 U，瞬时流速为 $\tilde{u}$，脉动流速为 u；垂直于床面向上为垂向，定义为 y 轴正向，对应平均流速为 V，瞬时流速为 $\tilde{v}$，脉动流速为 v；平行于壁面并垂直于 x-y 平面为横向，按照右手定则定义为 z 轴正向，对应平均流速为 W，瞬时流速为 $\tilde{w}$，脉动流速为 w。

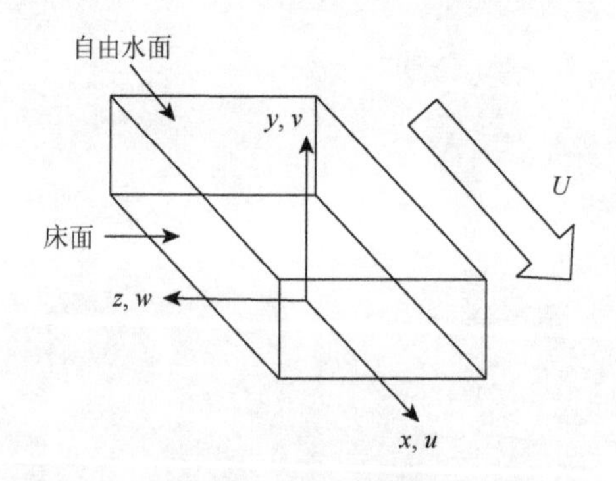

图 2.1 本书坐标系定义

2.2 明渠湍流的定义及统计描述

从广义上讲，明渠湍流属于壁面湍流的一种。壁面流动的主要特征是固体壁面是流动的一个不可忽略的边界。河流、水渠、输水管道、航空器表面等处的流动均是壁面流动。理论分析与实验研究中经常使用几种简化的壁面流动模式，包括边界层、管流和封闭槽道流等。明渠湍流区别于其他典型壁面流动的关键在于自由水面。图 2.2 为各种常见壁面流动的边界条件。边界层中在壁面上方为无限大的流区，因此仅有一个固壁边界；槽道流中流体在上下两块无限大平行平板中流动；管流的固壁边界为一封闭管道；明渠湍流中除了固壁边界，还存在一个自由水面限制流体的垂向运动。需要指出的是，图 2.2 中明渠湍流的固壁边界为一平板，工程应用中的情况一般更加复杂，如 U 形、梯形明渠等。

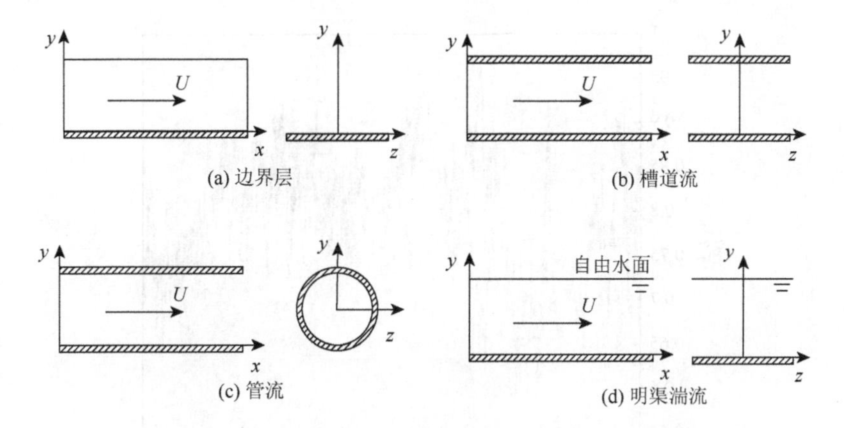

图 2.2　明渠湍流与其他典型壁面流动的边界条件

由以上分析可知，明渠湍流的本质即同时被固壁边界和自由液面限制的流动。这两个边界对流动的作用方式不同。一般来讲，固壁边界上存在无滑移边界条件（no-slip boundary conditions），即在壁面处流动速度恒为 0。因此，在壁面附近存在一个速度从 0 开始迅速增长的区域。主流速度沿垂向的梯度在壁面附近最大，随着与壁面距离增大，速度梯度逐渐减小。在足够远离壁面的区域，主流流速不再沿垂向变化，壁面对流动的影响结束。在壁面起作用的区域内纵向流速沿垂向存在一定的分布，层流状态下为抛物线分布，湍流状态下从壁面向外可以分为数个流区，不同流区的流速满足不同的分布公式。

自由液面处的情况比较复杂。当自由液面某点一个邻域内的流体存在垂向速度时，自由液面在此点处将响应垂向速度进而升高或降低，而有限远处的自由液面将保持原始高度，在重力作用下产生压强差，迫使该点自由液面上升或下降速度减小。因此，自由液面的存在使液面附近流体的垂向运动受到抑制，这种抑制作用将随与液面距离的增大而减小。

因此，本书中所述的明渠湍流为水深相对较浅，壁面影响区域与水面影响区域存在交叠的情况。若水深远大于壁面和水面影响区域之和，则流动在壁面附近可以看做边界层，在水面附近单独考虑自由液面的影响。

由雷诺实验可知，湍流中的各种量均存在不规则的脉动。图 2.3 为明渠湍流中同一测点两次流速过程。两次实验中各种实验条件均相同。可见，每次采样的结果都在不规则地脉动，并且结果并没有重复性。但是，当我们统计流速的概率密度时，会发现不同测次实验结果的概率密度分布会很好地重合。因此，虽然流速过程本身没有规律性，但是其统计特征具有规律性。湍流只能进行统计描述是当代湍流研究的共识，对内部高度有序的相干结构研究也必须在统计描述的框架下才能得到具有普遍意义的结果。

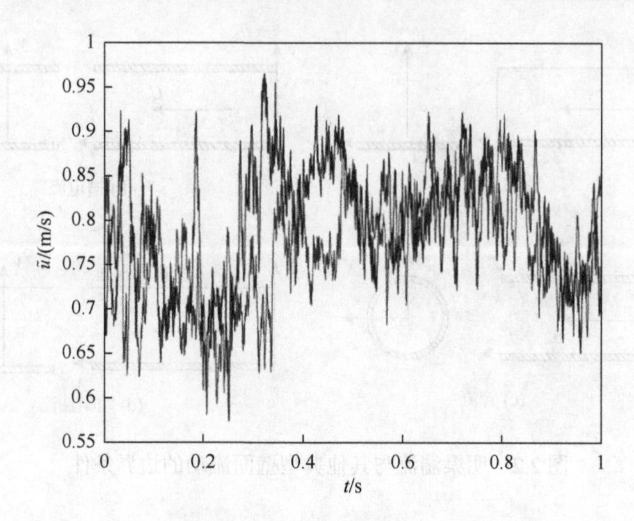

图 2.3　明渠湍流中同一测点两次流速过程

各阶统计矩是对单一随机变量自身进行统计描述的主要工具，当得到随机变量的各阶统计矩之后，即可反推得到概率密度分布。对常用的表示随机变量之间关系的相关函数进行统计描述。

一随机变量，如湍流流速，相对于某一固定值 c 的 n 阶统计矩为

$$E\left[\left(\tilde{u}(\boldsymbol{x},t)-c\right)^n\right]=\int_{-\infty}^{\infty}\left[\tilde{u}(\boldsymbol{x},t)-c\right]^n\cdot p\left[\tilde{u}(\boldsymbol{x},t)\right]\mathrm{d}\tilde{u} \tag{2.1}$$

式中，$E[\ ]$ 为数学期望；p 为概率密度。湍流实验中的概率密度指对同一流动参数做大量独立重复实验，流速落在区间 $[\tilde{u},\tilde{u}+\mathrm{d}\tilde{u}]$ 的次数与总实验次数的比值。这些独立重复实验被称为系综。一阶原点矩被称为系综平均：

$$U=\int_{-\infty}^{\infty}\tilde{u}\cdot p(\tilde{u})\mathrm{d}\tilde{u} \tag{2.2}$$

瞬时流速 $\tilde{u}$ 与平均流速 U 之差为脉动流速 u，即

$$\tilde{u}=U+u \tag{2.3}$$

式（2.3）为著名的雷诺分解[2]。脉动流速的二阶中心矩为

$$u'^2=\int_{-\infty}^{\infty}u^2\cdot p(u)\mathrm{d}u \tag{2.4}$$

习惯上被称为紊动强度。同理，可以得到脉动流速的三阶和四阶中心矩等。

以两脉动流速 $u_i(\boldsymbol{x}_1,t_1)$ 与 $u_j(\boldsymbol{x}_2,t_2)$ 为例，随机变量之间的相关函数可以定义为

$$\begin{aligned}r_{ij}(\boldsymbol{x}_1,\boldsymbol{x}_2,t_1,t_2)&=E\left[u_i(\boldsymbol{x}_1,t_1)u_j(\boldsymbol{x}_2,t_2)\right]\\&=\iint u_i(\boldsymbol{x}_1,t_1)u_j(\boldsymbol{x}_2,t_2)\,p\left[u_i(\boldsymbol{x}_1,t_1),u_j(\boldsymbol{x}_2,t_2)\right]\mathrm{d}u_i\mathrm{d}u_j\end{aligned} \tag{2.5}$$

式中，$p[u_i(\boldsymbol{x}_1,t_1),u_j(\boldsymbol{x}_2,t_2)]$为联合概率密度。相关函数绝对值越大，表明两随机变量间关系越密切。相关函数的具体意义将在第 5 章中介绍。

2.3　控 制 方 程

明渠湍流中的常见连续相为水，可认为是牛顿流体，且流速一般较低，远低于水中声速，因此可认为是不可压流动。不可压牛顿流体的基本控制方程为连续方程与 N-S 方程，简称 N-S 方程组：

$$\begin{cases}\dfrac{\partial \tilde{u}_i}{\partial x_i}=0\\ \dfrac{\partial \tilde{u}_i}{\partial t}+\tilde{u}_j\dfrac{\partial \tilde{u}_i}{\partial x_j}=-\dfrac{1}{\rho}\dfrac{\partial \tilde{p}}{\partial x_i}+\nu\dfrac{\partial^2 \tilde{u}_i}{\partial x_j \partial x_j}+\tilde{f}_i\end{cases} \tag{2.6}$$

式中，i、j 取值为 1、2、3，分别表示 x、y、z 方向；ρ为水的密度；ν为水的运动黏性系数；$\tilde{p}$ 为压强；$\tilde{f}_i$为质量力强度。

N-S 方程组中第一个方程描述流速的散度为零，是质量守恒定律在流体力学中的体现。第二个等式实际代表三个方程，因此，N-S 方程组中共有四个方程和 $\tilde{u}_1$、$\tilde{u}_2$、$\tilde{u}_3$ 与 $\tilde{p}$ 共四个未知数，给定流动的初值和边值条件后便可解算出流动方程。

在明渠湍流中，设压强 $\tilde{p}$ 由静水压强 $\tilde{p}_s$ 和动压强 $\tilde{p}_d$ 组成：

$$\tilde{p}=\tilde{p}_s+\tilde{p}_d \tag{2.7}$$

对于静水压强 $\tilde{p}_s$，设水面处压强为 0，水面高程为 z_s，水中某点高程为 z，该处静水压强为

$$\tilde{p}_s=\rho g(z_s-z) \tag{2.8}$$

因此，

$$\tilde{p}=\rho g(z_s-z)+\tilde{p}_d \tag{2.9}$$

明渠湍流中质量力主要为重力：

$$\tilde{f}=-\nabla\rho g z \tag{2.10}$$

将式（2.9）与式（2.10）代入式（2.6）得到明渠湍流的 N-S 方程组：

$$\begin{cases}\dfrac{\partial \tilde{u}_i}{\partial x_i}=0\\ \dfrac{\partial \tilde{u}_i}{\partial t}+\tilde{u}_j\dfrac{\partial \tilde{u}_i}{\partial x_j}=-\dfrac{1}{\rho}\dfrac{\partial \tilde{p}_d}{\partial x_i}-g\nabla z_s+\nu\dfrac{\partial^2 \tilde{u}_i}{\partial x_j \partial x_j}\end{cases} \tag{2.11}$$

在湍流状态下，速度、压强等物理量均不断紊动，对这些量均进行雷诺分解，代入式（2.11），并对其做系综平均后可得雷诺方程：

$$
\begin{cases}
\dfrac{\partial \overline{u}_i}{\partial x_i}=0 \\
\dfrac{\partial \overline{u}_i}{\partial t}+\overline{u}_j\dfrac{\partial \overline{u}_i}{\partial x_j}=-\dfrac{1}{\rho}\dfrac{\partial \overline{p}}{\partial x_i}-g\nabla \overline{z}_{\mathrm{s}}+\nu\dfrac{\partial^2\overline{u}_i}{\partial x_j\partial x_j}-\dfrac{\partial \overline{u_iu_j}}{\partial x_j}
\end{cases}
\tag{2.12}
$$

式中，上标横线表示系综平均值。将平均动压强 $\overline{p}_{\mathrm{d}}$ 简写为 $\overline{p}$。对比方程组（2.11）和方程组（2.12）可知，雷诺方程组与 N-S 方程组极为相似，只是在动量方程右侧多出一项 $-\partial\overline{u_iu_j}/\partial x_j$。因此，在平均运动中，除了有平均压强作用力、平均质量力、平均分子黏性作用力，还存在一项由湍动引起的作用力，将 $-\rho\overline{u_iu_j}$ 称为雷诺应力。

2.4　雷诺应力和平均流速分布

为了描述简洁，下面主要在二维情况下讨论。二维流动是指 z 方向的平均流速为 0，且 $\partial/\partial z\equiv 0$。在床面无限大、没有侧向边壁的理想情况下，流动即满足这一条件。在实际水槽实验中，边壁的存在会导致 $\partial/\partial z\neq 0$。但是当宽深比很大时，边壁的影响在水槽中部已经可以忽略不计，此时也可认为水槽中心附近的流动为二维流动。假设有坡度为 θ 的床面上的恒定二维明渠湍流，如图 2.4 所示，雷诺方程组（2.12）可简化为

$$
\begin{cases}
\dfrac{\partial U}{\partial x}+\dfrac{\partial V}{\partial y}=0 \\
U\dfrac{\partial U}{\partial x}+V\dfrac{\partial U}{\partial y}=-\dfrac{1}{\rho}\dfrac{\partial P}{\partial x}-g\sin\theta+\nu\nabla^2U+\dfrac{\partial\left(-\overline{u^2}\right)}{\partial x}+\dfrac{\partial\left(-\overline{uv}\right)}{\partial y} \\
U\dfrac{\partial V}{\partial x}+V\dfrac{\partial V}{\partial y}=-\dfrac{1}{\rho}\dfrac{\partial P}{\partial y}-g\cos\theta+\nu\nabla^2V+\dfrac{\partial\left(-\overline{uv}\right)}{\partial x}+\dfrac{\partial\left(-\overline{v^2}\right)}{\partial y}
\end{cases}
\tag{2.13}
$$

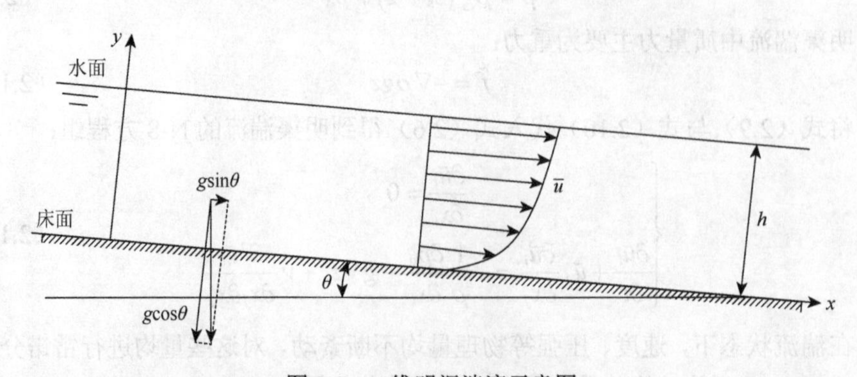

图 2.4　二维明渠湍流示意图

为了方便表述，用大写字母表示平均值。其中，∇^2 为拉普拉斯算子：

$$\nabla^2 U = \frac{\partial^2 U}{\partial x_j \partial x_j} = \frac{\partial^2 U}{\partial x^2} + \frac{\partial^2 U}{\partial y^2} \tag{2.14}$$

注意：由于流动为恒定流，平均值均不随时间变化，故原方程组（2.12）中 $\partial / \partial t$ 均为 0。进一步，若流动为均匀流，则有 $V = 0$，且流速在 x 方向的导数也为 0。对方程组（2.13）中第 3 式沿 y 方向从床面积分至水面可得

$$\frac{P}{\rho} = (h-y) g \cos\theta + \left(v_s'^2 - v'^2\right) \tag{2.15}$$

式中，h 为水深；v_s' 为水面处垂向紊动的幅度。等式右侧第一项为静水压力项，第二项为湍流对平均压力造成的扰动。将式（2.15）代入方程组（2.13）第 2 式并沿 y 方向积分可得

$$\frac{\tau}{\rho} = -\overline{uv} + \nu \frac{\partial U}{\partial y} = u_*^2 \left(1 - \frac{y}{h}\right) \tag{2.16}$$

其中，

$$u_*^2 = \frac{\tau_b}{\rho} = gh\left(\sin\theta - \frac{dh}{dx}\cos\theta\right) \tag{2.17}$$

式中，u_*为摩阻流速；τ_b 为床面切应力；$\sin\theta - \frac{dh}{dx}\cos\theta$ 称为能坡。在恒定均匀流条件下，水深恒定，$dh/dx = 0$，因此，在坡度较小的时候有

$$u_* = \sqrt{ghJ} \tag{2.18}$$

式中，J 为坡度。式（2.18）是计算摩阻流速的常用公式。由于存在侧面边壁影响、床面粗糙度不同等因素，实际摩阻流速会与式（2.18）的计算结果有所差异。Nezu 和 Nakagawa 共总结了五种得到摩阻流速的方法[17]，除了式（2.18），应用式（2.16）使用直线拟合总应力曲线也是精度较高的方法。

式（2.16）表明，明渠湍流中的总应力包含黏性应力和雷诺应力，总应力沿水深呈线性分布，床面附近最大，为床面切应力 τ_b，水面处为 0。

从式（2.16）可以看到，若能够建立雷诺应力 $-\overline{uv}$ 与平均流速 U 的关系，则可得到 U 的分布。下面将详细介绍 Prandtl 的混合长理论[4]，其中一些关于雷诺应力的思想在分析湍流数据中会经常用到。

二维明渠湍流流经床面时，由于有流量存在，断面一定有一个不为 0 的平均速度，而床面处由于黏性流体的无滑移边界条件，平均流速为 0。所以明渠湍流中一定存在如图 2.5 所示沿 y 逐渐增大的平均流速剖面。若有一流体微团原来位

置在 y_1+l 处，这一微团流速为 $U(y_1+l)$，若存在一个向下的扰动 $v<0$，使得微团脱离原来位置向下移动 l 后与 y_1 处的流体掺混，再移动距离 l 之内微团均保持原来的纵向速度不变，这个 l 即为 Prandtl 混合长。微团到达新位置时，其速度比当地平均速度大，引起速度脉动：

$$u=U(y_1+l)-U(y_1) \tag{2.19}$$

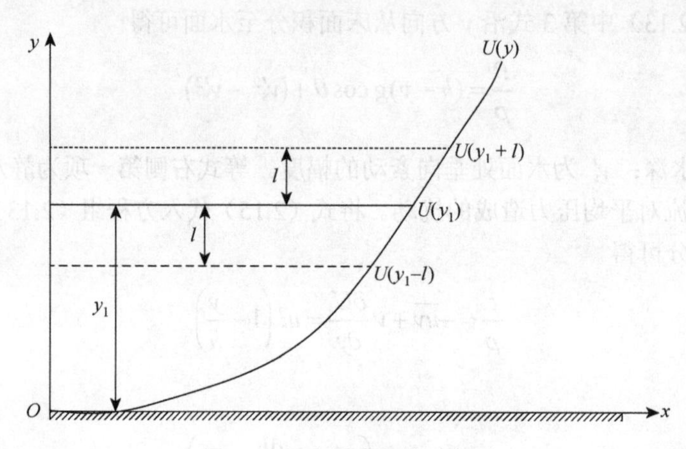

图 2.5　混合长度理论示意图

利用泰勒级数展开：

$$u\approx l\left.\frac{\mathrm{d}U}{\mathrm{d}y}\right|_{y=y_1} \tag{2.20}$$

反之，若流体微团原来的位置在 y_1-l 处，在一个向上的扰动 $v>0$ 作用下经过 Prandtl 混合长来到位置 y_1，引起的速度脉动为

$$u\approx -l\left.\frac{\mathrm{d}U}{\mathrm{d}y}\right|_{y=y_1} \tag{2.21}$$

从连续方程可知垂向脉动和纵向脉动为同一量级，故而有

$$|v|\approx|u|\approx\left|l\frac{\mathrm{d}U}{\mathrm{d}y}\right| \tag{2.22}$$

由以上分析可知，当 $v>0$ 时，一般有 $u<0$，当 $v<0$ 时，一般有 $u>0$，故而雷诺应力为

$$-\overline{uv}=c|u|\cdot|v|=c'l^2\left(\frac{\mathrm{d}U}{\mathrm{d}y}\right)^2 \tag{2.23}$$

式中，c、c' 均为未知比例常数，由于混合长 l 也未知，可将 c' 合并入 l，得到

$$-\overline{uv} = l^2\left(\frac{\mathrm{d}U}{\mathrm{d}y}\right)^2 \tag{2.24}$$

更一般地，考虑平均流速梯度在其他条件下可能为负，而经过以上分析可知雷诺应力 $-\overline{uv}$ 与 $\mathrm{d}U/\mathrm{d}y$ 总是同号，因此，得到一般性的表达式：

$$-\overline{uv} = l^2\left|\frac{\mathrm{d}U}{\mathrm{d}y}\right|\frac{\mathrm{d}U}{\mathrm{d}y} \tag{2.25}$$

如此便建立了雷诺应力与平均流场的关系。但是，式（2.25）中存在一个未知数混合长 l。Prandtl 进一步假设混合长 l 与到床面的距离成正比：

$$l = \kappa y \tag{2.26}$$

式中，κ 为 Kármán 常数。这样就解决了雷诺方程的封闭问题。

由以上分析可以看到，为了使问题简化，Prandtl 混合长理论进行了一些与直观不符的假设。例如，流体微团在流经混合长 l 的过程中实际上会不断与周围流体相互作用而不能保持原始的动量。但是这种分析雷诺应力产生的思路应该说是基本符合物理事实的，也被广泛应用于解释各种湍流现象。

下面根据 Prandtl 混合长理论推导明渠湍流的平均流速分布。从式（2.16）可知，在壁面附近很薄的一层中，由于 $y/h \ll 1$，此时总切应力近似等于床面切应力：

$$\frac{\tau}{\rho} = -\overline{uv} + \nu\frac{\partial U}{\partial y} \approx u_*^2 = \frac{\tau_\mathrm{b}}{\rho} \tag{2.27}$$

称这一近壁层为近壁等切应力层。等切应力层又可分为黏性底层（viscous sublayer）、缓冲区（buffer layer）和对数区（log layer）。

在极靠近床面的区域，由于床面无滑移边界条件的影响，纵垂向流速均接近于 0，故而 $-\overline{uv}$ 也接近于 0，因此有

$$\nu\frac{\partial U}{\partial y} = u_*^2 \tag{2.28}$$

对式（2.28）积分并应用床面无滑移边界条件可得

$$U^+ = y^+ \tag{2.29}$$

其中，$U^+ = U/u_*$；$y^+ = yu_*/\nu$。可见极靠近床面的区域流速呈线性分布，称为线性底层，由于这种分布是黏性力主宰导致的，也称为黏性底层。

在高雷诺数的明渠湍流中，黏性底层之外存在一个 $y/h \ll 1$ 且 $y^+ \gg 1$ 的区域。这一区域仍然有总切应力近似等于床面切应力，但是黏性作用可以忽略，因此有

$$\frac{\tau}{\rho} \approx -\overline{uv} \approx u_*^2 \tag{2.30}$$

将 Prandtl 混合长理论代入式（2.30）得到

$$\kappa^2 y^2 \left(\frac{\mathrm{d}U}{\mathrm{d}y}\right)^2 = u_*^2 \tag{2.31}$$

两侧开方得到

$$\frac{\mathrm{d}U}{\mathrm{d}y} = \frac{u_*}{\kappa y} \tag{2.32}$$

积分即得著名的流速分布对数律：

$$\frac{U}{u_*} = \frac{1}{\kappa}\ln y + C \tag{2.33}$$

式中，C 为积分常数。将其无量纲化：

$$U^+ = \frac{1}{\kappa}\ln y^+ + A \tag{2.34}$$

综合上述结果，明渠湍流床面附近存在黏性底层和对数区，在二者之间存在一个流速分布既不服从线性规律也不服从对数律的缓冲区。对数区以外为外区，原则上由于外区远离床面，总切应力已经不等于床面切应力，按照对数律的推导过程，外区的流速分布不满足对数律。但是实测数据表明对数律在相当大范围内与实际流速分布相差不大，工程应用中经常直接将对数律延伸至水面，精细湍流研究中常在对数律上增加一个称为尾流函数的修正项来描述外区的流速分布。

另外，黏性底层线性流速分布和对数律也可以直接由黏性力与惯性力在各区的消长关系以及量纲分析推导得出，将在 4.1.2 节中介绍。

2.5　明渠湍流分区

根据平均流速分布的讨论，明渠恒定均匀湍流在垂向上可以大致分为如图 2.6 所示的几个区域。内区为 $0<y/h<0.1$ 的区域，这一区域内黏性起主要作用，内区包含黏性底层和缓冲区以及对数区的一部分。外区为黏性不占主导作用的区域，其范围为 $50<y^+<0.7Re_\tau$。在雷诺数足够大的情况下，内区和外区存在交叠部分，称为交叠区。在 $y/h>0.7$ 的区域，水面的波动等明显影响湍流结构，因此将这一区域称为水面区。

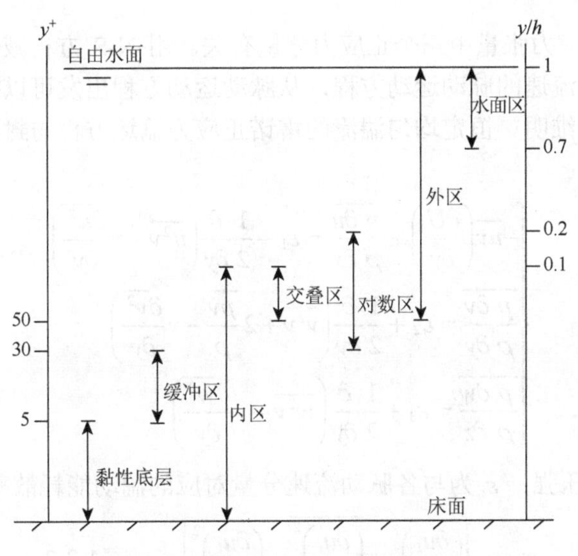

图 2.6　明渠恒定均匀湍流垂向分区

一般认为，黏性底层的范围为 $0<y^+<5$；缓冲区的范围为 $5<y^+<30$。对数区的范围可由式（2.35）表示：

$$y_0^+<y^+<CRe_\tau \tag{2.35}$$

式中，上边界在其他壁面湍流中有公认的结果，$C=0.15$[18]。明渠湍流研究中 Nezu 和 Rodi 认为 $C=0.2$[19]。关于 y_0^+，不同的研究者给出的建议差异巨大。例如，Coles 认为 $y_0^+=30$[20]，明渠湍流研究中大多数研究者采用这个值[19, 21]；而 Zagarola 和 Smits 则认为 y_0^+ 要达到 600 左右流速分布才能完全满足对数律[22]。Wei 等给出了一个随雷诺数变化的下边界值[23]：

$$y_0^+=2.6Re_\tau^{1/2} \tag{2.36}$$

这一模式也被一些其他研究者采用。根据式（2.35）和式（2.36），对数区只有在摩阻雷诺数大于 200（$y_0^+=30$）或约 400（$y_0^+=2.6Re_\tau^{1/2}$）时才开始出现，雷诺数越大，对数区的范围就越大。本书中，我们仍然按照明渠湍流的传统研究将对数区的范围定义为 $30<y^+<0.2Re_\tau$。

2.6　湍动能方程

湍动能的定义为

$$k\equiv\frac{1}{2}\left(\overline{u^2}+\overline{v^2}+\overline{w^2}\right) \tag{2.37}$$

因此，k 与雷诺应力张量中三个正应力分量有关。用 N-S 方程减去雷诺方程，可以得到控制脉动流速的脉动运动方程，从脉动运动方程出发可以推导得到雷诺应力输运方程。二维明渠恒定均匀湍流的雷诺正应力输运方程与封闭槽道流和湍流边界层中一致：

$$\begin{cases} -\overline{uv}\left(\dfrac{\partial U}{\partial y}\right)+\overline{\dfrac{p}{\rho}\dfrac{\partial u}{\partial x}}=\varepsilon_1+\dfrac{1}{2}\dfrac{\partial}{\partial y}\left(\overline{u^2v}-\nu\dfrac{\partial\overline{u^2}}{\partial y}\right) \\ \overline{\dfrac{p}{\rho}\dfrac{\partial v}{\partial y}}=\varepsilon_2+\dfrac{1}{2}\dfrac{\partial}{\partial y}\left(\overline{v^2v}+2\dfrac{\overline{pv}}{\rho}-\nu\dfrac{\partial\overline{v^2}}{\partial y}\right) \\ \overline{\dfrac{p}{\rho}\dfrac{\partial w}{\partial z}}=\varepsilon_3+\dfrac{1}{2}\dfrac{\partial}{\partial y}\left(\overline{w^2v}-\nu\dfrac{\partial\overline{w^2}}{\partial y}\right) \end{cases} \tag{2.38}$$

式中，p 为脉动压强；ε_i 为与各脉动流速分量对应的湍动能耗散率：

$$\varepsilon_i=\nu\left\{\overline{\left(\frac{\partial u_i}{\partial x}\right)^2}+\overline{\left(\frac{\partial u_i}{\partial y}\right)^2}+\overline{\left(\frac{\partial u_i}{\partial z}\right)^2}\right\}\quad i=1,2,3$$

将方程组（2.38）中三个方程相加，即得到湍动能输运方程：

$$G=\varepsilon+T_D+P_D+V_D \tag{2.39}$$

式中，

$$G=-\overline{uv}\left(\frac{\partial U}{\partial y}\right) \tag{2.40}$$

$$\varepsilon=\varepsilon_1+\varepsilon_2+\varepsilon_3 \tag{2.41}$$

$$T_D=\frac{\partial}{\partial y}\left[\overline{\frac{1}{2}(u^2+v^2+w^2)\cdot v}\right] \tag{2.42}$$

$$P_D=\frac{\partial}{\partial y}\left(\overline{\frac{p}{\rho}v}\right) \tag{2.43}$$

$$V_D=-\nu\frac{\partial^2 k}{\partial y^2} \tag{2.44}$$

其中，$G=-\overline{uv}\left(\dfrac{\partial U}{\partial y}\right)$为雷诺应力和平均运动速度梯度的乘积，表示雷诺应力通过平均运动的变形率向湍流脉动输入的平均能量，是产生湍动能的关键，称为湍动能生成项。从式（2.38）可以看到，在二维明渠恒定均匀流中，只有 x 方向有生成项，因此可以预测 x 方向的紊动要强于其他两个方向。4.2 节将会给出实验测得的紊动强度的分布。ε 为由黏性引起的湍动能耗散。由其表达式可知这一项恒大于 0，因此这一项总是使湍动能减少，称为湍动能的耗散项。T_D、P_D 和 V_D 都是梯度形式项，表示扩散过程。T_D 为湍流脉动三阶相关矩引起的扩散，是由垂向脉

动 ν 携带的湍动能的平均值。P_D 表示脉动压强和脉动流速造成的扩散。需要指出的是，由于连续方程的作用，式（2.38）中的三个 $\overline{(p/\rho)(\partial u_i/\partial x_i)}$（$u_1$、$u_2$、$u_3$ 分别表示 u、v、w；x_1、x_2、x_3 分别表示 x、y、z）相加最终为 0，因此 $\overline{(p/\rho)(\partial u_i/\partial x_i)}$ 对湍动能的产生和耗散都没有贡献。它是脉动压强和脉动流速变形率张量的平均值，只在湍流脉动流速各分量间起调节作用，使得各方向趋于各向同性，称为雷诺输运方程中的再分配项。

从湍动能输运方程可以看到，湍动能来源于平均运动，最后由黏性耗散为热能。平均运动场的梯度与流动外边界等大尺度特征有关，而黏性主导的涡旋都是小尺度运动。因此，湍动能的输运是一个从大尺度涡旋向小尺度涡旋传递的过程。大尺度涡旋主要受外边界条件等的影响表现出各向异性，但是由黏性主导的结构由于尺度太小，可以认为不受外边界的影响，因此有

$$\varepsilon_1=\varepsilon_2=\varepsilon_3=\varepsilon/3=5\nu\overline{\left(\frac{\partial u}{\partial x}\right)^2} \tag{2.45}$$

明渠湍流中的各种尺度以及能量关系将在下一节介绍。

2.7　明渠湍流的尺度

从上一节中对湍动能的讨论可以看到，明渠湍流中湍动能由大尺度脉动从平均流场中获得，最终耗散在以黏性控制的小尺度涡旋中。Richardson 于 1922 年最早提出了湍动能输运的涡旋级串过程（energy cascade），他写了一首小诗表达这个思想[24]：

Big whirls have little whirls
that feed on their velocity,
and little whirls have lesser whirls
and so on to viscosity

大涡用动能哺育小涡，
小涡照此把儿女养活，
能量沿代代漩涡传递，
但终于耗散在黏滞里。
（翻译引自温景嵩《创新话旧》一书第七章）

结合湍动能的输运方程和涡旋级串过程的基本思想，明渠湍流中最大尺度的涡旋与平均流场的尺度有关，最小尺度的涡旋受黏性控制，二者充满了各种中间尺度的涡旋。

明渠湍流中平均流场的尺度为水深 h 和断面平均流速 U，称为外尺度（outer scale），表征黏性的尺度称为内尺度（inner scale）：

$$y_* = \frac{\nu}{u_*}, u_* = \sqrt{\frac{\tau_b}{\rho}}, t_* = \frac{y_*}{u_*} \tag{2.46}$$

式中，τ_b 为由黏性引起的床面切应力。因此，摩阻雷诺数实际上是外尺度与内尺度之比：

$$Re_\tau = \frac{u_* h}{\nu} = \frac{h}{\dfrac{\nu}{u_*}} = \frac{h}{y_*} \tag{2.47}$$

随着雷诺数增大，明渠湍流中脉动的尺度范围将急剧增大，湍流的这种多尺度特性也是其研究难度大的原因之一。

在进一步讨论之前，首先引入能谱密度 $E(k)$。能谱密度 $E(k)$表示波数为 k 的紊动所携带的湍动能分量，波数 k 与波长λ的关系为

$$k = \frac{2\pi}{\lambda} \tag{2.48}$$

波长λ与涡旋的实际尺度成正比，因此，波数与涡旋的大小成反比，小波数表示大涡旋，大波数表示小涡旋。根据能谱密度的意义，$E(k)$沿 k 轴积分将等于湍动能：

$$\Xi = \int_0^\infty E(k) \mathrm{d}k \tag{2.49}$$

为了避免与波数 k 混淆，在式（2.49）中使用 Ξ 表示湍动能。能谱密度的严格定义和具体计算方法将在第 6 章中介绍。根据对均匀各向同性湍流的研究，各个波数对湍动能的耗散可以由式（2.50）表示：

$$\Phi(k) = \nu k^2 E(k) \tag{2.50}$$

根据先前关于湍动能的讨论，湍动能主要集中在大尺度、小波数的结构中，而耗散主要集中在小尺度、大波数的结构中。当雷诺数足够大时，湍动能谱和耗散谱将完全分离，如图 2.7 所示。能谱最大值的波数 k_{in} 为含能波数，其对应的波长为含能尺度。根据前述讨论，含能尺度一般与水深 h 同量级。也可使用能谱密度为权重对不同波数做加权平均，得到积分尺度（integral length scale），积分尺度可以理解为载能涡旋的平均尺度，也应该与 h 同量级。耗散谱最大值的波数 k_{d} 为湍动能集中耗散的尺度，湍动能被这一尺度的结构耗散，不再向更小尺度的运动传递。因此，确定这一尺度的特征量只有湍动能耗散率和黏度，根据量纲分析可以得到

$$l_{\text{d}} = \eta = \left(\frac{\nu^3}{\varepsilon}\right)^{\frac{1}{4}} \tag{2.51}$$

称为 Kolmogorov 尺度，它是湍流运动的最小尺度。壁面湍流中 Kolmogorov 尺度一般与内尺度 y_*同量级。图 2.8 绘出了明渠湍流、槽道流和湍流边界层中以内尺度无量纲化的 Kolmogorov 尺度沿垂向位置的变化。可以看到整个水深范围内，Kolmogorov 尺度在 y_*～$6y_*$，且随 y 增大而缓慢增大。

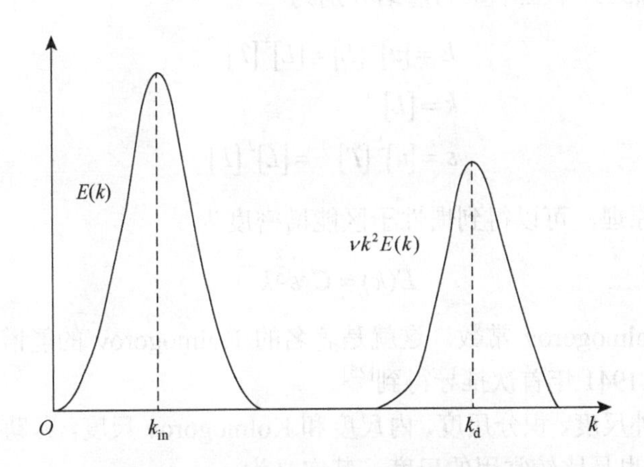

图 2.7 高雷诺数下能谱和耗散谱示意图

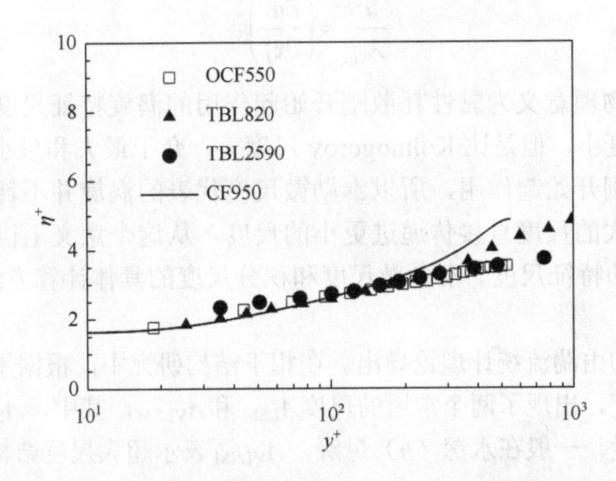

图 2.8 用内尺度无量纲化的 Kolmogorov 尺度沿垂向位置的变化

其中，$\eta^+=\eta/y_*$，$y^+=y/y_*$；OCF550，明渠湍流，$Re_\tau=550$；TBL820 和 TBL2590，湍流边界层，$Re_\tau=820$和 2590；CF950，封闭槽道流，$Re_\tau=950$

在高雷诺数湍流中，$h\gg\eta$，能谱和耗散谱完全分离，因此在两尺度间存在一个既不从平均运动中获得能量，也不耗散能量，仅仅将从大尺度传递而来的能量完全传递给更小尺度的区域，其称为惯性子区。由于所有湍动能均耗散在 Kolmogorov 尺度中，因此惯性子区中单位时间内传递的湍动能就等于耗散在

Kolmogorov 尺度中的湍动能，即湍动能耗散率ε。由以上分析可知，惯性子区的能谱密度仅与波数 k 和湍动能耗散率ε有关：

$$E(k)=f(k,\varepsilon) \tag{2.52}$$

由于式（2.52）中三个量的量纲分别为

$$\begin{aligned} E&=[u]^2[L]=[L]^3[T]^{-2} \\ k&=[L]^{-1} \\ \varepsilon&=[u]^2[T]^{-1}=[L]^2[T]^{-3} \end{aligned} \tag{2.53}$$

根据量纲和谐原理，可以得到惯性子区能谱密度为

$$E(k)=C_k\varepsilon^{\frac{2}{3}}k^{-\frac{5}{3}} \tag{2.54}$$

式中，C_k 为 Kolmogorov 常数。这就是著名的 Kolmogorov 的能谱−5/3 次律，由 Kolmogorov 在 1941 年首次推导得到[25]。

除了以上外尺度、积分尺度、内尺度和 Kolmogorov 尺度，泰勒微尺度（Taylor microscale）λ_{T} 也是比较常用的尺度，其定义为

$$\frac{\overline{u^2}}{\lambda_{\mathrm{T}ij}^2}=\left(\frac{\partial u_i}{\partial x_j}\right)^2 \tag{2.55}$$

泰勒微尺度的物理意义为黏性耗散刚开始起作用的涡旋特征尺度。因此，它比携能涡旋的尺度小，但是比 Kolmogorov 尺度大，介于最大和最小尺度之间。因为黏性耗散刚刚开始起作用，所以泰勒微尺度代表的涡旋并不耗散湍动能，而是将能量从更大的尺度直接传递进更小的尺度。从这个意义上讲，泰勒微尺度也是惯性子区的特征尺度。泰勒微尺度和积分尺度的具体计算方法将在 5.2.2 节中介绍。

以上尺度均由湍流统计理论导出。在相干结构研究中，根据不同种类的相干结构的纵向尺度，出现了两个常用的尺度Λ_{LSM}和Λ_{VLSM}，其中，Λ_{LSM}表示大尺度结构的特征尺度，一般在水深（h）量级，Λ_{VLSM}表示超大尺度结构的特征尺度，一般在 $10h$ 量级。Λ_{LSM}和Λ_{VLSM}的具体提取方式将在 7.4.2 节及 7.4.3 节中介绍。表 2.1 列出了明渠湍流中常用的各种经典尺度及其物理意义。

表 2.1　明渠湍流中的各种尺度

尺度	物理意义
Λ_{VLSM}	超大尺度结构特征尺度，$10h$ 量级
Λ_{LSM}	大尺度结构特征尺度，h 量级
外尺度	控制外区的尺度，长度尺度为 h，流速尺度为断面平均流速 U

续表

尺度	物理意义
积分尺度 Λ	载能涡旋的平均尺度
内尺度 y_*	控制内区的尺度
泰勒微尺度 λ_T	惯性子区的特征尺度
Kolmogorov 尺度 η	湍流运动的最小尺度

2.8　明渠湍流中的相干结构

受实验条件和认识水平的限制，湍流研究前期主要将湍流脉动视为完全随机的过程，每种尺度的涡旋均占据了湍流的整个时空。然而， Kline 等[12]于 1967 年在壁面湍流黏性底层与缓冲区中发现了条带结构和猝发现象，之后研究者逐渐认识到湍流实际上并不是完全随机的现象，而是存在高度组织的结构。现代的湍流观点认为，相干结构控制了湍流中的各种重要过程，如湍动的产生与发展、湍动能的传递、泥沙的起动与输运等。

从现有文献来看，相干结构研究主要分为两个方向：一个方向是从实验和 DNS 所得数据中采用不同提取方法研究各种表现出组织性和重复性的现象，本书把这类研究的对象称为相干现象；另一个方向是建立一些模型来解释从实验和 DNS 中所观察到的相干现象，本书将这些模型称为相干结构模型。

2.8.1　相干现象

明渠湍流相干结构研究主要集中在床面和水面这两个区域。床面附近最为重要的相干现象是黏性底层与缓冲区内的条带结构（streaky structure）与猝发（burst）现象。条带结构是指在明渠湍流黏性底层和缓冲区中存在高低速相间的流带。这种高低速相间并不是传统意义的随机脉动，而是条带存在有意义的宽度，条带间存在很有规律的间距。经过大量研究发现，低速条带的间距在 $100y_*$左右，条带能够维持典型形式的纵向平均长度在 $1000y_*$左右[26]。条带结构并不稳定，而是在向下游移动过程中逐渐抬升，并突然振荡破碎。条带结构的破坏过程称为猝发现象。猝发现象主要包含两个方面：一个称为喷射，即床面附近低速流体向上扬起；一个称为清扫，即上部的高速流体向床面冲击。按照象限分析法[27]，喷射的脉动流速为 $u<0$、$v>0$，位于 uv 坐标系中的第 2 象限，故又称 Q2 事件，清扫的脉动流速为 $u>0$、$v<0$，位于 uv 坐标系中的第 4 象限，故又称 Q4 事件。分析表明，猝发过程产生了雷诺应力，不断向外区输运，使得湍流得以维持，因此猝发是紊动产生与维持的关键过程。

明渠湍流中床面附近的条带及猝发与其他壁面湍流中并没有本质的不同。但是，水面表现出的相干结构却是明渠湍流所独有的。最为重要和研究较为系统的相干现象是水面泡漩（boil），一种强烈的下部流体向水面喷涌的流动过程，这一过程常常会将底部高浓度泥沙带至上部流区，从而与泥沙悬浮及浓度维持有密切关系。Jackson 通过对天然河流的观察系统研究了水面泡漩[28]，泡漩的平均直径能达到 $0.3h$～$0.6h$（h 为水深），泡漩之间的平均间距约为 $7.6h$。但是，由于是野外观测结果，在报道这些结论的同时并没有准确的流动参数。Nezu 和 Nakagawa 将水面泡漩分为三类[17]：第一类由床面结构引起，当床面存在足以影响水流大尺度流态的地形时，常能在其下游水面观察到泡漩[29]。Nezu 和 Nakagawa 在实验室条件下观察到沙丘后的泡漩平均直径与 Jackson 在野外观察到的相等，而平均间距为 $2h$～$3h$[17]。第二类与二次流密切相关，Nezu 和 Nakagawa 引用野外河流的观察结果认为二次流的向上运动将底部低速流体带至水面引起了水面泡漩[17]，Coleman 等发现泡漩经常聚集在沿流向伸展的带状区域内[30, 31]。Nezu 和 Nakagawa 认为前两类泡漩在光滑顺直宽浅明渠中不可能出现。第三类由较强的底面猝发喷射至水面导致，这类现象可能在光滑明渠中出现。

水面的另一种相干现象是高低速流带。与缓冲区和黏性底层的高低速条带结构类似，水面的流带结构也表现出高低速流带相间的特征，流带的宽度在水深量级。Nezu 和 Nakagawa 引述了 Kinoshita 的野外实测结果[17, 32]，发现在洪水季节，宽深比达到 10 的天然河流表面存在明显的高低速分区，流带的横向宽度能达到两倍水深。Tamburrino 和 Gulliver 在明渠实验中也观察到了类似的现象[31]。另外，对天然河流单点流速时间序列的相关分析发现相关系数呈现出大尺度的正负振荡，从文献[33]可以看到，单独的正或负相关区域能达到 $4h$～$5h$，而相关系数整个有意义的正负振荡的范围能达到 $10h$～$20h$。这说明在测量点处，有平均纵向长度为 $4h$～$5h$ 的高低速流带相间通过。水面高低速流带与水面泡漩存在一定关系，野外观测和实验数据均表明水面泡漩主要分布在低速流带中[17, 31, 34]。Zhong 等通过相关分析等方法从统计意义上证实了水面的高低速流带是明渠湍流中广泛存在的相干现象，并且使用流向旋转模型对其进行了解释[35]。

在自由水面以下，明渠湍流中也发现了一些不同尺度的相干现象。黏性底层和缓冲区内较强的猝发能够向外发展抵达外区[36, 37]，在宽浅明渠湍流中，喷射和清扫过程对全水深范围内雷诺应力的产生与维持起重要作用[21]。明渠湍流中还观察到了高低速流区相间结构，在固定位置进行观察时，统计意义上会有高低速流区相间通过[38]，高低速流区的间隔在 $2h$～$10h$[33]。另外，在明渠湍流中也观察到了横向涡[39-41]、等动量区[42-44]等其他壁面湍流中常见的相干现象。

图 2.9 按照流向尺度列出了明渠湍流中已知的相干现象。由图 2.9 可知，明渠相干现象的尺度跨越了很大范围。以实验室中常见的中等雷诺数情况为例，最小

的横向涡的尺度大约在毫米量级，最大的水面高低速流带的流向长度能到米的量级。尺度众多的相干现象使得相干结构研究头绪纷杂，不利于对其进行深入认识。同时，研究者相信一些有组织的结构导致了各种相干现象。因此，研究者力图建立相干结构模型来阐述不同现象的原因以及相互之间的关系。

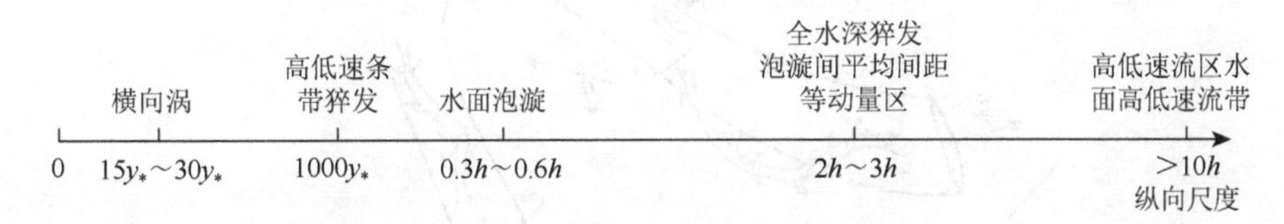

图 2.9　明渠湍流中不同尺度的相干现象

2.8.2　相干结构模型

从雷诺方程的体系可知，雷诺应力是湍流研究关注的焦点，而猝发现象正是雷诺应力产生与维持的关键，因此首先需要建立模型解释黏性底层与缓冲区的条带和猝发。早在 1952 年，Theodorsen 就提出了壁面湍流中的马蹄涡（发夹涡）模型来解释雷诺应力的产生[45]，当年的马蹄涡模型如图 2.10 所示。由于平均流速梯度的作用，床面附近存在绕 z 方向旋转的横向涡管，受到扰动后涡管某一部分抬起，进入平均流速更高的区域，更快向下游迁移，涡管形成如图 2.10 所示的马蹄形。受到 Richardson 涡旋级串思想的影响，Theodorsen 认为在大马蹄涡上还附着了形状类似的小马蹄涡。Kline 等描述了平行于 z 轴的氢气泡示踪线在猝发过程中的运动过程，对比之后发现与图 2.10 基本一致[12]。Robinson 于 1991 年总结了发夹涡模型以解释条带结构[13]，发夹涡的头部位于流速更高的区域，通过与床面成 45° 倾角的颈部与涡腿连接，由于头部迁移速度快，涡腿很快被拉伸成了流向涡对，条带结构即流向涡对向下游迁移过程中留下的尾迹。20 世纪 90 年代，实验技术和计算能力有了很大提升，一系列的实验和 DNS 研究进一步理清了发夹涡的特征以及生成、发展过程，现代的发夹涡模型由 Adrian 课题组完善[14, 46-50]，如图 2.11 所示。床面附近典型发夹涡的腿部即是位于缓冲区的流向涡，流向涡的输运作用将黏性底层的低速流体输送到上部流区，并将发夹涡外缘上部的高速流体输送到床面，流向涡向下游迁移过程中将低速流体抛在其后，形成了低速条带。发夹涡头、颈部将低速流体向斜后上方抛射，形成猝发过程中的“喷射”事件，上部相对较快的流体与“喷射”流体之间形成一条倾斜剪切带，当发夹涡通过某一固定测点时，测点的纵向流速由负值快速变为正值，表现出 VITA（variable interval time averaging method，变间隔时间平均法）事件，即猝发的标志，发夹涡的头部即为横向涡。近壁附近单个发夹涡的纵向尺度在 $100y_*\sim450y_*$[47]。

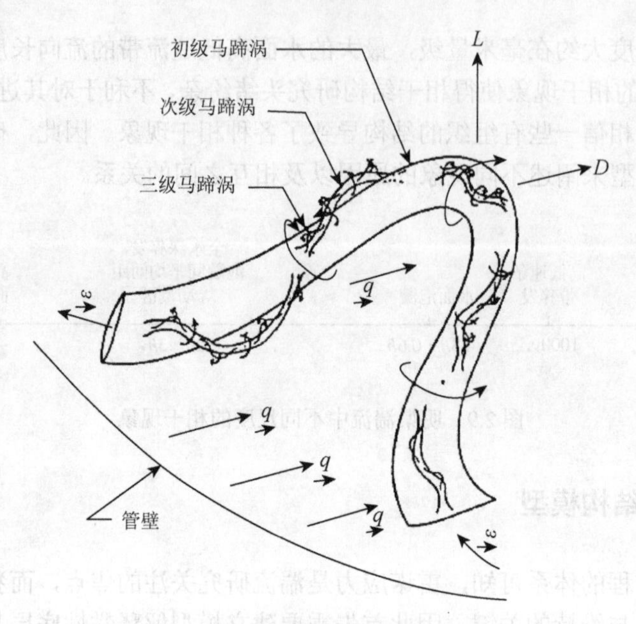

图 2.10　马蹄涡模型（引自文献[45]）

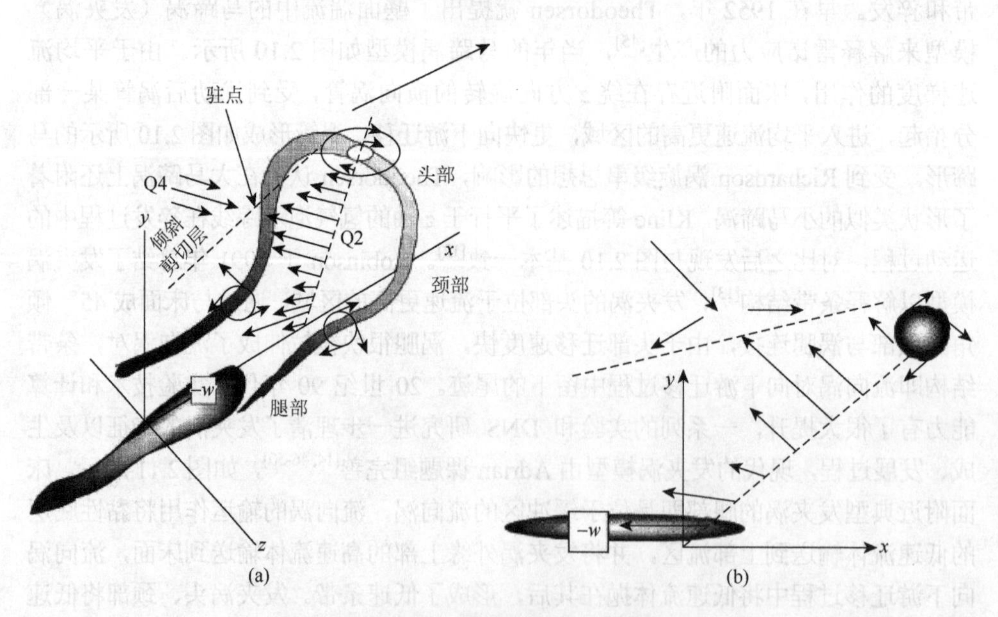

图 2.11　现代发夹涡模型（引自文献[47]）

事实上，若仅需解释条带与猝发现象，Townsend 于 1956 年根据相关系数的实测结果提出的附黏涡模型[51]是一种能够与发夹涡竞争的模型。附黏涡是附着在床面上的流向锥形涡对，其尺度沿流向逐渐增大。这一特征与 Prandtl 混合长理论推导对数律的假设——混合长沿垂向线性增长——非常吻合。条带是流向涡对输运作用导致，而猝发是流向涡对振荡破碎的结果。相比较而言，发夹涡模型提供了更多动力学机制和生成、发展的细节，不仅能够解释条带-猝发现象，还能解释多重猝发、外区流向涡等现象，因此现代的观点倾向于认为，附黏涡模型事实上就是发夹涡模型的腿部[45]。

由于条带-猝发构成了湍流的产生与维持机制，因此研究者力图将所有明渠湍流中的相干现象和条带-猝发建立联系。Nakagawa 和 Nezu 于 1981 年建立了一个以猝发为基础的初步模型[38]，1993 年他们又结合其他壁面湍流中关于发夹涡与猝发关系的研究成果，完善了 1981 年的模型，形成一个自维持机制模型，下文中简称 NN93 模型[17]，如图 2.12 所示。NN93 模型中，床面附近流向涡的输运作用形成了黏性底层和缓冲区的高低速条带结构，在描述涡管诱导流速的毕奥-萨伐尔定律作用下，流向涡逐渐抬升，与横向涡一起形成发夹涡。床面附近猝发现象由发夹

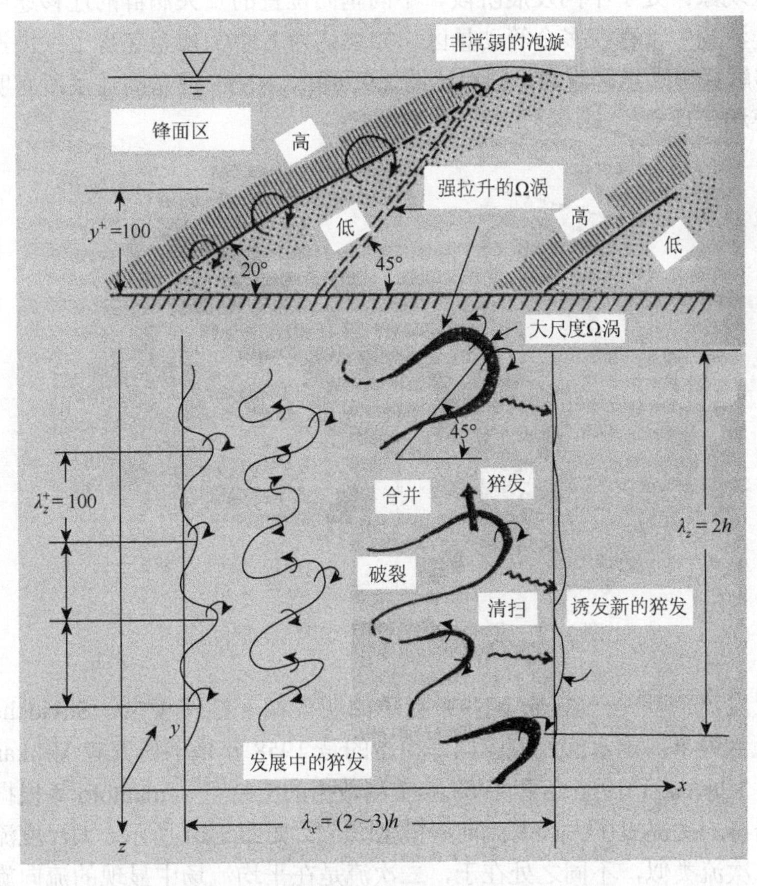

图 2.12　明渠湍流相干结构的 NN93 模型（引自文献[17]）

涡引起。发夹涡向外区发展并聚集在一起形成大尺度的猝发现象，有时能强到抵达水面形成第三类水面泡漩。明渠中还存在一种大尺度横向旋转运动，其形成与上游来流中的结构有关，经过测量区域时造成了高低速流区交替和水面高低速流带交替。大尺度横向旋转之间的交界面是强剪切区，该区的复杂扰动为床面附近提供了 x 和 z 方向的涡管，继续发展形成发夹涡，如此往复，明渠湍流得以维持，各种相干现象得以不断重现。

从现代观点来看，NN93 模型中描述的发夹涡聚集即为发夹涡群，如图 2.13 所示。具有一定强度的发夹涡能在其上游和两侧诱生新的发夹涡和流向涡，这一自生成机制会在缓冲区及略高于缓冲区的位置形成初始的发夹涡群[47]。初始的发夹涡群通过自身发展与合并机制继续向上部流区发展[52]，进入外区后发夹涡群的纵向尺度将达到水深量级。发夹涡群中发夹涡的排列比较规律，其头部的连线与床面大致成 10°～30°角[44, 47, 53-55]。整个发夹涡群有组织地整体向下游迁移，形成等动量区现象；处于不同发展阶段、不同垂向位置的发夹涡群的迁移速度不同，因此同一流场中常存在多个等动量区。如果认为 NN93 模型包含了发夹涡群的概念，能够解释等动量区现象，则对比图 2.9 可知，NN93 模型阐述了所有明渠湍流中的重要相干现象。

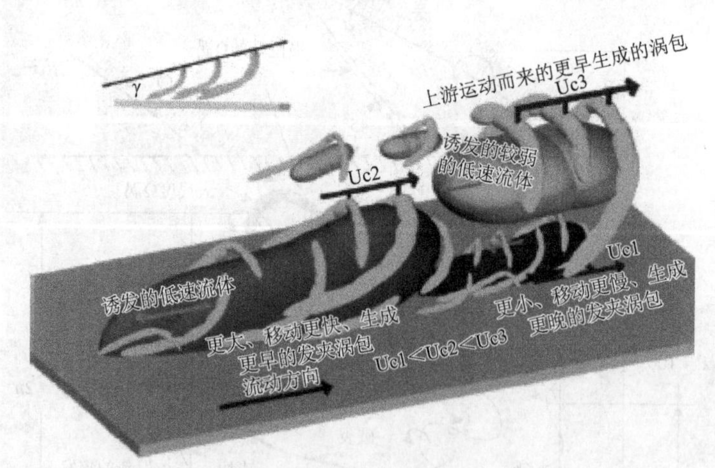

图 2.13　发夹涡群示意图（引自文献[14]）

大尺度流向涡是一种与 NN93 竞争的明渠相干结构模型。Shvidchenko 和 Pender 认为最早提出水深尺度流向涡模型的是 1958 年俄国研究者 Velikanov，模型得到了 Klaven 在 1966 年和 1968 年实测数据的支持[56]。Imamoto 等根据各自的实验数据再一次提出了大尺度流向涡模型[57, 58]，如图 2.14 所示。大尺度流向涡的形式与二次流类似，不同之处在于，二次流是在平均流场中显现的流向旋转，而大尺度流向涡是一种瞬时结构，其位置、长度等存在一定的随机性，因此平均流场不会出现大尺度流向涡的信息。在 y 和 z 的方向上大尺度流向涡均达到水深量级，早期研究认为其 x 方向尺度在 $2h$ 左右[57]，新的实验结果将这一数据修正为 $4h \sim 5h$[56]。大尺度流向涡向上旋转一侧的垂向脉动流速 $v>0$，将下部流体输运到平均流速更大的上部流区，因此纵向脉动流速 $u<0$，属于低速运动，综合来看即为 Q2 喷射事件，顶托水面造成了第二类水面泡漩，故而这类水面泡漩聚集在低流速带内。对应地，向下旋转一侧属于高速运动，为 Q4 清扫事件。大尺度流向涡在宽浅明渠的中央会曲折蜿蜒[31]，因此某一固定测点在大尺度流向涡通过时会交替位于高速和低速运动中，造成水面高低速流带交替。虽然超大尺度流向涡模型能够解释很多现象，但是其模型形式与经典的二次流非常相似。Zhong 等通过相关分析等方法从统计意义上证实了超大尺度流向涡与二次流有本质的不同[35]，超大尺度流向涡在流场中出现的位置、尺度大小都存在随机性，不会在平均流场中留下任何不均匀性。而二次流是由于边界条件对称破缺产生的结构，总是稳定在固定的位置，会在平均流速、床面剪切等分布中引起不均匀性。

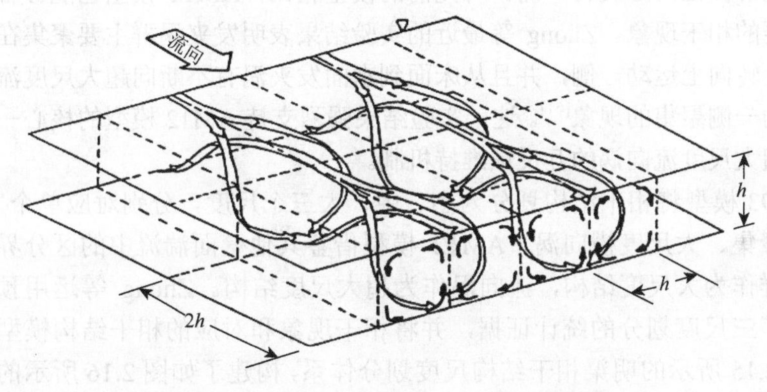

图 2.14　大尺度流向涡模型（引自文献[34]）

经典的大尺度流向涡模型能够解释全流区高低速交替、水面高低速流带以及水面泡漩现象，但它仅仅是一种唯象模型，没有提供任何关于大尺度流向涡产生和维持的机制，也没有提供图 2.9 中其他重要而普遍的相干现象的解释。

近年来，研究者力图将大尺度流向涡模型与猝发现象联系起来，但是二者的关系仍然存在争议。由于大尺度流向涡模型向上与向下旋转运动分别对应 Q2 喷射与 Q4 清扫事件，Shvidchenko 和 Pender 认为全水深猝发导致了大尺度流向涡[59]。但是，Tamburrino 和 Gulliver 的观点正好相反，他们认为不同尺度的涡旋具有不同的产生机制，大尺度的流向涡与猝发的关系仅仅是流向涡将底部的猝发带至水面，同时由于其泵走了底部流体，可能会导致底部猝发增多[31]。直观上讲，Shvidchenko 和 Pender 的观点使大尺度流向涡模型更加完整，因为它提供了生成机制，而全水深猝发可以认为是发夹涡群引起的现象。但是正如 Tamburrino 和 Gulliver 所认为的那样，大尺度流向涡与猝发的尺度相差较大，尺度较小的猝发不大可能引起和维持尺度较自身大得多的结构。这两种观点谁是谁非很难用实验进行验证，因为在完全发展的明渠湍流中，不可能刚好捕捉到大尺度流向涡形成的关键时刻以进行清晰地研究。

针对猝发与大尺度流向涡的关系问题，Adrian 和 Marusic 提出了一种折中机制[60]，认为 Shvidchenko 和 Pender 与 Tamburrino 和 Gulliver 所描述的相互关系并不完全矛盾，而是同时存在，并在此基础上，结合近年来其他壁面湍流中的研究成果，提出了一种新的概念模型，下文简称 AM12 模型。与 NN93 模型类似，AM12 模型采用了发夹涡来解释内区的猝发，同时认为发夹涡群是全水深猝发现象的实质。但是与 NN93 模型基本思想不同的是，AM12 模型认为不同尺度的相干结构间存在密切关系。AM12 模型中单独的发夹涡构成了发夹涡群，引起全水深猝发的发夹涡群造成了大尺度流向旋转，而流向旋转反过来对发夹涡群有聚集作用，将发夹涡群扫至向上旋转一侧。与先前的模型相比，AM12 模型也能够合理解释所有重要的相干现象。Zhong 等最近的实验结果表明发夹涡群主要聚集在超大尺度流向旋转向上运动一侧，并且从床面到水面发夹涡有不断向超大尺度流向旋转向上运动一侧聚集的现象[61]。这一实验结果强烈支持 AM12 模型的核心——发夹涡群与超大尺度流向涡的互反馈维持机制。

NN93 模型将相干结构划分为小、中、大三个尺度，分别对应单个发夹涡、发夹涡聚集、大尺度横向涡。AM12 模型借鉴其他壁面湍流中的区分界限，将发夹涡群作为大尺度结构，流向涡作为超大尺度结构。Zhong 等运用预乘谱分析得到了三尺度划分的统计证据，并将相干现象和对应的相干结构模型组织进行如图 2.15 所示的明渠相干结构尺度划分体系，构建了如图 2.16 所示的明渠湍流相干结构概念模型[61]。

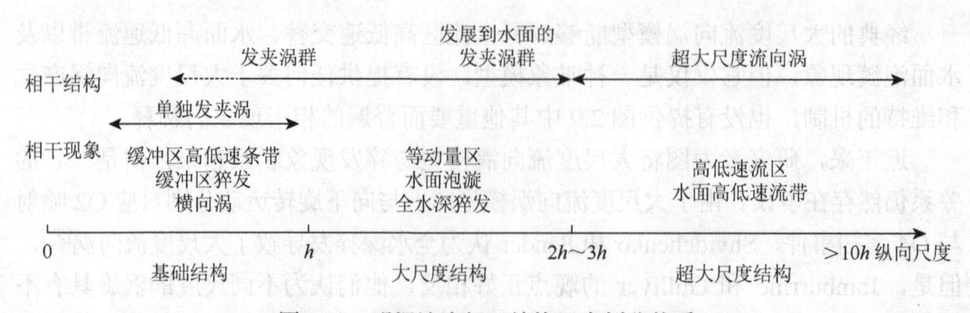

图 2.15 明渠湍流相干结构尺度划分体系

明渠中相干结构尺度划分体系如图 2.15 所示，可按照纵向尺度分为三类：

第一类是尺度可以 y_*无量纲化的基础结构，其相干结构模型是发夹涡；第二类是与水深同量级的大尺度结构，其相干结构模型是发夹涡群；第三类是 10 倍水深量级的超大尺度结构，对应相干结构模型为超大尺度流向涡。大尺度和超大尺度结构间的区分界限为 $2h$～$3h$。

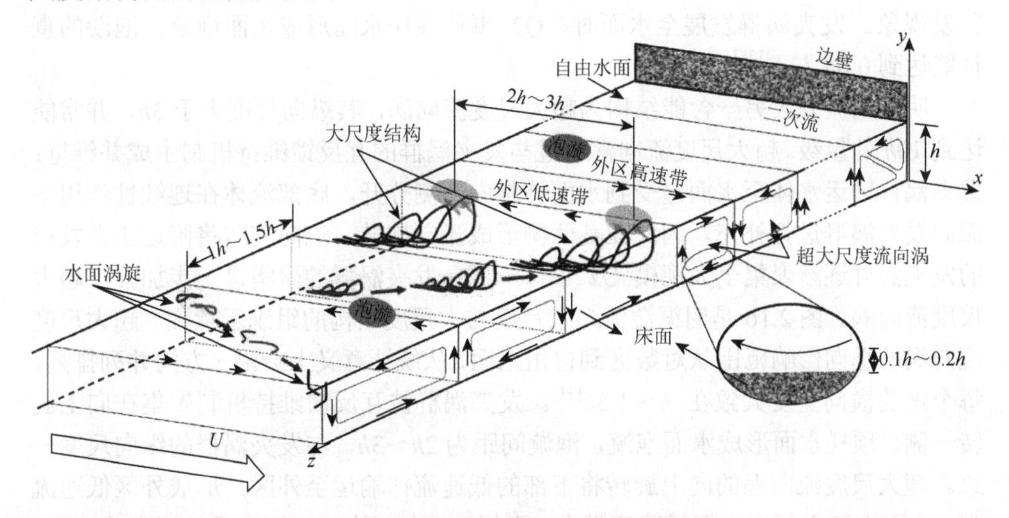

图 2.16　明渠湍流超大尺度与大尺度结构

床面和水面是明渠湍流的两个边界，在床面附近，纵向平均流速沿垂向的梯度极大，极强的平均剪切经过扰动在黏性底层和缓冲区形成了横向涡管，横向涡管某一部分经扰动抬起进入流速更高的区域，迅速向下游迁移，并快速拉伸仍位于黏性底层和缓冲区的涡腿形成流向涡，整个涡管经过这一过程形成了发夹涡。发夹涡腿为平均直径约 $50y_*$、纵向尺度在 $100y_*$左右的流向涡，其输运作用将底部的低速流体泵至上部流区，并在迁移过程中不断将低速流体抛在其后，形成平均长度约为 $1000y_*$的尾迹，即低速条带，低速条带之间为高速条带，同种条带间的平均间距约为 $100y_*$。发夹涡头、颈部将下部流区的低速流体向斜后上方抛射，形成猝发过程中的“喷射”事件，上部流区的流体较这些低速流体运动速度更快，二者之间形成一条倾斜剪切带，当发夹涡通过某一固定测点时，测点的纵向流速由负值快速变为正值，表现出 VITA 事件，即猝发的传统标志。单个发夹涡的尺度均以 y_*度量，其头部直径在 $15y_*$～$30y_*$[41, 62-65]，纵向长度在 $100y_*$～$450y_*$[47]。发夹涡在逐渐向上部流区发展过程中，颈部与床面的倾角逐渐变大，腿部远离床面[14]。充分发展的明渠湍流内区可能存在一些独立的流向涡，这些独立的流向涡也可自己发展形成发夹涡[47]。

具有一定强度的发夹涡能在其上游和两侧诱生新的发夹涡和流向涡[47]，这一自生成机制会在缓冲区与略高于缓冲区的位置形成初始的发夹涡群。通过自身发展与合并机制[52]，发夹涡群继续向上部流区发展，较强的发夹涡群能够一直发展至外区，其纵向尺度能够达到 $2h$～$3h$，是明渠湍流外区两种主要含能结构之一。发夹涡群中发夹涡呈一定规律排列，其头部的连线与床面大致成10°～30°角[44, 47, 53-55]。发夹涡群的输运作用引起从水底到外区的 Q2 事件，即全水深猝发现象。发夹涡群发展至水面时，Q2 事件顶托水面形成水面泡漩，泡漩的直径能达到 $0.6h$ 左右[28]。

明渠湍流外区另一含能结构为超大尺度流向涡，其纵向尺度大于 $3h$，并常能达到 $10h$ 的量级。超大尺度流向涡通过与发夹涡群的互反馈维持机制生成并维持：发夹涡群输运水体至水面，受到水面抑制向两侧分开，底部流体在连续性作用下流向发夹涡群进行补充，因此在其两侧形成流向旋转；流向旋转将附近正在发展的发夹涡群逐渐聚集至大规模 Q2 事件一侧，发夹涡群的聚集进一步加强了超大尺度流向涡。图 2.16 是明渠湍流超大尺度与大尺度结构的组织示意图。超大尺度流向涡的垂向影响范围从对数区到自由水面，从统计意义上会沿 z 方向并列排列，每个涡的横向宽度大致在 h～$1.5h$[31]。发夹涡群被互反馈维持机制聚集在向上旋转一侧，顶托水面形成水面泡漩，泡漩间距为 $2h$～$3h$，与发夹涡群的纵向尺度一致。超大尺度流向涡的向上旋转将下部的低速流体输运至外区，形成外区低速流带，水面泡漩主要集中在低速流带中。类似地，向下旋转一侧形成外区高速流带。当宽深比较大时，位于水槽中部的超大尺度流向涡能够左右摆动弯曲，位置并不固定，因此在平均流场中流向旋转消失。在边壁附近，流向涡的位置比较固定，左右移动范围不大，在平均流场中保留了流向旋转，出现二次流现象。当固定某一 xy 观测窗口时，超大尺度流向结构的不同部位不断经过观测窗口，在窗口中表现出大规模 Q2/Q4 事件交替。

当对数区的超大尺度结构出现大规模 Q2 事件时，床面剪切弱于平均水平，纵向流速梯度较小，难以生成横向涡管，内区小尺度运动较弱；相反，当出现大规模 Q4 事件时，床面剪切和纵向流速梯度比平均水平更强，经扰动后很容易生成横向涡管，横向涡管进一步发展成为发夹涡，引起条带-猝发等现象，导致床面附近的小尺度脉动活跃，最终表现为对数区超大尺度结构对黏性底层和缓冲区小尺度脉动的振幅正调制。

自由水面是明渠湍流的另外一个边界，其对垂向运动的抑制直接引起了流向旋转，流向旋转将垂向紊动转化为横向和纵向脉动，导致水面附近的紊动能重分配。水面对大规模 Q2 事件的限制引起了与水深同量级的流向旋转，所以明渠湍流中的超大尺度结构在外区强于其他类型的壁面湍流。水面对较小尺度垂向运动的抑制生成了小尺度涡旋，因此水面附近的横向涡数量显著大于其他壁面湍流对应位置的数量。超大尺度流向涡在水面附近的横向运动对这些水面涡旋的迁移产生影响，导致水面涡旋聚集于超大尺度流向涡向下旋转一侧。

第 3 章　明渠湍流实验与数据处理基础

从流动现象的控制方程 N-S 方程组[式（2.6）]可知，湍流研究的基础参数为流速与压强。数据的获得方式主要为实验与 DNS。DNS 能够得到流场中所有测点的三维流速与压强，但是由于计算量巨大，目前仍然仅能应用于简单边界条件和较低雷诺数流动中。对于复杂条件或者高雷诺数情况，实验观测仍然是获取数据的主要手段。早期实验研究中主要采用一系列接触式测量方法，但是接触式测量方法不可避免会对流动本身造成影响。随着声光电技术的进步，众多非接触式测量方法快速发展。本章首先介绍常见的流速测量技术，之后介绍湍流数据处理的基础知识。

3.1　主要流速测量技术

3.1.1　传统测量技术

应用较广的传统流速测量技术主要包括浮标法、旋桨流速仪测量技术和毕托管法（图 3.1）。浮漂法的基本原理是在水中释放可以漂浮于水面的示踪物，示踪物跟随水流运动，测量固定时间间隔内示踪物运动的距离或者示踪物流经固定距离所需时间间隔，即得到流体的速度。浮漂法原理简单，操作方便，因此是野外测量或水文观测中最常用的方法。但是此法精度较低，所得速度为测量时段内浮漂跟随的流体团的平均速度，信息量有限。近年来，有研究者尝试在浮漂上安装 GPS 和信号发射装置，实时追踪浮漂的精确位置，以提高其测量精度，增加其有效测量时间，目前被大量应用在洋流监测中。

(a) 海洋GPS浮漂

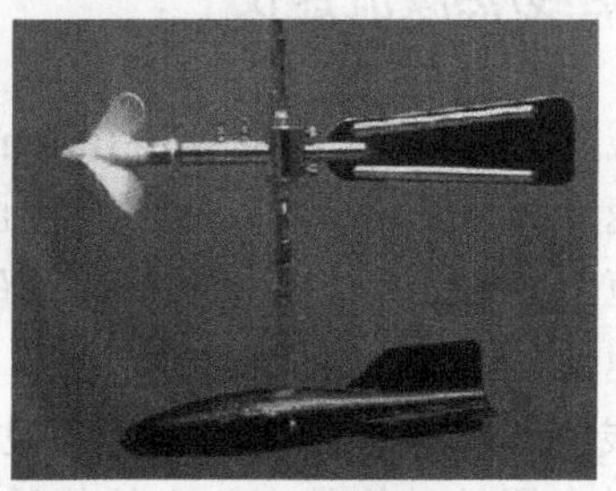

(b) 旋桨流速仪

图 3.1　海洋 GPS 浮漂及旋桨流速仪

旋桨流速仪是利用流动冲动螺旋桨叶片，通过测量螺旋桨旋转速度间接测量流动速度。旋桨流速仪体积小，结构紧凑，携带方便，经过精密校准后测量精度较高，并且可以插入流体中测量各点流速，因此广泛应用在野外测量、环境监控、大型模型实验等中。

毕托管通过测量流体总压强与静压强之差值来计算流速。毕托管的原理如图 3.2（a）所示。毕托管由两根空心细管组成。两管上端分别与 U 形管两端相连，其一管下端正对流速方向，测量总压，另一管下端与流速垂直，测量静水压力。获得总压管与静压管的压力差后即可换算得到当地流速。由于毕托管原理简单，测量中没有电子和机械构件，因此可靠性极高，经常应用于野外实验、模型实验和航空领域。

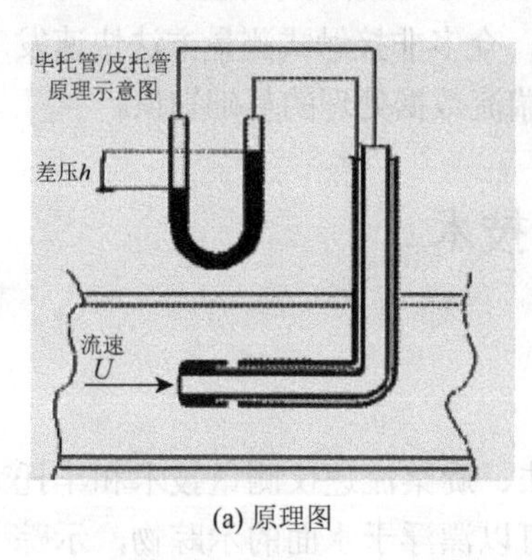

(a) 原理图

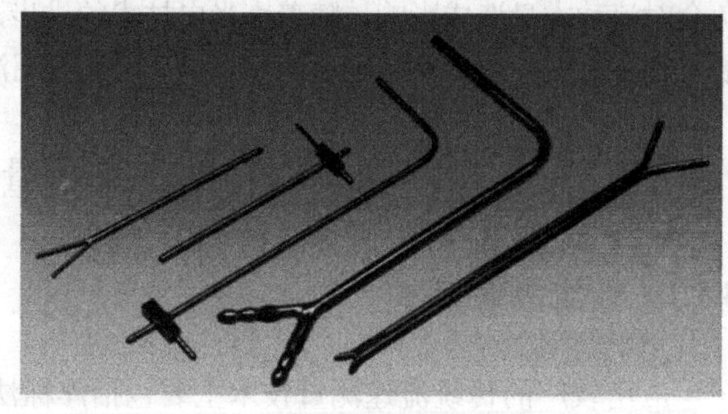
(b) 各种型号的毕托管

图 3.2　毕托管

这些传统测量技术本身会对流动造成一定影响。同时，其测量响应时间也很难达到湍流脉动测量的要求。因此，这类测量方法主要用于获得平均流速或者大尺度流速过程，一般不用做获取湍流数据。

3.1.2　热线/热膜流速仪

热线/热膜流速仪（hot wire/film anemometry）测量法是一种可以用于精确测量湍流速度或温度的脉动时间序列的通用方法。经过适当设计，热线/热膜流速仪的测量范围极大，可以从厘米每秒到超音速。热线流速仪主要用于气体流速测量，热膜流速仪主要用于液体流速测量。

热线流速仪的工作原理是将一根被通电而加热的极细金属丝置于流场中，气体流过金属丝时将带走一定的热量，带走的热量与流体的速度有关。金属丝本身温度会由于热量散失而变化，金属丝温度与其电阻存在定量关系，因此可以通过测定金属丝中电信号的改变来确定热线所在位置的流速大小。热线流速仪的常用测量模式有恒定电流法和恒定温度法两种。恒定电流法中，金属丝中的电流不变，流体带走一部分热量后金属丝的温度降低。流速越大，温度降低越多，金属丝的电阻越小，从而维持恒定电流所需的电压就越小，通过测量加在金属丝两端的电压值即可得知流速的大小。恒定温度法是改变加热的电流使气体带走的热量得以补充，使金属丝的温度保持不变，测得加热电流值则可得知流速的大小。

热线流速仪中金属丝直径一般在微米量级[图 3.3（a）]，因此热线流速仪对流场的影响以及测量体的体积都显著优于其他接触式方法。并且，极细金属丝对周围流速变化造成的热量散失变化非常敏感，因此热线流速仪的动态响应极快，成为测量湍流流速紊动的良好方法。并且，由于热线流速仪测量精度高，稳定可靠，可长时间持续采样，迄今为止仍然是获得长时间序列信号以研究湍流能谱特性的标准方法。

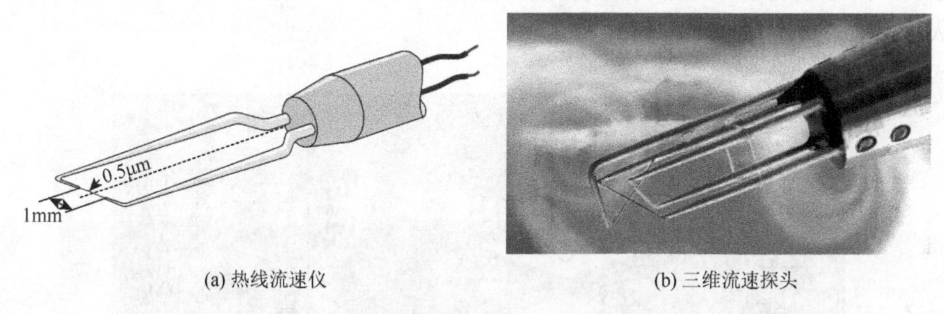

(a) 热线流速仪　　(b) 三维流速探头

图 3.3　热线流速仪及三维流速探头

热线流速仪中的极细金属丝在液体测量中强度不够，经常发生断裂，因此液体流速测量中常以一片很薄的金属膜代替金属丝，即为热膜流速仪，其基本原理与测量模式和热线流速仪类似。实际应用中常常将两根或三根热丝或热膜紧凑布置在同一个探头上[图 3.3（b）]，从而同时得到一个测点的二维或三维流速。

3.1.3　激光多普勒测速计

激光多普勒测速计（laser Doppler velocimetry，LDV）利用光学多普勒效应进行测速，即当固定频率的激光照射到运动着的流体时，激光被跟随流体运动的粒子散射，散射光的频率将会发生变化，其与入射光的频率差成为多普勒频差，这个频差正比于流速，测量频差即可得到流体速度。

根据光接收器的布置位置，可以将激光多普勒测速计分为前向接收型和后向接收型。前向接收型的光源与光接收器布置在待测流体两侧，光接收器对准入射激光的前进方向。后向接收型的光源与光接收器布置在待测流体同侧。由于后向接收型便于整合光源与光接收器为一整体探测头，因此大部分成熟商业系统多采用后向接收型布置光路。图 3.4 为典型的商业后向接收型激光多普勒测速计的光路布置与测量原理。分光器将激光器发出的单色激光分为能量相等的两股，由光纤分别导入探头，通过探头中的透镜系统调整方向和聚焦位置后，以一定角度出射，在距探头一定长度处相交，两激光束相交处形成的椭圆状高能量密度区域即为测量体。为了使测量体尽量小，一般会通过调整透镜系统使得两激光束的束腰位置为光束交点。由于两束激光的相位均相同，在相交位置形成稳定的干涉条纹，在激光波长与相交角度一定的情况下，可以精确确定干涉条纹间距 d。当随流体运动的粒子以一定速度穿过干涉条纹时，反射光在条纹处能量强而在条纹之间能量弱，因此光接收器接收到的信号将以一定频率振动，确定信号的频率即可得到周期 t，流速即为 d/t。由图 3.4 可知，两束同色激光相交只能测量垂直于条纹方向的速度。实际系统中经常采用两色或三色激光从不同方向相交于同一点（图 3.5），从而获得测量体的三维流速。

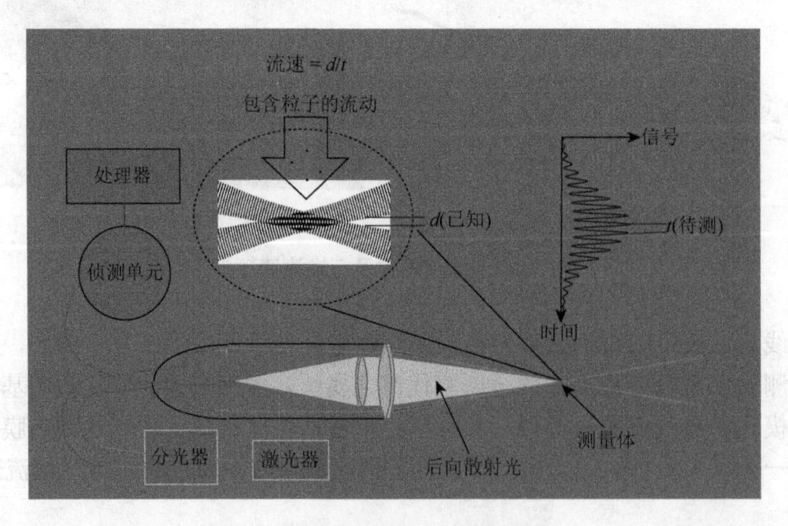

图 3.4　后向接收型激光多普勒测速计

激光多普勒测速计是一种非接触式测量工具，对流动本身没有干扰，测量精度极高，不需标定，已经成为流速测量的标准工具，并且其测量结果经常被用于检验其他测量方法的精度。从激光多普勒测速计的原理可以看到，其对流速的测量依赖于流体中颗粒对激光的反射，需要有足够强度的反射光进入光接收器才能形成一个可处理的信号。因此，激光多普勒测速计相邻采样之间的时间间隔随机变化，并不恒定。在利用激光多普勒测速计数据进行能谱密度分析时，需要先对原始数据序列进行相应处理。

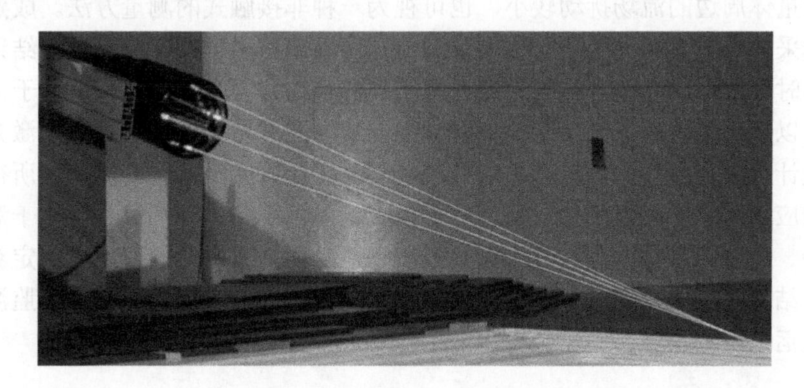

图 3.5　双色激光多普勒测速计

3.1.4　超声多普勒流速仪

超声多普勒流速仪（acoustic Doppler velocimetry，ADV）原理与激光多普勒测速计类似，利用声学多普勒原理进行流速测量。如图 3.6（a）所示，超声多普勒流速仪利用超声换能器发射超声波，由于超声波波长较短，定向性好，在一定传播距离内可以看做声波集中于某一方向传播，称为声束。当随流体运动的颗粒穿过声束时，会按照多普勒原理反射不同于入射超声波频率的声波，在三个不同方向上布置超声接收器，接收由颗粒反射的声波，将其与入射声波频率对比，即可得到测量体处的三维流速。图 3.6（b）为成熟的超声多普勒流速仪商业产品。

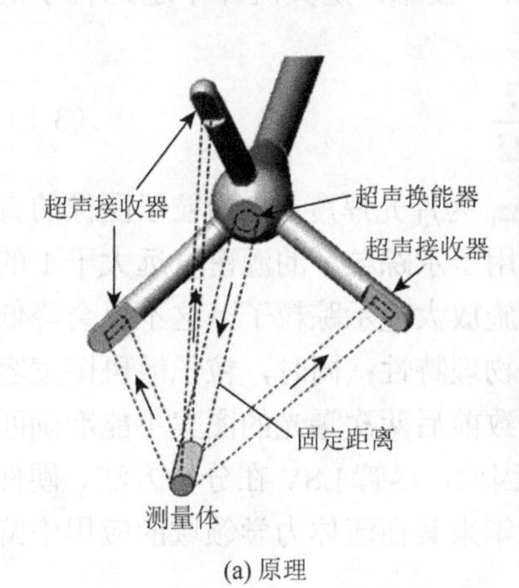

(a) 原理

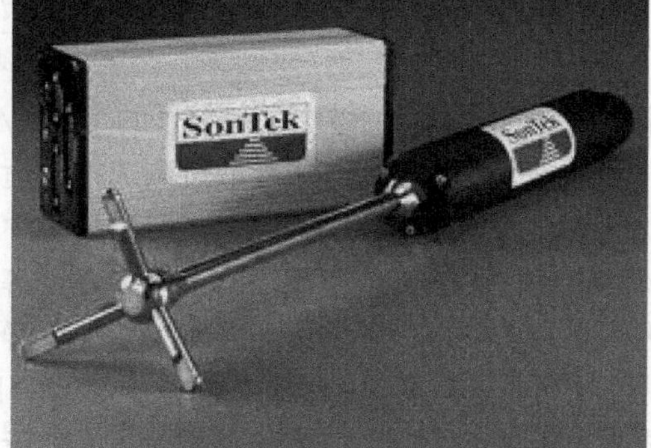

(b) 商业产品

图 3.6　超声多普勒流速仪

实际测量时超声多普勒流速仪需要伸入流体之中，但是超声换能器以及超声接收器与测量体的固定距离一般在 10cm 量级，因此超声多普勒流速仪的结构本身对测量体周边的流场扰动较小，也可视为一种非接触式的测量方法。成熟商业产品的采样频率最高一般只有 100Hz 量级，所以超声多普勒流速仪所得结果无法分析小时间尺度的紊动。相较于激光多普勒测速计，因为超声波长远大于激光波长，所以超声多普勒流速仪的测量体体积一般在立方厘米量级，远大于激光多普勒测速计，所得速度为测量体内的代表速度。因此，超声多普勒流速仪所得结果也无法应用于小空间尺度湍流特性的分析。但是由于超声波的穿透性优于激光，在悬沙、挟带污染物、浑水等不透光情况下，超声多普勒流速仪均可稳定获得精确测量结果，因此，超声多普勒流速仪大量应用于河流、海洋中的环境监测，水利和航运工程等领域。

3.1.5 粒子类测速技术

粒子类测速技术的基本原理是在流场中撒入示踪粒子，用成像的方法记录两次或多次曝光的粒子位置，通过图像分析技术得到示踪粒子的速度。非常细小的示踪粒子能够紧密跟随流体，因此可以用示踪粒子的速度代表其所在流场内相应位置处流体的运动速度。粒子类测速技术是一种无扰测量方法，相比于其他单点测量方法，它的最大优势是它是一种二维以及三维流场测量方法。自粒子类测速方法原理被提出以来，其发展迅速，目前已经成为实验室湍流实验研究的主要方法。

根据示踪粒子浓度的大小不同，可把粒子图像测速技术分为三种模式：激光散斑测速（laser speckle velocimetry，LSV）技术、粒子示踪测速（particle tracking velocimetry，PTV）技术和粒子图像测速（PIV）技术。定义流体中示踪粒子的源密度为[66]

$$N_S = C\Delta z_o \frac{\pi d_\tau^2}{4M_o^2} \tag{3.1}$$

式中，C 为单位体积流体中示踪粒子的个数：Δz_o 为片光厚度；d_τ 为粒子图像的直径；M_o 为成像放大倍率。激光散斑测速技术适用于示踪粒子的源密度远大于 1 的流动，为了满足这一条件，需要在待测流体中施放大量示踪粒子，这不仅会降低流体的透光性，也会改变流体的密度和黏性等物理特性；同时，粒子散斑图案容易因为垂直于测量平面的运动而发生变形，导致前后两次曝光的图案不能准确匹配，不适用于具有明显三维特征的实际流动。因此，尽管 LSV 在分析方法、硬件组成和测量精度等方面与 PIV 基本一致，但近年来其在流体力学领域的应用中鲜有报道。

当示踪粒子的源密度极小时，示踪粒子的图像在成像面上发生重叠的概率很

小，因此能够跟踪单个粒子的运动，通过测量它们的位移来确定流体的速度。这种方法称为粒子示踪测速技术。若定义粒子图像密度为

$$N_I = \frac{CA_I \Delta z_o}{M_o^2} \tag{3.2}$$

式中，A_I为判读窗口的面积，则 PTV 适用于粒子图像密度远小于 1 的流动。

当流体中示踪粒子的浓度介于 LSV 和 PTV 所适用的浓度之间时，示踪粒子的浓度不足以产生激光散斑现象，也难以跟踪单个示踪粒子的运动，此时只能通过测量某一小区域（诊断窗口）中粒子的平均位移来代表该区域中心处的流体速度。此类方法称为 PIV。

以上几种方法中，LSV 主要在早期研究中采用，PTV 只能在粒子位置处得到流速，不能形成规则分布的流场测点。PIV 通过控制粒子浓度，可以得到整个二维平面或三维体积内的流场。所以自其基本原理被提出以来，发展迅速，目前已经成为实验室湍流数据获取的主要方法之一[67]。本书应用实例中的数据主要来源于 PIV 方法，因此本节将对其进行详细介绍。

PIV 测量流体速度的基本原理和步骤是：在待测流体中施放跟随性较好的示踪粒子，将待测区域内的示踪粒子用强度均匀的片光照亮；使用高速相机以固定姿态和时间间隔Δt 连续两次对被照亮的示踪粒子进行曝光，曝光后的图像分别记录在两张图片中；将图片划分为细小的判读窗口，通过对两张图片中相同位置的判读窗口进行互相关运算得到窗口内粒子的平均位移Δx，并根据已知的时间间隔Δt 求得速度 $u = \Delta x/\Delta t$，该速度即判读窗口所覆盖的流体微团的运动速度。

示踪粒子是 PIV 系统的基本组成要素之一。尽管示踪粒子的具体特性与待测流体的物理性质有关，但良好的跟随性和散光性是所有示踪粒子需要满足的两个基本条件[66]。其中，跟随性主要由示踪粒子的密度和大小决定，而散光性由所用材质的折射率及粒子尺寸决定[68]。对于特定材质的示踪粒子，跟随性和散光性分别与粒径成反比和正比，因此，选择示踪粒子的尺寸时必须对粒子的跟随性和散光性进行权衡。水流中常用密度$\rho_p \approx 1000\text{kg/m}^3$、粒径 $d_p = 5 \sim 30\mu\text{m}$、折射系数 $n \approx 1.5$ 的示踪粒子，如聚苯乙烯微珠、聚酰胺微珠和空心玻璃微珠。

PIV 的基本原理本质上要求使用强脉冲光源，且脉冲光应满足以下两点要求：一是脉冲的持续时间δt 足够短，以避免粒子在曝光过程中出现拖尾；二是连续两次脉冲之间的时间间隔Δt 可调，以提高 PIV 的动态测量范围[66]。激光是 PIV 系统最常用的光源，根据工作方式的不同可分为连续激光器和脉冲激光器，其中，脉冲激光器可用于低速至超音速流动的测量，而连续激光器主要用于低速流动。为了使连续激光具有脉冲光源的特征，PIV 系统使用的连续激光器主要有三种工作

模式：一是利用斩波器将连续光束等间隔截断为脉冲光束，再将其扩展为片光；二是将连续光束循环扫过测量区域；三是将连续光束直接扩展为片光。脉冲激光器方面，Nd:YAG（钇铝石榴石晶体）激光器和 Nd:YLF（掺钕氟化锂钇晶体）激光器是综合性能最能满足 PIV 需求的两类激光器。其中，Nd:YAG 激光器的脉冲能量可达 100mJ 量级，脉冲频率一般为 10Hz；而 Nd:YLF 激光器的脉冲能量一般为 1～10mJ，但频率可达 10kHz。尽管目前的调 Q 技术可以让脉冲激光器以高达 100kHz 的重复频率工作，但脉冲时间间隔仍无法满足高速测量的需求，因此，PIV 应用中通常将两个脉冲激光器组合成双脉冲系统，分别控制两个激光器的发光时间，理论上可以实现任意长短的脉冲间隔。

为了将激光光束转换为厚度适中的片光，PIV 系统需要配备专门的光路系统。根据实现方式的不同，PIV 光路可分为扫描光路和扩展光路两种类型。扫描光路主要由振镜或旋转多面镜组成，可以将激光线束循环扫过测量区域，以形成等效脉冲片光，主要用于以连续激光器为光源的低速 PIV 系统。扩展光路主要由柱面透镜和球面透镜组成，其中柱面透镜的作用是将光束扩展为片光，球面透镜则是将片光压缩至设计厚度。

相机是 PIV 系统拍摄粒子图像的工具。早期 PIV 系统主要使用胶片相机，其主要特点是分辨率高，例如，300 线每毫米的标准 35mm 底片的等效分辨率约为 10500 像素×7500 像素。由于帧频极低，胶片相机通常将两次或多次曝光的粒子图像记录在同一张底片上，再通过复杂的化学处理程序得到粒子图像，粒子图像的分析还需要借助光学和机械设备。至 20 世纪 90 年代初，电荷耦合器件（charge coupled device，CCD）相机开始被应用于 PIV 系统，但这一时期的 CCD 相机分辨率较低，只能应用于分辨率要求较低的测量工况。但是，相机工业的快速发展使得将高分辨率 CCD 相机应用于 PIV 测量成为现实。柯达公司研发了 PIV 专用 CCD 相机[69]，又称为顺序扫描线间转移相机，其特点是在保持约 30Hz 帧频的条件下，在第一帧曝光后可以迅速开始第二帧曝光。在双脉冲激光器和跨帧照明技术的配合下，顺序扫描线间转移 CCD 相机可以在间隔极短的时间内对粒子图像进行连续两次曝光，并将曝光图像分别记录在两帧图片中，有效避免了常规 CCD 相机存在的动态速度范围小和速度方向二义性等问题。

目前的粒子图像分析主要使用双帧-单曝光模式记录图片，通过对连续两张图像进行基于快速傅里叶变换的互相关运算计算粒子位移。图 3.7（a）为 PIV 系统连续采集的两张粒子图片，为了根据粒子图片计算位移，可以将整个图片划分为均匀的矩形判读窗口，再将两张图片中对应位置的判读窗口进行互相关运算[图 3.7（b）]，得到的互相关函数最大值的位置（以下简称相关峰）相对窗口中心的距离和方向即为判读窗口所代表的流体微团的位移的大小和方向[图 3.7（c）]。

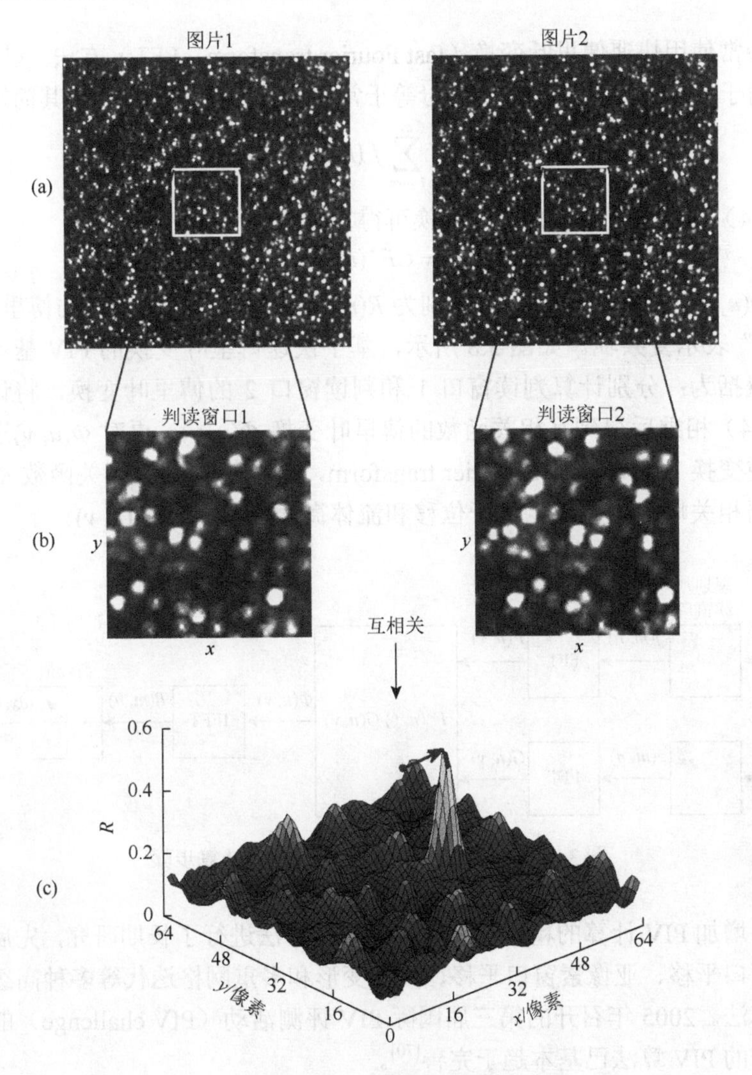

图 3.7　PIV 基本计算原理

设判读窗口 1 和判读窗口 2 的大小均为 $M\times N$，窗口内图像灰度函数分别为 $f(m,n)$和 $g(m,n)$，$-M\leqslant m\leqslant M$，$-N\leqslant n\leqslant N$，则判读窗口之间的互相关函数 $R(m,n)$ 的数学定义为

$$R(m,n)=\frac{\sum\limits_{k}\sum\limits_{l}f(k,l)\,g(k+m,l+n)}{\sqrt{\sum\limits_{k=1}^{M}\sum\limits_{l=1}^{N}f^{2}(k,l)\sum\limits_{k=1}^{M}\sum\limits_{l=1}^{N}g^{2}(k,l)}} \tag{3.3}$$

然而，直接利用式（3.3）计算互相关函数需要耗费大量的计算时间，因此，实际

应用中通常使用快速傅里叶变换（fast Fourier transform，FFT）方法。以式（3.3）为例，对于给定的判读窗口对，分母等于常数 C，为便于推导，将其简写为

$$R(m,n)=C\sum_{k=-\infty}^{\infty}\sum_{l=-\infty}^{\infty}f(k,l)g(k+m,l+n) \tag{3.4}$$

对式（3.4）两边同时进行傅里叶变换可得

$$\Phi(u,v)=CF^{*}(u,v)G(u,v) \tag{3.5}$$

式中，$\Phi(u,v)$、$F(u,v)$和 $G(u,v)$分别为 $R(m,n)$、$f(m,n)$和 $g(m,n)$的傅里叶变换，上标“*”表示复共轭。如图 3.8 所示，基于快速傅里叶变换的 PIV 基本计算步骤可以概括为：分别计算判读窗口 1 和判读窗口 2 的傅里叶变换，将计算结果按式（3.4）相乘后得到互相关函数的傅里叶变换 $\Phi(u,v)$，再对 $\Phi(u,v)$进行快速傅里叶逆变换（inverse fast Fourier transform，IFFT）得到互相关函数 $R(m,n)$，最后根据相关峰的位置确定粒子位移和流体微团的运动速度(u,v)。

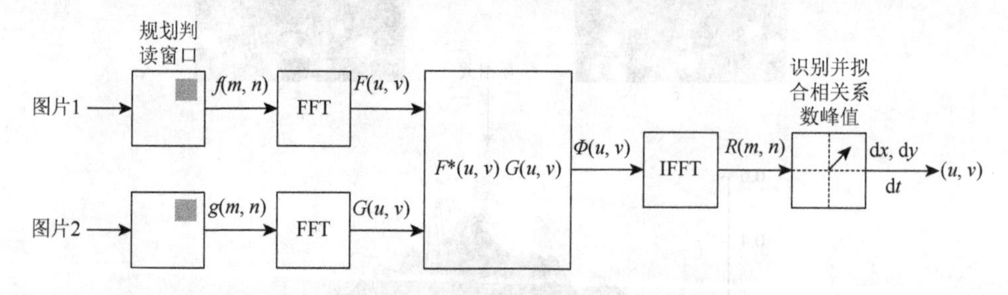

图 3.8　基于快速傅里叶变换的 PIV 计算步骤

为了增加 PIV 计算的精度，研究者对 PIV 算法进行了长期研究，先后提出了整像素窗口平移、亚像素窗口平移、图像变形和多重网格迭代等多种高级算法及其混合算法。2005 年召开的第三届国际 PIV 评测活动（PIV challenge）的成果表明，现有的 PIV 算法已基本趋于完善[70]。

随着激光、数字成像和计算机技术以及 PIV 算法的快速发展，PIV 已成为实验流体力学领域一种标准的流场测量方法，PIV 系统也成为许多专业测量设备厂商的标准产品（图 3.9）。标准 PIV 系统的激光器采用双脉冲激光，双脉冲之间的时间间隔可调，从纳秒到毫秒量级，因此标准 PIV 的测速范围可以从厘米每秒到数千米每秒。但是采样频率较低，约在 10Hz 量级。因此标准产品所得数据多用于研究湍流的空间脉动，而时间分辨率较低。

商用的标配 PIV 系统仅能获得二维平面上流场测点的三维流速，无法测量一个三维空间内的流场。另外，商用的标配 PIV 系统的采样频率过低，对流动的时间解析能力不足。针对这些问题，研究者正在开发三维 PIV 和时间分辨率 PIV（time resolved PIV），以进一步拓展 PIV 的测量能力和应用范围。

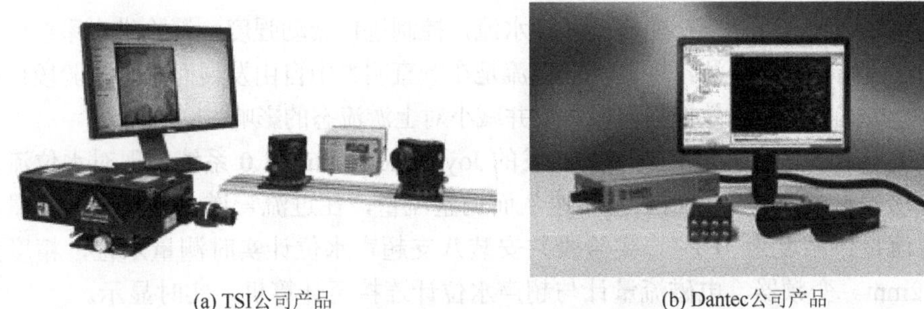

图 3.9　标准 PIV 产品

3.2　明渠实验系统

明渠实验一般在专门设计的明渠实验系统中进行。本书大多数例子实验都在清华大学河流研究所高精度实验水槽中完成。实验水槽示意图见图 3.10。水槽全长 20m，整体框架与水库、进口段均为钢制。实验段长 17m，宽 0.3m，由超白玻璃构成，便于使用光学方法进行测量。安装时利用专用模板和夹具固定玻璃，保证整体安装误差小于 0.5mm。水槽整体采用升降螺杆系统调坡，调节范围为 0.01%～1.5%。水流由立式轴流泵驱动，从水库经管道至水槽进口，以溢流形式进入实验段。在进

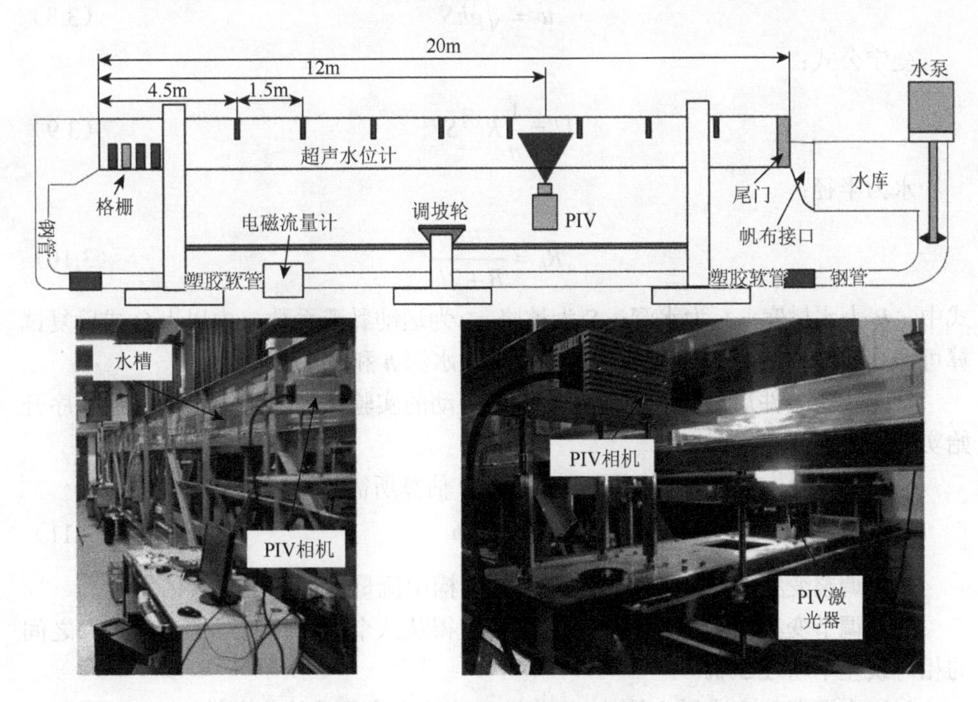

图 3.10　实验水槽示意图

口设置四层孔径逐渐变小的格栅整稳水流，控制进口紊动强度，消除供水系统中形成的湍流结构，保证测量段获得的湍流是在顺直明渠中自由发展而来。实验段出口安装活页式尾门，有效控制出口水位并减小对上游流态的影响[71]。

使用北京江宜科技有限公司研发的 Joy Fluid Control 1.0 系统实现对水位流量的自动控制。变频器控制水泵转速从而调整流量，在过流管道上安装电磁流量计测量流量，精度为 0.5%。实验段共安装八支超声水位计实时测量水位，精度为 ±0.2mm。变频器、电磁流量计与超声水位计连接至计算机，实时显示。

实验中首先设计实验参数。恒定均匀流实验中首先根据所需雷诺数和弗劳德数确定水深和坡降。所用到的公式如下。

雷诺数：

$$Re = \frac{Uh}{\nu},\quad Re_\tau = \frac{u_* h}{\nu} \tag{3.6}$$

弗劳德数：

$$Fr = \frac{U}{\sqrt{gh}} \tag{3.7}$$

摩阻流速：

$$u_* = \sqrt{ghS} \tag{3.8}$$

曼宁公式：

$$U = \frac{1}{n} R_h^{2/3} S^{1/2} \tag{3.9}$$

水力半径：

$$R_h = \frac{Bh}{B + 2h} \tag{3.10}$$

式中，B 为水槽宽；h 为水深；S 为坡降；ν为运动黏滞系数。由以上公式反复试算可根据所需的雷诺数和弗劳德数初步确定水深 h 和坡降 S。

确定实验条件后，用于获得恒定均匀流动的实验参数确定，根据下述程序开始实验。

（1）根据曼宁公式所得断面平均流速 U 估算所需流量：

$$Q = UBh \tag{3.11}$$

（2）调整变频器改变电机转速，使得水槽中流量达到曼宁公式估算值。

（3）调节变频器和活页尾门的开度，使得从八个超声传感器得到的水深之间的相对误差不超过 5%。

（4）水深调整完成后，等待 15 分钟，检验水流条件的稳定性。

（5）若流动参数没有明显变化，即可开始实验。

本书大部分实验采用北京江宜科技有限公司生产的时间分辨率PIV系统测量瞬时流场。系统采用8W连续激光器作为光源，设计PIV优化光路在测量区域得到厚度小于1mm的矩形片光。高速相机采集粒子图像，拍摄时使用局部遮挡方法避免靠近床面处的强光带影响图像质量[72]。

3.3　平均与脉动

如2.2节中讨论，湍流运动本身的随机性使得湍流研究中主要采用统计方法。湍流场中任意随机变量均可使用雷诺分解划分为平均量与脉动量。以流速为例，流场中某一位置某一时刻的流速可以分解为

$$\tilde{u}(x,y,z,t)=U(x,y,z,t)+u(x,y,z,t) \tag{3.12}$$

实际测量中一般直接得到瞬时流速 $\tilde{u}$，之后通过统计方法得到平均流速 U，二者相减即得脉动流速 u。在湍流数据实际处理中，有系综平均、时间平均、空间平均、条件平均和锁相平均等不同方法获得变量的平均值。

3.3.1　系综平均

流场中某一位置某一时刻的流速的系综平均定义为

$$U(\boldsymbol{x},t)=\int_{-\infty}^{\infty}\tilde{u}(\boldsymbol{x},t)\cdot p[\tilde{u}(\boldsymbol{x},t)]\mathrm{d}\tilde{u} \tag{3.13}$$

式中，$p[\tilde{u}(\boldsymbol{x},t)]$ 为 $\tilde{u}(\boldsymbol{x},t)$ 的概率密度函数。$p\mathrm{d}\tilde{u}=\mathrm{d}P$ 是流速 $\tilde{u}$ 落在区间 $[\tilde{u},\tilde{u}+\mathrm{d}\tilde{u}]$ 内的概率。当组织实施 N_T 次独立重复实验时，流速 $\tilde{u}$ 落在区间 $[\tilde{u},\tilde{u}+\mathrm{d}\tilde{u}]$ 内的概率为

$$\mathrm{d}P=\lim_{N_T\to\infty}\frac{N}{N_T} \tag{3.14}$$

式中，N 为 $\tilde{u}$ 在区间 $[\tilde{u},\tilde{u}+\mathrm{d}\tilde{u}]$ 内出现的次数。因此，$\tilde{u}p\mathrm{d}\tilde{u}=\lim\limits_{N_T\to\infty}\sum\limits_{i=1}^{N}u_i/N_T$ 。由于积分式（3.13）包含全系综，因此，

$$U(\boldsymbol{x},t)=\lim_{N_T\to\infty}\frac{1}{N_T}\sum_{i=1}^{N_T}u_i(\boldsymbol{x},t) \tag{3.15}$$

由系综平均的定义可知，它是一个确定性量，一切不规则信息均在系综平均运算后消失，因此系综平均也可看做一种截止波长为无穷大的低通滤波运算。

3.3.2 时间平均和空间平均

严格的系综平均式（3.15）要求做大量独立重复实验，在相同时空位置进行统计平均运算。在多数研究中，流动在时间或者不同的空间方向上存在一定的均匀性，即在这些方向上的任意位置流动参数的概率密度分布都是相同的。因此，常常将均匀方向上不同位置的测量视为对同一参数的独立重复实验。

最常见的例子即是时间平均。时间平均的概念基于平稳过程和各态遍历定理两个基础。

1. 平稳过程

平稳过程是自相关函数只与时间间隔有关的过程。这里自相关函数指同一位置测点不同时刻的同一随机变量间的相关函数。以脉动流速为例，根据式（2.5），自相关函数为

$$r(t,\tau)=\iint u\cdot u'p(u,u',t,t+\tau)\,\mathrm{d}u\mathrm{d}u' \tag{3.16}$$

平稳过程指 $r(t,\tau)$ 只与 τ 有关的过程。实验中经常进行的恒定流实验即可以被视为平稳过程。恒定流，即流场中任意位置的任意流动参数的统计特征均不随时间而变化。

2. 各态遍历定理

设脉动流速 $u(t)=\tilde{u}(t)-U(t)$ 为平稳过程，即

$$r(\tau)=\overline{u(t)\cdot u(t+\tau)} \tag{3.17}$$

且有

$$\int_{-\infty}^{+\infty}\left|r(\tau)\right|\mathrm{d}\tau<\infty \tag{3.18}$$

则应有

$$\lim_{T\to\infty}\overline{\left(\frac{1}{T}\int_0^T u(t)\mathrm{d}t\right)^2}=0 \tag{3.19}$$

对各态遍历定理的证明可在随机过程教材中找到。这里主要说明在湍流中其所揭示的物理意义。首先，对于定理的条件[式（3.18）]在湍流中是确实成立的。当 $\tau=0$ 时，为流速序列自身做相关，自相关函数值最大。当 τ 增加到无穷大时，脉动之间已经完全没有任何关系，相互独立，相关函数为 0。因此，相关

函数只在有限区间内不为0，并且在这个区间内其值都是有限的，条件[式(3.18)]成立。

对于式（3.19），可将平均运算与极限运算交换，由于平均运算作用在一个大于等于 0 的量上，因此必然有

$$\lim_{T\to\infty}\left(\frac{1}{T}\int_0^T u(t)\mathrm{d}t\right)^2 = 0 \tag{3.20}$$

进一步有

$$\lim_{T\to\infty}\left(\frac{1}{T}\int_0^T u(t)\mathrm{d}t\right) = 0 \tag{3.21}$$

将 $u(t)=\tilde{u}(t)-U(t)$ 代入可得

$$\lim_{T\to\infty}\left(\frac{1}{T}\int_0^T \tilde{u}(t)\mathrm{d}t\right) = U(t) \tag{3.22}$$

其中，$\lim\limits_{T\to\infty}\left(\frac{1}{T}\int_0^T \tilde{u}(t)\mathrm{d}t\right)$ 为瞬时流速的时间平均值。式（3.22）表明，平稳过程中的流速的系综平均等于流速的时间平均。时间平均只是对系综中某一次实验中的流速在时间历程中加以平均，时间平均和系综平均相等表明一次足够长时间的实验即会出现所有可能的流速，这就是这一定理被称为各态遍历定理的原因。实际实验中，恒定流中的平均流速可以由式（3.23）计算：

$$U(\boldsymbol{x}) = \lim_{T\to\infty}\frac{1}{T}\sum_{i=1}^{T} u(\boldsymbol{x},i) \tag{3.23}$$

式中，i 为不同时刻的测量；T 为总测量次数。对比式（3.15）与式（3.23）可知，时间平均的结果仅是位置 $\boldsymbol{x}$ 的函数，因为时间轴上每一点在统计意义上均是等价的。

与时间平均类似，若空间中两点间的相关函数只与两点的相对空间位置有关，而和两点本身的空间位置无关，则称为空间平稳过程，空间平稳过程中存在空间上的各态遍历定理。因此，空间平稳态的系综平均等于全空间的体积平均。对于明渠恒定均匀流，一般认为在 x 和 z 向是空间平稳的。因此，y 相同的测点在统计意义上均是等价的。

3.3.3　条件平均

以上介绍的各种平均方法主要作用在于获得雷诺分解中的平均值和脉动值，

对参与运算的流场并没有特殊的限制。在另外一些研究中，如湍流相干结构，主要目的是获得一些局部时空事件的平均样态。由于相干结构出现位置、出现时间、大小、强度等均存在随机性，直接对全流场使用系综平均或者时间平均、空间平均，相干结构的特征就会消失在平均场中。针对这一问题，最自然的思路就是对参与平均运算的流场进行一定的限制，挑选符合一定条件的流场进行平均，这就是条件平均（conditional averages）的基本思路。

设 $\tilde{q}$ 为任意随机变量，其平均值为 $\overline{q}$ 或 $\langle\tilde{q}\rangle$，上横线和括号均表示平均运算。常规的雷诺分解为

$$\tilde{q}=\langle\tilde{q}\rangle+q \tag{3.24}$$

在给定条件 $E=\{E_1,\cdots,E_M\}$ 下对 $\tilde{q}$ 的条件平均定义为 $\langle\tilde{q}|E\rangle$，则对全系综的条件平均等于 $\tilde{q}$ 的无条件平均值加上对脉动值的条件平均：

$$\langle\tilde{q}|E\rangle=\langle\tilde{q}\rangle+\langle q|E\rangle \tag{3.25}$$

因此，主要考虑脉动量的条件平均。

对于条件平均的具体计算方法，假设 $\tilde{q}$ 是时间平稳过程。如上一节中所述，$\tilde{q}$ 的无条件平均通过对 $\tilde{q}$ 沿时间积分并除以总时长得到。条件平均的计算方法类似，将所有满足条件 E 的时刻的 $\tilde{q}$ 相加，并除以满足条件 E 的总时长，即可得到条件平均。

在湍流研究中，条件平均主要应用在获得某些重要事件发生时的流场平均样态。因此，E 也根据所关注的事件不同而有不同设置。例如，当研究雷诺应力极值事件时，E 可被设置为某一雷诺应力阈值，超过这一阈值的流场进行条件平均。又如，当关心涡旋周边的结构时，E 则为涡旋结构的指标量的阈值。

条件平均的一个典型应用是象限分析（quadrant analysis）。象限分析将脉动流速分为以下四种事件：

$$\begin{aligned}&E_1=\{u>0,v>0\},\ E_2=\{u<0,v>0\}\\&E_3=\{u<0,v<0\},\ E_4=\{u>0,v<0\}\end{aligned} \tag{3.26}$$

这四种事件的具体意义见图 3.11。满足条件 E_1 和 E_3 的脉动流速分别为高速流动远离壁面和低速流动冲向壁面，称为 Q1 和 Q3 事件。满足条件 E_2 的脉动流速为低速流动向上部流区扬起，称为 Q2 事件，即猝发中的“喷射”事件；满足条件 E_4 的脉动流速为高速流动向床面俯冲，称为 Q4 事件，即猝发中的“清扫”事件。对不同的象限进行条件平均，即可得到不同象限事件的平均流速分布，对雷诺应力、湍动能的贡献等。图 3.12 和图 3.13 分别为不同象限雷诺应力和湍动能占比沿垂线的分布。可以看到，只有 Q2 和 Q4 事件对雷诺应力有正贡献，Q1 和 Q3 对雷诺应力是负贡献。同时 Q2 和 Q4 事件的湍动能占比也远大于 Q1 和 Q3 事

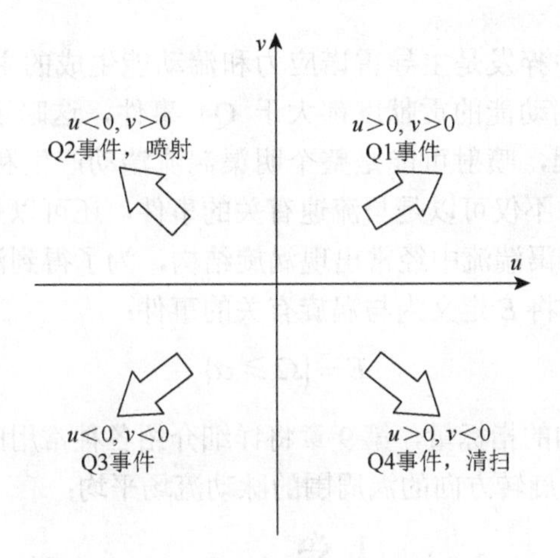

图 3.11　象限分析示意图

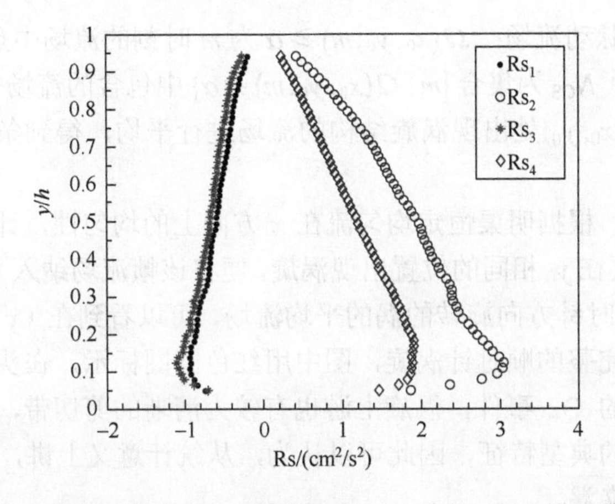

图 3.12　各象限雷诺应力沿垂线分布，Rs_i 为第 i 象限的雷诺应力

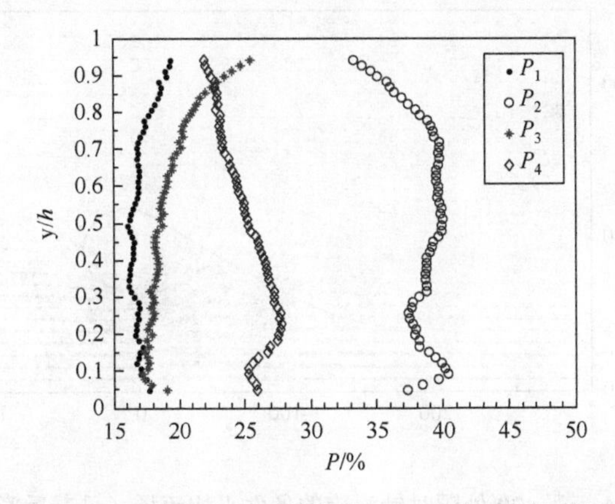

图 3.13　各象限湍动能占比沿垂线分布，P_i 为第 i 象限的湍动能占比

件，说明明渠湍流中猝发是主导雷诺应力和湍动能生成的主要机制。另外，Q2 事件对雷诺应力和湍动能的贡献度都大于 Q4 事件，这暗示猝发中的喷射和清扫并不是对等的过程，喷射可能是整个明渠湍流湍动产生和维持的核心。

条件平均中的 E 不仅可以是与流速有关的事件，还可以是任意其他研究者关心的事件。例如，明渠湍流中经常出现涡旋结构，为了得到涡旋结构及其附近的流场结构特征，可以将 E 定义为与涡旋有关的事件：

$$E=\{\Omega\geqslant\alpha\} \tag{3.27}$$

式中，Ω 为涡旋结构的指标量，第 9 章将详细介绍各种常用的涡旋指标量。将出现在同一位置的相同旋转方向的涡周围的脉动流场平均：

$$\langle \boldsymbol{u}(x,y)\,|\,\Omega(x_0,y_0)\geqslant\alpha\rangle=\frac{1}{N_{\mathrm{CS}}}\sum_{m=1}^{N_{\mathrm{CS}}}\boldsymbol{u}(x,y)\quad m\in\{m\,|\,\Omega(x_0,y_0,m)\geqslant\alpha\} \tag{3.28}$$

式中，$\boldsymbol{u}(x,y)$ 为脉动流场；$\Omega(x_0,y_0,m)\geqslant\alpha$ 为 m 时刻的流场中点 (x_0,y_0) 处的涡旋指标量大于阈值；N_{CS} 为集合 $\{m\,|\,\Omega(x_0,y_0,m)\geqslant\alpha\}$ 中包含的流场个数。式（3.28）的意义为将在点 (x_0,y_0) 处出现涡旋结构的流场进行平均，得到条件平均流场，称为条件涡旋。

实际计算中，根据明渠恒定均匀流在 x 方向上的均匀性，计算条件平均流场时仅固定 y_0，只要在 y_0 相同的位置出现涡旋，便将该帧流场纳入平均计算。图 3.14 为 $y^+=70$ 处的顺时针方向旋转的涡的平均流场，可以看到在（$x^+=0$，$y^+\approx70$）处平均流场出现了完整的顺时针涡旋，图中用红色圆圈标示，在头部下方为较强的斜向后上方运动的 Q2 事件，涡旋上游也有较为清晰的剪切带，红线标示的这些特征都是发夹涡的典型特征，因此可以认为，从统计意义上讲，$y^+\approx70$ 附近出现的涡旋主要是发夹涡。

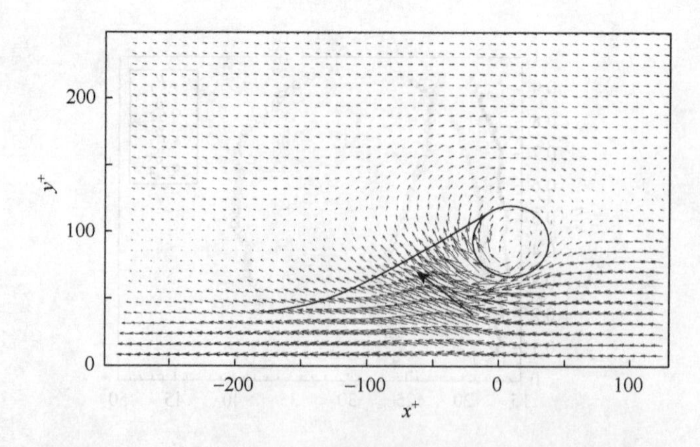

图 3.14　$y^+=70$ 处顺时针涡旋的条件平均流场（见书后彩图）

3.3.4 锁相平均

系综平均或时间平均、空间平均在应用于某些非定常流动时也存在难以克服的困难。从式（3.15）与式（3.23）可以看出，经典的系综平均或时间平均要求参与计算的独立重复实验应该处于某一全局坐标系下完全相同的空间坐标位置和时间演化阶段。然而，在非定常流动或局部时空事件中，可以精确地对准每个独立重复实验的全局坐标系通常不存在。由于存在初始扰动和演化中的湍流影响，每次独立重复实验的演化和运动轨迹并不会完全相同。此外，即使我们能够保证参与计算的不同的独立重复实验处于完全相同的演化阶段，它们的空间结构也将因为湍流的影响而各不相同。

为了更加清楚地解释上述问题，以异重流的碰撞实验为例进行说明。图 3.15 为实验装置。水槽被两个水门隔绝为三段，中间段装入清水，两端装入盐水，同时将水门提起，盐水在压强作用下沿槽底向中间移动形成异重流，清水沿水面向两端填充。两股异重流在测量窗口内碰撞，这一实验主要研究碰撞过程中盐水和清水的掺混过程。

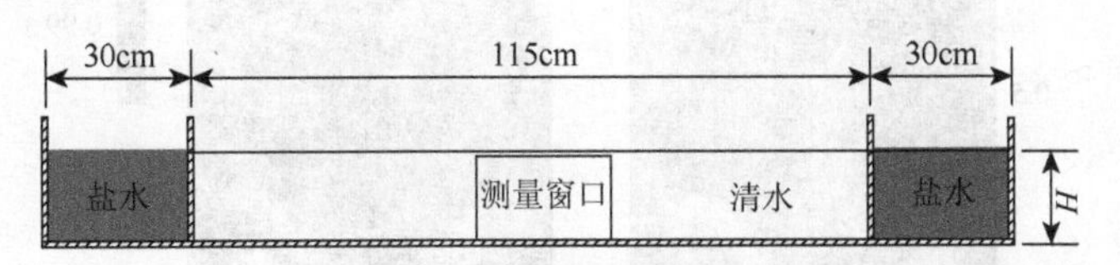

图 3.15　重力流碰撞实验

图 3.16 左侧三个图为在同一全局时空坐标系下同一时刻和位置的三次独立重复实验的密度场。在这个坐标系统中，时间坐标原点在水门提起瞬间，空间坐标系固定在水槽上。从图中可以看到，第二次实验中异重流间的距离比其他测次大，这意味着不同独立重复实验之间在相同时刻的演变阶段其实是不相同的。此外，异重流前端的位置也存在错位。两条白色垂线分别标记了第三次实验中异重流的前端位置，而其他测次中前端位置均远离白线。如果使用式(3.15)对这些独立重复实验直接平均，这些空间和时间错位会导致最终的平均场没有意义。条件平均能够部分解决这一问题。条件平均的实质是采用随事件移动的坐标系替代固定的全局坐标系。图 3.16 右侧三个图以碰撞发生时刻和位置作为时空坐标系原点，可以看到空间和时间错位的情况明显好转。但是由于这一时刻距离碰撞发生仍然有一个时间间隔，这一时间间隔内的扰动仍然导致了一些错位。这是由于条件平均本质上只使用了局部事件中单点的信息，而没有包含整个事件的全部时空信息。

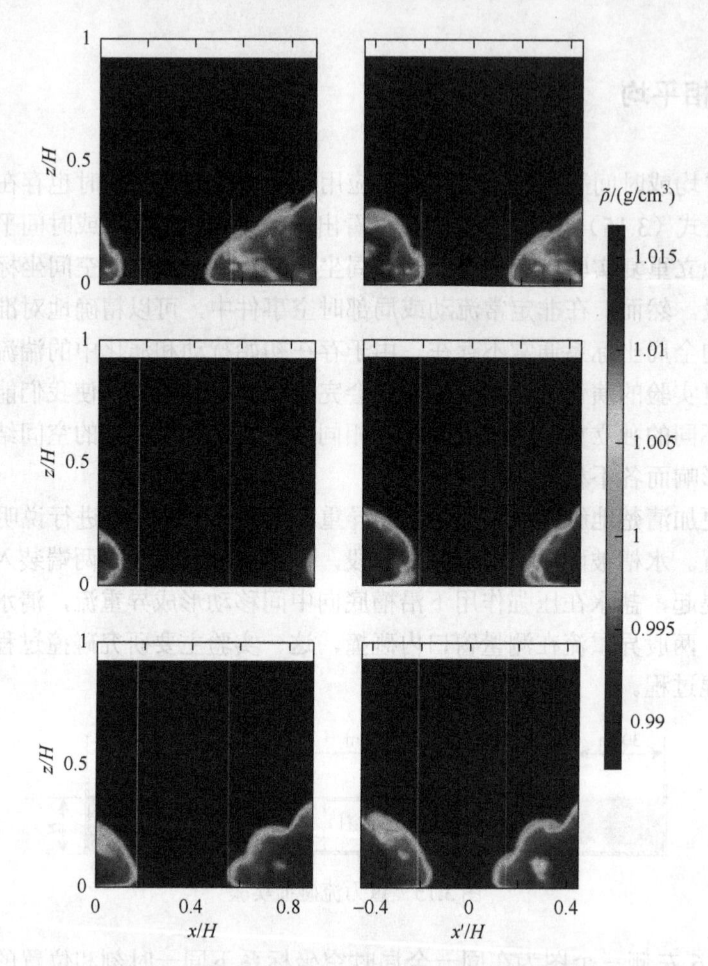

图 3.16　异重流碰撞三次独立重复实验的密度场

针对这类问题，研究者提出了锁相平均（phase-aligned averaging）法[73-75]。不同研究者使用的锁相平均法在细节上有所差异，但是原则上均包含以下步骤。

（1）指定一个指标场 $F(\boldsymbol{x}, t)$，使得需要研究的时间在其中能得到很好地显示。

（2）准备独立重复实验。

（3）使用系综平均计算初始平均场 $F_o(\boldsymbol{x},t)$。

（4）对每个独立重复实验调整坐标系，使得它与初始平均场的相关系数最大：

$$C(\Delta\boldsymbol{x}_i, \Delta t_i, i) = \mathrm{cor}\left[\tilde{F}_i(\boldsymbol{x}+\Delta\boldsymbol{x}_i, t+\Delta t_i), F_o(\boldsymbol{x},t)\right] \tag{3.29}$$

式中，cor[]为相关算子，将在第 5 章中详细介绍；C 为相关系数。

（5）在调整后的坐标下做系综平均得到锁相平均结果。

从上述过程可以看到，与条件平均相比，锁相平均仍然采用随事件移动的坐标系替代固定的全局坐标系，但是相关分析使得事件的全部时空信息都对坐标系的对齐产生影响。为了得到良好的结果，在锁相平均中使用的指标场 F 必须对所研究的事件足够敏感，随着与事件距离的增大，指标值快速衰减。例如，在研究湍流中的涡旋时，涡旋指标量比速度场更好，因为涡旋诱导出的速度比涡旋指标量随与涡旋中心距离的增大而衰减的速度更慢。又如，在重力碰撞流实验中密度场比速度场更好区分重力流与周围环境的界限。

在锁相平均中，步骤（3）可以被认为是相对齐的初始猜测值，步骤（4）从初始猜测出发寻找最优结果。一个接近最优结果的初始猜测可以加快计算过程。因此，步骤（3）通常是在一些具有明确的物理意义的全局坐标系下做系综平均。例如，在相干结构研究中，通常涡旋指标量最大值点作为初始坐标原点。在非定常流动中，常常将相同演化时间的流场进行平均作为初始猜测流场。在实际应用中，步骤（4）通常重复执行直到某种类型的收敛准则得到满足。图 3.17 为锁相平均的一般流程。

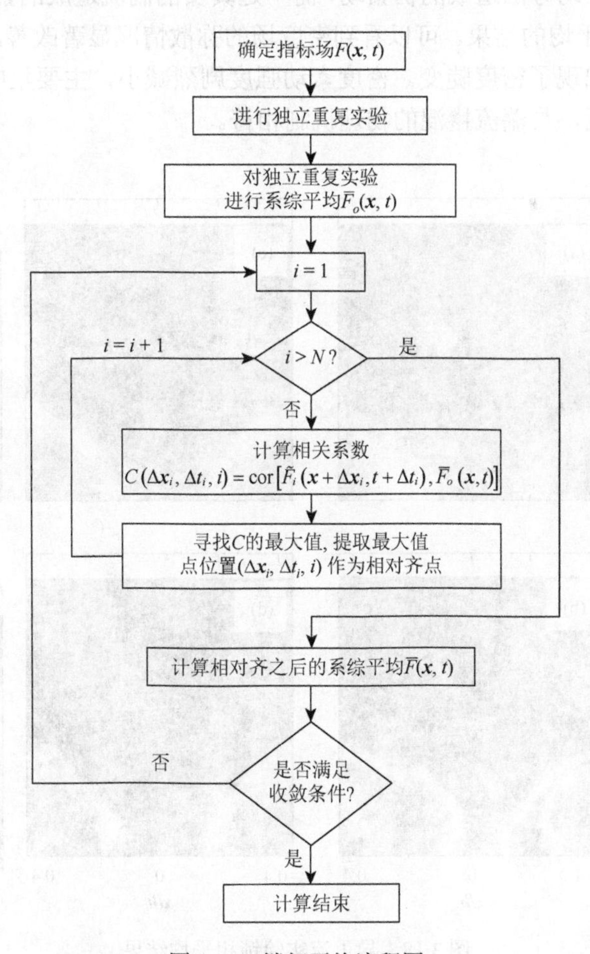

图 3.17　锁相平均流程图

图 3.18 为对图 3.16 所示密度场进行锁相平均后的结果。图 3.18（a）和（c）为直接对 10 次独立重复实验进行系综平均后的结果。其中，图 3.18（a）为系综平均密度场，图 3.18（c）为密度紊动强度场。密度的紊动强度定义为

$$\rho'(x,z)=\sqrt{\frac{1}{N}\sum_{i=1}^{N}\left[\tilde{\rho}_i(x,z)-\overline{\rho}(x,z)\right]^2} \tag{3.30}$$

式中，N 为独立重复实验次数，本例所用实验数据中 $N=10$。从图 3.18（a）可以看到，由于存在严重的时空错位，平均后的密度场中异重流和清水的密度陡变界面消失不见，弥散在一个很大范围内。对应的密度紊动强度场在很大的范围内都具有很强的紊动[图 3.18（c）]，这显然与异重流与清水的掺混机制不符。异重流与清水掺混主要发生在密度界面附近，图 3.18（c）中大量密度紊动都是由时空错位和不合适的平均方法造成的伪紊动，而不是真实的湍流造成的紊动。图 3.18（b）和（d）为锁相平均的结果。可以看到密度场的弥散情况显著改善，在异重流和清水交界面附近出现了密度陡变。密度紊动强度剧烈减小，主要集中在了异重流和清水交界面附近，与湍流掺混的物理机制相符。

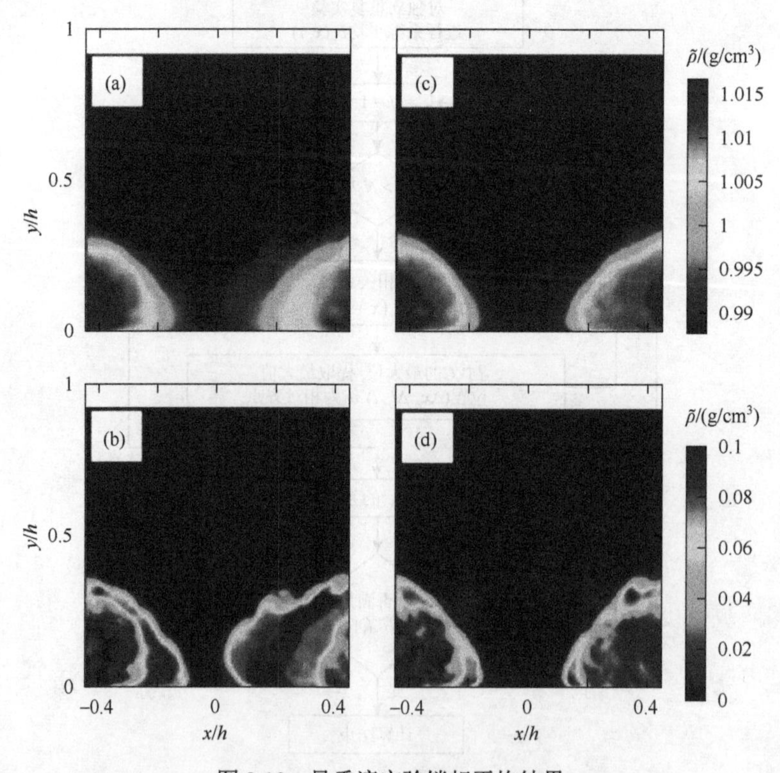

图 3.18　异重流实验锁相平均结果

3.4　泰勒冻结假设

从 3.1 节可以看到，在 PIV 出现之前，大部分测量技术都是单点测量方法，所得数据为单点流速时间序列。当研究者需要通过测量数据研究湍流的空间特性时，只能通过其时间特性进行推断。即使是 PIV 出现后，由于测量窗口的限制，能直接获得的空间结构尺度仍然有限，大于测量窗口的尺度仍然需要通过测量时间序列进行推断。从时间序列信息推断空间信息的基础即泰勒冻结假设（Taylor frozen turbulence hypothesis）。泰勒冻结假设的核心是假定湍流脉动的时间尺度远远小于平均流场流过湍流涡旋空间尺度所需时间，因此在湍流涡旋以平均速度通过某一固定测点时，认为涡旋结构没有任何变化，进而根据固定测点所得脉动的时间过程推断湍流涡旋的空间信息。根据泰勒冻结假设，任意受湍流涡旋结构影响而变化的可观测量 A 的时空转换关系可以由式（3.31）确定：

$$\frac{\partial A}{\partial t}=-U\frac{\partial A}{\partial x} \tag{3.31}$$

式中，U 为测点的平均流速。若固定测点的时间序列中存在频率尺度为 f 的脉动，由泰勒冻结假设可确定对应涡旋结构的空间波长λ与波数 k：

$$\begin{cases} k=\dfrac{2\pi f}{U} \\ \lambda=\dfrac{2\pi}{k}=\dfrac{U}{f} \end{cases} \tag{3.32}$$

3.5　采样参数的确定

在利用流速测量仪器进行流场测量进而获得平均流速、紊动强度和雷诺应力等紊动统计参数时，需要确定两个重要的采样参数：采样分辨率和采样容量。不同的采样分辨率和采样容量对最终结果的精度会有较大影响。

采样参数确定的理论基础是 Nyquist 采样定理：要从抽样信号中无失真地恢复原信号，采样频率应大于 2 倍信号最高频率。因此，若进行空间采样，假设湍流最小涡旋尺度为η，则测量体的特征尺度应满足$l_{\mathrm{MS}}\leqslant\eta/2$。若进行时间采样，假设湍流脉动的最高频率为$f_h$，则采样频率至少为$2f_h$。从 2.7 节的讨论中知道，Kolmogorov 尺度是湍流中的最小涡旋尺度，因此测量体的特征尺度小于 Kolmogorov 尺度的一半、采样频率高于 Kolmogorov 尺度涡旋特征频率的 2 倍即可。但是，由于 Kolmogorov 尺度的计算涉及湍动能耗散率，这个数值本身就需要通过实验数据才能得到，在实验进行之前比较难估算。由于 Kolmogorov 尺度与内尺度同量级，因此常常使用内尺度估算测量条件。式（2.46）给出了内尺度的长度和时间尺度：

$$y_* = \frac{\nu}{u_*},\ t_* = \frac{y_*}{u_*} = \frac{\nu}{u_*^2}$$

因此测量所需满足的条件为

$$l_{\rm MS} \leqslant \frac{y_*}{2} = \frac{\nu}{2u_*},\ f_{\rm MS} \geqslant \frac{2}{t_*} = \frac{2u_*^2}{\nu} \tag{3.33}$$

在实际测量中，随着雷诺数增大，y_*会急剧减小，一般测量方法很难满足测量体空间分辨率的要求。例如，对于水深为 5cm，$Re_\tau = 1000$ 的中等雷诺数明渠湍流，y_*约为 0.05mm，而公认精度极高的激光多普勒测速计的测量体的尺度在最理想条件下也约为 0.1mm[76]，达不到式（3.33）的要求。最近发展起来的一些特殊方法能够达到极高的空间分辨率[77]，但是目前绝大多数实验设备所得数据的空间分辨率都不能解析 Kolmogorov 尺度，在分析结果时需要注意这一点。相对于空间分辨率，目前的光电测量手段的时间分辨率大多能在常规实验中达到式（3.33）的分辨率要求。例如，使用模数转换（analog-to-digital conversion，A/D 转换）的测量设备的频率一般都在 10^3kHz 以上，图像类方法使用的高速摄像机很多也能达到 10kHz 的量级。另外，由于脉动量 n 次乘积的最高频率将为 nf_h，要测量脉动量的 n 阶统计矩，则所需的采样频率将不小于 $2nf_h$。

采样频率确定后，还需要确定采样容量。时间采样容量的理论最小值与湍流中的最低频率运动有关。明渠湍流中最低频率的脉动应该为积分尺度的涡旋引起，因此其时间尺度为 h/U，频率为 $f_l = U/h$。所需测量频率为

$$f_{\rm ML} \leqslant \frac{f_l}{2} = \frac{U}{2h} \tag{3.34}$$

则按照 $f_{\rm MS}$ 采样时，时间采样容量的理论最小值为

$$T = \frac{f_{\rm MS}}{f_{\rm ML}} = \frac{4hu_*^2}{\nu U} \tag{3.35}$$

这个容量仅仅是理论最小值。实际上，在这个采样容量内，理想情况下也只包含了两次最大尺度结构引起的完整脉动。因此，一般实验都会采集远大于式（3.35）的采样容量。

3.6 明渠湍流数据分析基本思想

从第 2 章的介绍知道，明渠湍流是一种具有多尺度特征的复杂非线性系统。湍流问题之所以成为“牛顿经典力学体系里的最后一个难题”，其多尺度和非线性特征是关键。

在实际测量所得湍流数据中，所有尺度的运动混合在一起不可分辨，造成流速无规律地脉动。直接对这种杂乱无章的信号进行研究必然无从下手。因此，明渠湍流数据分析的第一个重要问题就是从原始信号中分解出不同尺度的信号，本书将此称为“尺度分解”。雷诺平均将流速分解为平均值和脉动值，实质上就是将最大尺度的信号（波长无限大或者频率为 0）从原始信号中分解出来，脉动流速中只包含波长有限（或频率大于 0）的尺度的运动。因此，脉动流速序列实际上还可以进一步被分解为各种尺度的信号。明渠湍流数据分析中常用的尺度分解方法有傅里叶变换、小波变换和本征正交分解等。傅里叶变换假设所有尺度的信号都具有正弦波的形式，只不过波长不同。在此基础上，傅里叶变换能够提取不同尺度信号对湍动能的贡献，也可根据需要设置尺度范围，重构不同尺度的信号。小波变换使用各种类型的小波替换傅里叶变换中的正弦波，小波是一种局部振荡的函数，而不像正余弦函数从 $-\infty$ 到 ∞ 持续振荡，并且有多重不同特征的小波可供研究者选择，这些特点使得我们不仅能够分析不同尺度信号的频率特征，而且能够同时得到时间域上局部事件的信息。相比前两者，本征正交分解方法不预设不同尺度信号的具体形式，而是依据信号本身的特征构建表征不同尺度信号的模态。各种尺度分解方法都在明渠湍流数据分析中有广泛应用，本书在后面章节会逐一介绍。分解出原始信号中的不同尺度后，需要进一步研究不同尺度之间的相互影响和相互关系，本书称之为“尺度关联”。研究尺度关联的方法多种多样，本书将主要介绍相关分析。

在进行各种尺度分解和尺度关联的分析中，经常用到的基本工具是卷积。两函数 $f(x)$ 和 $g(x)$ 的卷积的基本形式为

$$\int_{-\infty}^{+\infty} f(\tau)g(\tau)\mathrm{d}\tau \tag{3.36}$$

其离散形式为

$$\sum_{i=1}^{N} f_i \cdot g_i \tag{3.37}$$

由于在相关分析、傅里叶变换、小波变换和本征正交分解中都可以看到类似形式的计算，这里先简要介绍卷积的物理意义。假设有两个信号如图 3.19（a）所示，主要振动的出现位置相距很远，当做式（3.36）的卷积时，最终结果为 0。若两振动波形类似，相位接近，如图 3.19（b）所示，则二者卷积会得到正的大值。若两振动波形类似，但振动方向相反，如图 3.19（c）所示，则二者卷积会得到负的大值。从图 3.19 的简单分析可以看到，卷积可以看做对两信号相似性的度量。若二者完全没有任何关系，则卷积趋于 0，若两信号有一定相似性，如同正同负或者刚好反号，所得卷积绝对值都会较大。

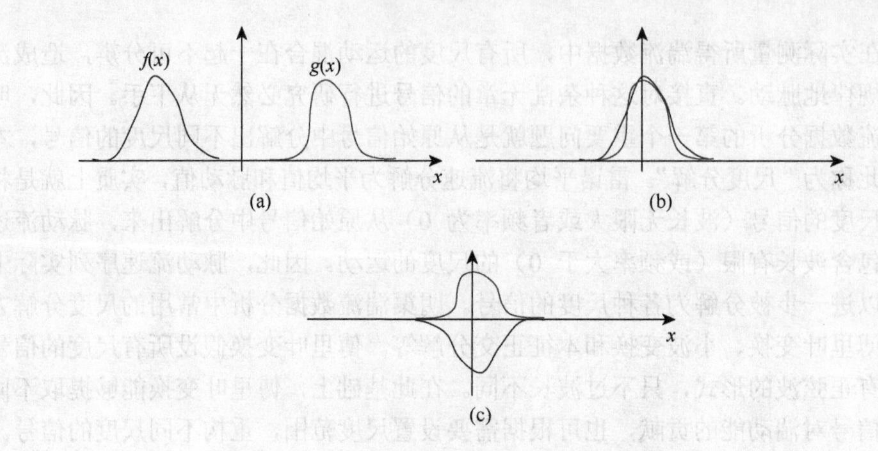

图 3.19　卷积物理意义示意（见书后彩图）

在后面的介绍中我们将看到，相关分析定义式的实质就是两信号的卷积，傅里叶变换和小波变换均是将信号与给定基函数做卷积，本征正交分解中计算模态在每一时刻分量时也是用各阶模态与流场做卷积。

第 4 章　基本紊动统计参数

从 2.2 节知道，湍流研究中必然使用统计描述方法。若将湍流脉动过程视作完全随机过程，暂不考虑其中的有序结构，则湍动量的概率密度分布包含了所有湍流脉动的信息。概率密度分布函数在实际使用时存在极大不便。事实上，若已知湍动量的任意阶统计矩，利用特征函数可以求得概率密度分布。因此，统计矩也携带了所有湍动量的统计信息。实际应用中，常常使用湍动量的各阶统计矩进行理论推导、数据对比以及物理研究。在流体实验中，各阶统计矩常被用来作为验证实验系统调试无误的重要指标。

湍流流速相对于某一固定值 c 的 n 阶矩的定义如下，即式（2.1）：

$$E\left[\left(\tilde{u}(\boldsymbol{x},t)-c\right)^n\right]=\int_{-\infty}^{\infty}[\tilde{u}(\boldsymbol{x},t)-c]^n\cdot p[\tilde{u}(\boldsymbol{x},t)]\mathrm{d}\tilde{u}$$

式中，$E[\ ]$为数学期望。常常使用的为一到四阶矩。本章首先介绍各阶统计矩，之后介绍二阶矩的衍生量净力。

4.1　平 均 流 速

4.1.1　计算方法

当统计矩定义式中 c 取 0，n 取 1 时，即可得到平均流速。因此，平均流速实际上是流速的一阶原点矩，即期望。在恒定流中，根据各态遍历定理，常使用时间平均替代系综平均，如式（3.23）所示。实际应用中，采样足够长时间后，认为时间平均值趋近于式（3.23）的极限值：

$$U=\frac{1}{T}\sum_{i=1}^{T}\tilde{u}(i) \tag{4.1}$$

式中，i 为时间序列中的第 i 次测量；T 为样本总数。

4.1.2　平均流速分布

2.4 节中基于 Prandtl 混合长理论对明渠恒定均匀流中的平均流速分布进行了

讨论。本节将结合实验数据，从量纲分析和各区内的黏性力和外尺度消长关系导出流速分布公式。

水流对床面存在平均剪切作用：

$$\tau_{\mathrm{b}} = \rho \nu \left.\frac{\mathrm{d}U}{\mathrm{d}y}\right|_{y\to 0} = \rho u_*^2 \tag{4.2}$$

式中，ρ 为水的密度；ν 为运动黏滞系数；u_*为摩阻流速。从量纲分析的角度，平均流速分布仅由 ρ、ν、u_*和水深 h 共四个因素决定，从这四个量可以得到两个无量纲数，因此，平均流速分布的一般形式可以写作

$$\frac{U}{u_*} = f\left(\frac{y}{h}, \frac{u_* h}{\nu}\right) = f\left(\frac{y}{h}, Re_\tau\right) \tag{4.3}$$

式中，Re_τ 为摩阻雷诺数；f 为某一未知函数。Re_τ 中混合了壁面处的影响因素 u_* 和大尺度影响因素 h，不便于分开讨论各自的影响。因此常用式（4.4）替代式（4.3）进行讨论：

$$\frac{\mathrm{d}U}{\mathrm{d}y} = \frac{u_*}{y} f\left(\frac{y}{\nu / u_*}, \frac{y}{h}\right) = \frac{u_*}{y} f\left(\frac{y}{y_*}, \frac{y}{h}\right) \tag{4.4}$$

式中，y_*为与黏滞性相关的长度尺度。

在床面附近，湍流主要受黏性控制，与大尺度 h 关系不大。因此，床面附近存在一个区域（$y/h \ll 1$），其平均流速公式可以写作

$$\frac{\mathrm{d}U}{\mathrm{d}y} = \frac{u_*}{y} f_\nu\left(\frac{y}{y_*}\right) \tag{4.5}$$

定义

$$y^+ = \frac{y}{y_*}, U^+ = \frac{U}{u_*} \tag{4.6}$$

则式（4.5）可以写作

$$\frac{\mathrm{d}U^+}{\mathrm{d}y^+} = \frac{1}{y^+} f_\nu(y^+) \tag{4.7}$$

将其沿 y 轴积分可以得到

$$U^+(y^+) = F_\nu(y^+) = \int_0^{y^+} \frac{1}{y'} f_\nu(y')\mathrm{d}y' \tag{4.8}$$

将式（4.8）在 0 处泰勒展开，可得

$$U^+(y^+) = F_\nu(0) + F_\nu'(0)y^+ + O\left(y^{+2}\right) \tag{4.9}$$

由床面处的无滑移边界条件，$F_\nu(0)$为 0，由式（4.2）可知 $F_\nu'(0) = 1$，故而有

$$U^+(y^+) = y^+ \tag{4.10}$$

式（4.10）说明，在床面附近，存在一个平均流速沿 y 线性增大的区域，即黏性底层。图4.1为超高分辨率PTV测量所得明渠湍流黏性底层平均流速分布。可以看到，在 $y^+<5$ 的范围内，实测数据与式（4.10）吻合得很好。一般认为，黏性底层的范围为 $0<y^+<5$。

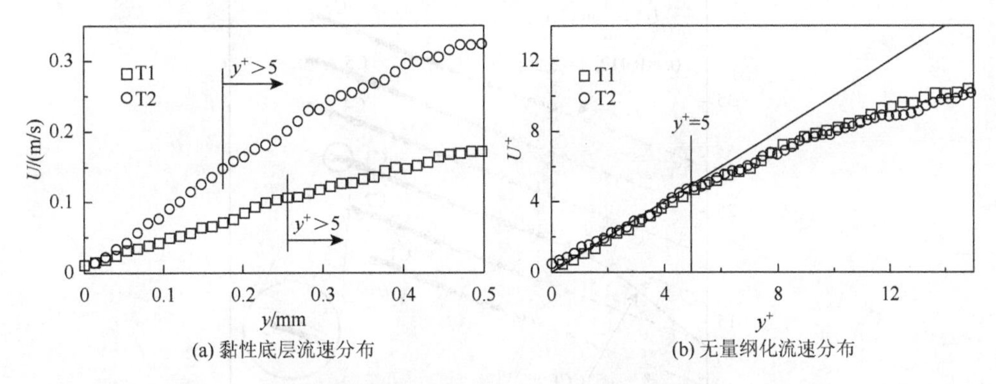

图4.1 超高分辨率PTV测量所得明渠湍流黏性底层平均流速分布

T1测次摩阻雷诺数为803，T2测次摩阻雷诺数为1010

随着 y 的增大，黏性对平均流速分布的影响将越来越小，外尺度 h 逐渐开始起作用。因此，当雷诺数足够大时，应当存在这样一个区域，外尺度 h 的影响尚不显著，黏性的作用趋于消失。因此，式（4.7）仍然成立，但是 f_V 将与 y^+ 无关（黏性作用消失），退化为一常数 κ：

$$\frac{\mathrm{d}U^+}{\mathrm{d}y^+}=\frac{1}{\kappa y^+} \tag{4.11}$$

积分之后可得

$$U^+=\frac{1}{\kappa}\ln y^+ + A \tag{4.12}$$

因此通过量纲分析和对黏性作用与外尺度消长关系的分析，同样可以推导得到对数律，其中，κ 为卡门常数；A 为积分常数。图4.2为PIV测量所得不同摩阻雷诺数的明渠湍流平均流速分布，可以看到，在 $y^+>30$ 的较长一段区域，实测数据与对数律吻合良好。接近水面时，外尺度开始影响水流，实测数据逐渐偏离对数律。平均流速满足对数律的范围称为对数区。对数区中的卡门常数和积分常数尚无定论。Nezu 和 Rodi 利用激光多普勒测速计对不同雷诺数和弗劳德数的明渠湍流进行大规模高精度测量，根据实测结果，Nezu 和 Rodi 认为在明渠湍流中[19]：

$$\kappa=0.412\pm0.11,\ A=5.29\pm0.47 \tag{4.13}$$

由式（4.13）可见，Nezu 和 Rodi 所建议的取值实际浮动范围很大，这是由于κ和 A 的取值对 u_*的确定方法、对数区范围的认定等非常敏感，因此，目前学术界倾向于使用诊断函数研究对数区 A 和κ的取值，将在下一小节详述。

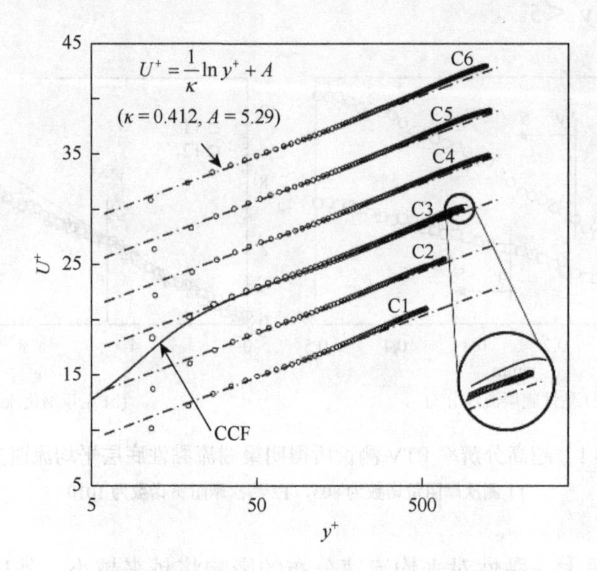

图 4.2　PIV 测量所得不同摩阻雷诺数的明渠湍流平均流速分布

虚线为对数律，C1 到 C6 的摩阻雷诺数分别为 560、679、880、1235、1295 和 1353，每一组数据均较上一组向上移动 $U^+=5$，便于区分，黑色实线为封闭槽道 DNS 结果[78]；CCF 表示封闭槽道流（closed channel flow）

从上面的讨论可以看到，黏性底层的范围为 $0<y^+<5$，本书中对数区的起始位置为 $y^+=30$。在 $5<y^+<30$ 的范围内，黏性作用逐渐减弱但是尚未消失，称为缓冲区（buffer layer）。缓冲区内函数 $F_v(y^+)$的形式将比较复杂，目前尚无理论公式。

在距离床面很远的区域，黏性不再是主要因素，外尺度 h 影响平均流速分布。因此，式（4.4）变为

$$\frac{\mathrm{d}U}{\mathrm{d}y}=\frac{u_*}{y}f_o\left(\frac{y}{h}\right) \tag{4.14}$$

将其沿 y 积分直到水面可得

$$\frac{U_0-U}{u_*}=F_o\left(\frac{y}{h}\right)=\int_{y/h}^{1}\frac{1}{y'}f_o(y')\mathrm{d}y' \tag{4.15}$$

式中，U_0 为水面处的平均流速。这就是壁面湍流平均流速分布的亏值律[79]。由于不同流动的外边界千差万别，与黏性底层的情况不同，并不存在普适函数 $F_o(y/h)$。

从图 4.2 可以看出，离开对数区之后，平均流速分布与对数律实际上仅仅是略有偏移，因此可以考虑在对数律上增加一个经验函数以描述这一偏差：

$$U^+ = \frac{1}{\kappa}\ln y^+ + A + w\left(\frac{y}{h}\right) \tag{4.16}$$

经验函数 w 称为尾流函数，Coleman 建议尾流函数形式为[80]

$$w\left(\frac{y}{H}\right) = \frac{2W}{\kappa}\sin^2\left(\frac{\pi y}{2H}\right) \tag{4.17}$$

式中，W 为尾流强度。实际拟合尾流强度时常常先在对数区确定卡门常数和积分常数，之后使用 y^+＞30 直到水面的实测数据拟合式（4.16）得到尾流强度。尾流强度随不同类型的流动以及雷诺数的变化均有变化。图 4.3 为 PIV 测量所得明渠湍流平均流速尾流强度。根据更大雷诺数的实验结果，尾流强度在摩阻雷诺数大于 2000 之后稳定在 0.3 附近[19]。

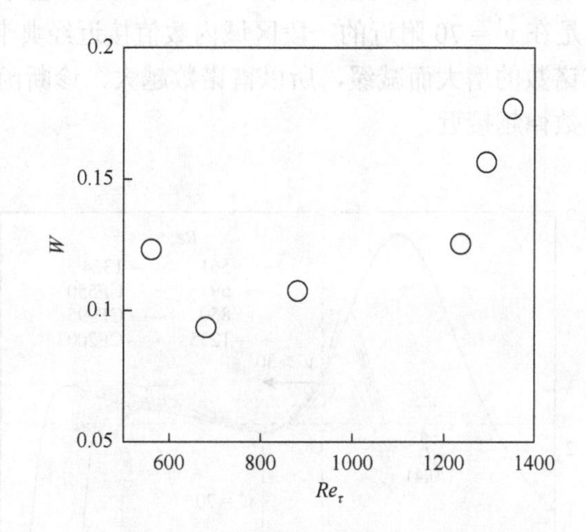

图 4.3 PIV 测量所得明渠湍流平均流速尾流强度

4.1.3 诊断函数

从图 4.2 可以看出，直接从流速分布图中很难观察到在哪个范围内流速分布满足对数律。为了清晰分辨对数区和卡门常数，研究者提出了如下诊断函数（diagnostic function）[81, 82]：

$$\Xi = y^+ \frac{\mathrm{d}U^+}{\mathrm{d}y^+} \tag{4.18}$$

若流速分布在某一区间满足对数律，代入式（4.18）得

$$\varXi = y^+ \frac{\mathrm{d}U^+}{\mathrm{d}y^+} = y^+ \frac{\mathrm{d}\left(\dfrac{1}{\kappa}\ln y^+ + A\right)}{\mathrm{d}y^+} = \frac{1}{\kappa} \tag{4.19}$$

因此，在满足对数律的区间内，诊断函数应该为常数并且其值为卡门常数的倒数。图 4.4 为 PIV 实验所得明渠恒定均匀流和 DNS 所得封闭槽道流的诊断函数。由图可知，除了床面附近，明渠湍流的诊断函数和槽道流吻合良好。床面附近的差异是实验测量分辨率小于 DNS 网格所致。DNS 数据的起始点的 y^+小于 1，而本次 PIV 实验数据的起始点的 y^+在 10 左右，并且本书所用北京江宜科技有限公司的 PIV 软件 JFM2016 中，为了增加床面附近的信息，PIV 图像边界附近的网格均有不同程度的插值，所以 $y^+<16$ 的数据都有较大误差，不适用于精细分析。图中红色虚线标记了卡门常数的经典值 0.41 所处位置。从图中可见，在 $y^+>10$ 之后，诊断函数就开始下降接近经典的卡门常数，并在 $y^+=70$ 附近达到最小值，之后缓慢上升，接近水面（槽道中线）时开始剧烈下降。诊断函数在整个水深并没有一个区间严格水平，只是在 $y^+=70$ 附近的一段区域内数值接近经典卡门常数。$y^+>70$ 后的上升坡度随雷诺数的增大而减缓，所以雷诺数越大，诊断函数越接近水平，表示流速分布与对数律越接近。

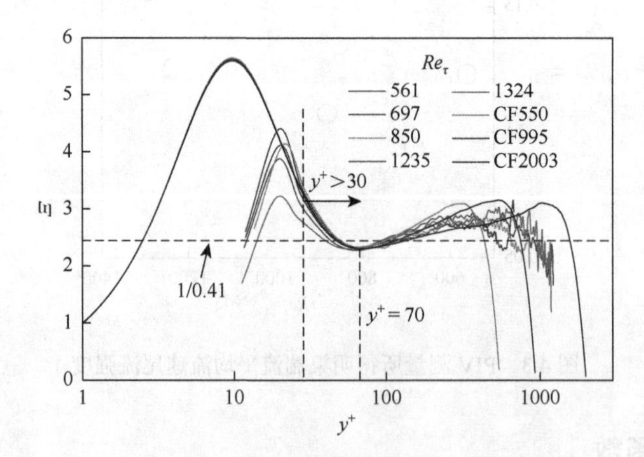

图 4.4　明渠恒定均匀流和封闭槽道流的诊断函数（见书后彩图）

4.2　紊动强度与雷诺应力

流速的二阶中心矩分为两类：一类为某一方向流速分量与自身相乘一次得到二阶量；另一类为两个不同方向的流速分量相乘得到二阶量。为了简洁起见，以 *x*-*y* 平面 PIV 测量得到 *u*、*v* 流速分量为例说明，所有可得的二阶中心矩如下：

$$\begin{cases} u'^2 = \int_{-\infty}^{\infty} (\tilde{u}-U)^2 \cdot p(\tilde{u})\mathrm{d}\tilde{u} \\ v'^2 = \int_{-\infty}^{\infty} (\tilde{v}-V)^2 \cdot p(\tilde{v})\mathrm{d}\tilde{v} \\ \overline{uv}^2 = \int_{-\infty}^{\infty}\int_{-\infty}^{\infty} (\tilde{u}-U)(\tilde{v}-V) \cdot p(\tilde{u},\tilde{v})\mathrm{d}\tilde{u}\mathrm{d}\tilde{v} \end{cases} \tag{4.20}$$

式中，$p(\tilde{u},\tilde{v})$ 为联合概率密度分布。在实际数据处理中常用计算方法为

$$\begin{cases} u' = \sqrt{\dfrac{1}{T}\sum_{i=1}^{T}[\tilde{u}(i)-U]^2} \\ v' = \sqrt{\dfrac{1}{T}\sum_{i=1}^{T}[\tilde{v}(i)-V]^2} \\ \overline{uv} = \sqrt{\dfrac{1}{T}\sum_{i=1}^{T}[\tilde{u}(i)-U]\cdot[\tilde{v}(i)-V]} \end{cases} \tag{4.21}$$

其中，流速分量自乘所得结果习惯上称为紊动强度，统计学上也称标准差，而交叉相乘所得结果称为雷诺应力。紊动强度表征脉动量的振动幅度。假设流速 u 的概率密度满足正态分布，图 4.5 为绘制了三种不同标准差 σ 的概率密度分布，箭头所示范围为 $\pm 3\sigma$。由正态分布特性可知，u 落在 $\pm 3\sigma$ 范围内的概率为 99.74%。所以，u' 越大，流速脉动的区间越大，脉动越剧烈。

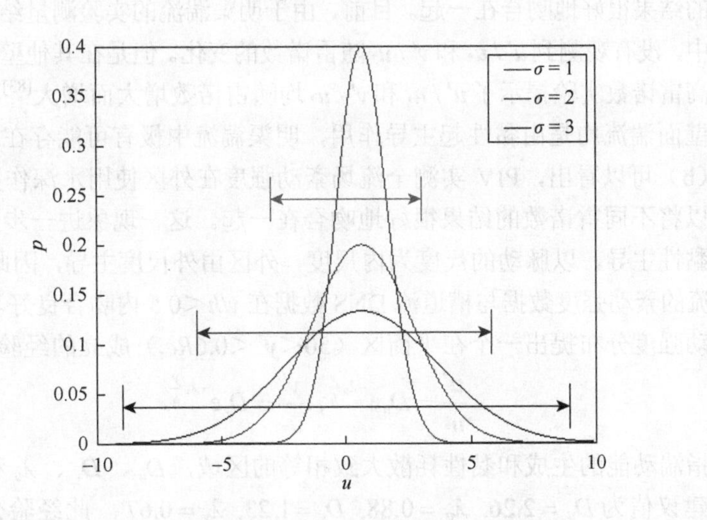

图 4.5　不同标准差的正态分布（见书后彩图）

对于雷诺应力，实际上，根据式（2.12），雷诺应力 $\overline{u_i u_j}$ 包含了九个分量，紊动强度的平方事实上也是雷诺应力的分量。目前这种习惯称谓的形成与湍流实验技术的发展历史有关。早期的实验技术多是单点一维测量方法，只能得到某一固

定测点单个方向流速分量的时间序列，因此，只能计算流速分量自乘所得二阶中心矩。根据图 4.5 的分析，标准差代表了紊动的剧烈程度。另外，与交叉相乘所得结果不同的是，三个方向上流速的二阶中心矩之和即为平均湍动能：

$$\overline{TKE} = \frac{1}{T}\sum_{i=1}^{T}\left(u_i{}^2 + v_i{}^2 + w_i{}^2\right) = u'^2 + v'^2 + w'^2 \tag{4.22}$$

因此，流速分量自乘所得结果常被独立称为紊动强度，交叉相乘所得结果被称为雷诺应力。

图 4.6 为超高分辨率 PTV 和 PIV 测量所得纵垂向紊动强度和雷诺应力分布。图中同时用实线画出了封闭槽道 DNS 的结果。封闭槽道流与明渠湍流的唯一区别为明渠湍流具有自由水面，自由水面的影响范围一般不能到达床面，所以在黏性底层二者情况应该类似。从图 4.6（a）可见，纵垂向紊动强度由于受到无滑移边界条件限制，在床面处均为 0。实测数据在床面处具有一定数值，这是由于超高分辨率 PTV 跟随水体中示踪粒子的运动测量水体速度。在床面附近，流体存在无滑移边界条件，而示踪粒子仍然可以自由运动，因此在靠近壁面范围内存在一定误差。纵向紊动强度在 $y^+ = 10$～15 达到最大值，之后缓慢下降。垂向紊动强度在 $y^+ < 50$ 的范围内一直上升。其他更大雷诺数范围的测量结果表明在床面附近不同雷诺数的纵垂向紊动强度均在相同位置达到最大值，以 y_*为垂向位置的无量纲单位可以将不同雷诺数的结果很好地吻合在一起。目前，由于明渠湍流的实验测量结果集中在中等雷诺数中，没有观测到u'/u_*和v'/u_*随雷诺数的变化。但是在其他壁面湍流的研究中，极高雷诺数实验揭示了u'/u_*和v'/u_*均随雷诺数增大而增大[83]。考虑床面附近不同壁面湍流均是由黏性起主导作用，明渠湍流中极有可能存在相同趋势。从图 4.6（b）可以看出，PIV 实测全流场紊动强度在外区使用水深作为 y 的无量纲单位可以将不同雷诺数的结果很好地吻合在一起。这一现象进一步说明明渠床面附近由黏性主导，以脉动的尺度为内尺度，外区由外尺度主导，因此以 h 为量纲。明渠湍流的紊动强度数据与槽道流 DNS 数据在 $y/h < 0.5$ 内吻合良好。Nezu 和 Rodi 针对紊动强度分布提出一个在平衡区（$50 < y^+ < 0.6Re_\tau$）成立的经验公式[19]：

$$\frac{u'}{u_*} = D_u \mathrm{e}^{-\lambda_u \frac{y}{h}},\ \frac{v'}{u_*} = D_v \mathrm{e}^{-\lambda_v \frac{y}{h}} \tag{4.23}$$

平衡区指湍动能的生成和黏性耗散大致相等的区域，D_u、D_v、λ_u和λ_v均是经验系数，建议值为$D_u = 2.26,\ \lambda_u = 0.88,\ D_v = 1,23,\ \lambda_v = 0.67$。此经验公式与实测结果吻合较好。

接近水面时，明渠湍流的u'/u_*大于槽道流，而v'/u_*低于槽道流。其他研究表明w'/u_*在水面附近也大于槽道流。这一现象称为水面湍动能重分配。v'/u_*相对于槽道流减小是水面对垂向脉动的抑制导致的。当水面下流体存在垂向脉动流速时，顶托水面使得局部水面向上升高，在重力作用下升高速度必定越来越小，最后下降回到原来位置。而管道流和槽道流中心线附近则没有这个机制，因此垂向脉动不会受到抑制。当脉动在垂向受到抑制后，在压力脉动的作用下[84]，湍动能将向其他两个方向重新分配，导致 u'/u_* 和 w'/u_* 增大。

图 4.6（c）为超高分辨率 PTV 所得黏性底层雷诺应力分布，图 4.6（d）为 PIV 所得全流场的雷诺应力分布。由 2.4 节讨论可知，明渠湍流中的总应力沿水深呈线性分布，总应力由两部分组成，一部分来自雷诺应力，一部分为黏性应力：

$$\frac{\tau}{\rho}=-\overline{uv}+\nu\frac{\partial U}{\partial y}=u_*^2\left(1-\frac{y}{h}\right)$$

由图 4.6（c）可见，在靠近床面的区域，由于流速梯度极大，总应力主要由黏性应力构成。雷诺应力从床面处 0 开始逐渐增大。由图 4.6（d）可见，在外区，雷诺应力基本与总应力直线重合，说明外区的总应力主要由雷诺应力构成，而黏性应力由于平均流速梯度很小可以忽略不计。雷诺应力分布的特性再一次证明了明渠湍流中随着 y 的增大主导因素的转变过程。雷诺应力的最大值出现在 $y_p^+=2Re_\tau^{1/2}$ 处[85]，即 $y_p/h=2Re_\tau^{-1/2}$，因此，随着摩阻雷诺数增大，雷诺应力最大值在 y^+ 轴上将向上移动，在 y/h 轴上将急剧靠近壁面。

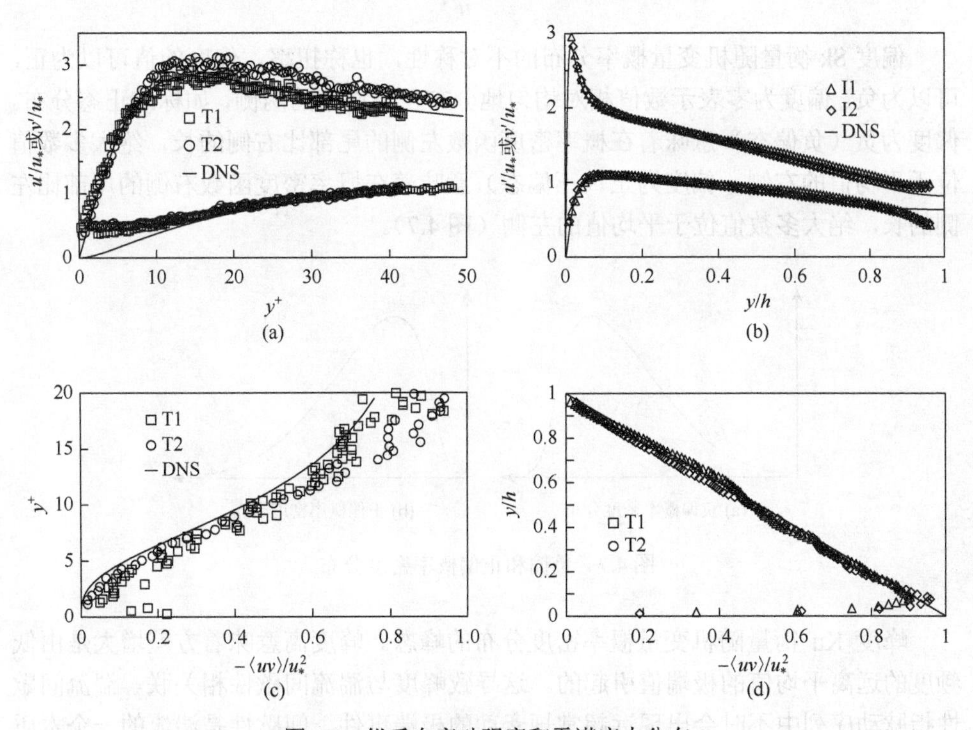

图 4.6　纵垂向紊动强度和雷诺应力分布

T1 测次摩阻雷诺数为 803，T2 测次摩阻雷诺数为 1010。（a）为超高分辨率 PTV 所得近壁区紊动强度分布；（b）为 PIV 所得全流场紊动强度分布；（c）为超高分辨率 PTV 所得黏性底层雷诺应力分布；（d）为 PIV 所得全流场雷诺应力分布；黑色实线为封闭槽道 DNS 结果[78]

4.3　偏度与峰度

流速的二阶和三阶中心矩分别称为偏度 Sk 与峰度 Ku：

$$\mathrm{Sk}=\frac{\int_{-\infty}^{\infty}(\tilde{u}-U)^3\cdot p(\tilde{u})\mathrm{d}\tilde{u}}{u'^3}$$

$$\mathrm{Ku}=\frac{\int_{-\infty}^{\infty}(\tilde{u}-U)^4\cdot p(\tilde{u})\mathrm{d}\tilde{u}}{u'^4} \tag{4.24}$$

在实际数据处理中常用计算方法为

$$\mathrm{Sk}=\frac{\frac{1}{T}\sum_{i=1}^{T}[\tilde{u}(i)-U]^3}{u'^3}$$

$$\mathrm{Ku}=\frac{\frac{1}{T}\sum_{i=1}^{T}[\tilde{u}(i)-U]^4}{u'^4} \tag{4.25}$$

偏度 Sk 衡量随机变量概率分布的不对称性，也称扭率。偏度的值可以为正，可以为负。偏度为零表示数值相对均匀地分布在平均值的两侧，如标准正态分布。偏度为负（负偏态）意味着在概率密度函数左侧的尾部比右侧的长，绝大多数值位于平均值的右侧。偏度为正（正偏态）意味着在概率密度函数右侧的尾部比左侧的长，绝大多数值位于平均值的左侧（图 4.7）。

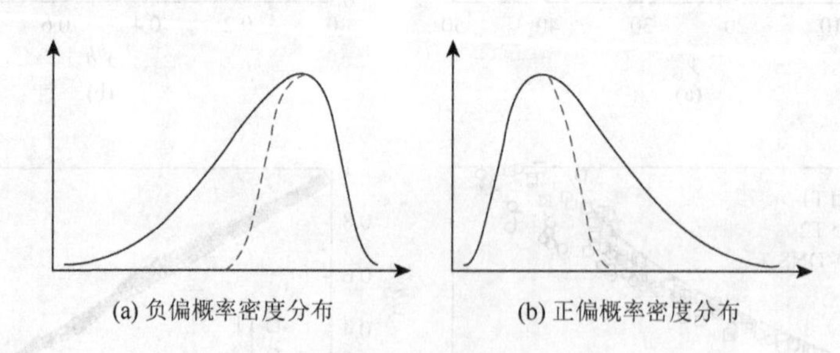

(a) 负偏概率密度分布　　(b) 正偏概率密度分布

图 4.7　负偏和正偏概率密度分布

峰度 Ku 衡量随机变量概率密度分布的峰态。峰度高意味着方差增大是由低频度的远离平均值的极端值引起的。这导致峰度与湍流间歇性相关联。湍流间歇性指脉动序列中不时会出现远超常规紊动的极端事件。间歇性是湍流的一个本质特征。图 4.8 以涡旋破碎产生间歇性为例进行说明。假设某一大尺度涡旋占有面积为 1，在破碎成小涡过程中转化为三个面积均为 1/4 的小涡，因此最终包含较强涡量的面积变为3/4，小涡继续按同样方式破碎成下一级小涡后，包含涡量的面积将变为 9/16，以此类推，经过 10 次这样的过程后，包含较强涡量的面积仅为约0.056。若使用一涡量探头测量这一区域，所得大部分涡量值均在0附近波动，但是会有5.6%的概率出现极大的涡量值。整个涡旋由最开始布满整个空间，到最后以分形方式间歇分布在空间中，占有极小区域。

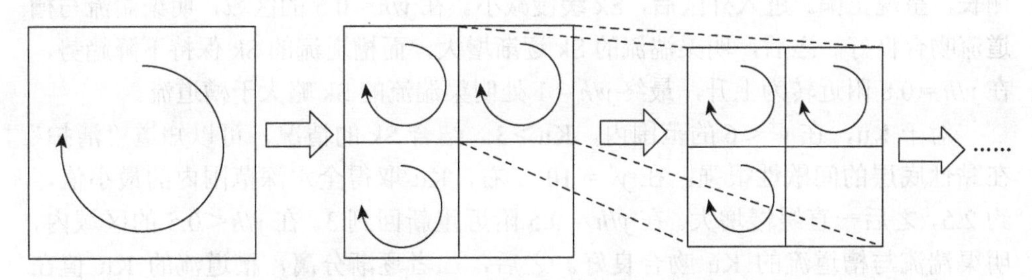

图4.8　涡旋破碎过程中的间歇性示意图

间歇性与峰度系数的关系可以简单理解如下。假设一脉动流速序列与一正态分布的紊动强度一致。但脉动流速$|\tilde{u}-U|$，即$|u|$经常出现很大的值，即在远离平均值的区域脉动流速的概率密度要比正态分布大。根据各阶统计矩的计算式，这部分大值对四阶矩的贡献一定大于对二阶矩的贡献。因此，脉动流速序列的峰度系数一定大于正态分布。正态分布的峰度为3，因此，峰度系数大于3的随机变量可认为具有间歇性（图4.9）。

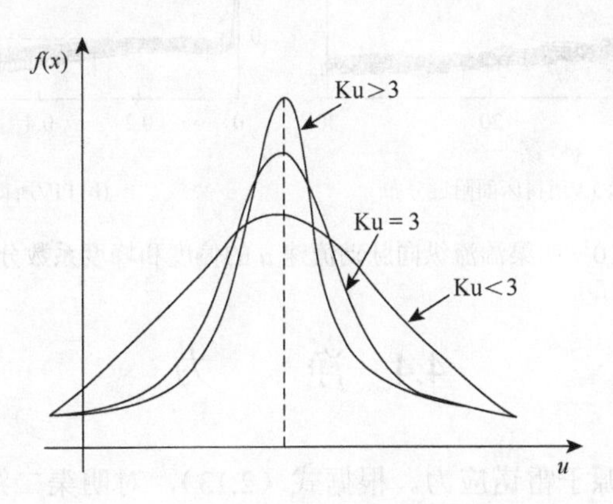

图4.9　不同峰度系数的概率密度分布示意

图4.10为实际测量所得明渠湍流纵向脉动流速u的Sk与Ku，图4.10（a）为超高分辨率 PTV 所得床面附近分布，图4.10（b）为 PIV 得到的全流场的 Sk 与Ku。图中实线为封闭槽道流DNS数据，虚线为标准正态分布的Sk值（Sk = 0）

与 Ku 值（Ku = 3）。从图 4.10（a）可见，实测的两组数据相互吻合良好，并与槽道流 DNS 数据符合较好。偏度系数 Sk 在床面处为 1，之后逐渐下降，在 y^+约为 15 时降至 0，之后转为负偏，Sk 维持在–0.2 左右。这是由于 y^+＜15 时，时均流速极小，同时瞬时流速一般不会为负值，而且黏性底层常会在“清扫”的作用下出现较大的瞬时流速，所以这一区域的纵向流速概率密度在均值右侧的尾部比左侧长，呈现正偏。进入外区后，Sk 缓慢减小。在 y/h＜0.5 的区域，明渠湍流与槽道流吻合良好。之后，明渠湍流的 Sk 逐渐增大，而槽道流的 Sk 保持下降趋势，在 $y/h = 0.8$ 附近转为上升，最终 $y/h = 1$ 处明渠湍流的 Sk 略大于槽道流。

对于 Ku，在 y^+＜6 的范围内，Ku＞3。结合 Sk 的情况，可以知道“清扫”在黏性底层的间歇性很强。在 $y^+ = 10$ 左右，Ku 取得全水深范围内的最小值，约 2.5，之后一直缓慢增大。在 $y/h = 0.5$ 附近重新回到 3。在 y/h＜0.5 的区域内，明渠湍流与槽道流的 Ku 吻合良好。之后，二者逐渐分离，槽道流的 Ku 值在 y/h＞0.8 的范围内均大于明渠湍流。结合以上分析，可以认为水面存在特殊的作用机制，影响了明渠湍流 y/h＞0.5 的流动，改变了紊动强度、Sk 与 Ku 各阶速度矩的分布。

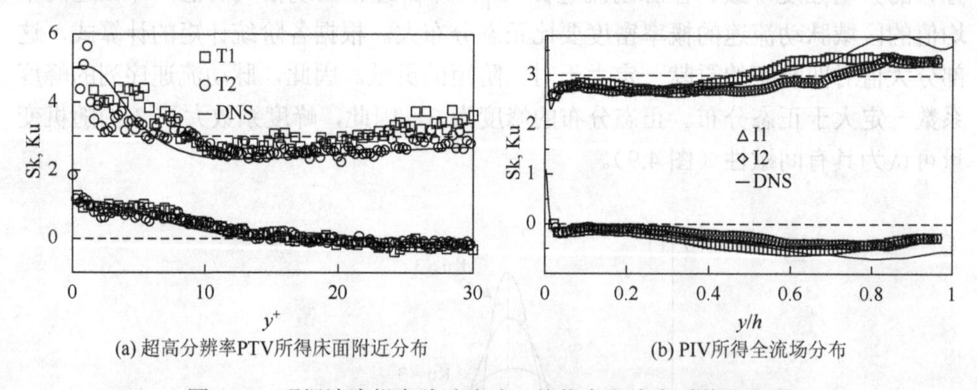

图 4.10　明渠湍流纵向脉动流速 u 的偏度和峰度系数分布图

4.4　净　　力

净力的概念来源于雷诺应力。根据式（2.13），对明渠二维恒定均匀湍流，x 方向的雷诺方程最终化为

$$0 = -g\sin\theta + \nu\frac{\partial^2 U}{\partial y^2} - \frac{\partial \overline{uv}}{\partial y} \tag{4.26}$$

进行简单的量纲分析可知，等号右边的各项分别为具有单位力的量纲。其

中，$g\sin\theta$ 表示施加在流团单位体积上的重力，$\frac{\nu\partial^2 U}{\partial y^2}$ 表示流体微团表面单位面积所承受的黏性力；$-\frac{\partial\overline{uv}}{\partial y}$ 是明渠湍流中由于流速脉动而引入的新项，由于雷诺应力 $-\rho\overline{uv}$ 从一出现就是湍流统计理论的研究重点，因此，$-\frac{\partial\overline{uv}}{\partial y}$ 通常被理解为伴随雷诺应力出现的附加项，并根据其直观形式将其称为雷诺应力的梯度项。事实上，由于 $-\frac{\partial\rho\overline{uv}}{\partial y}$ 同样具有单位体积力的量纲，越来越多的研究倾向于将其视为与雷诺应力同等重要的独立元素进行研究，并将其命名为净力（net force）[50]。需要说明的是，净力不是真实意义上的物理作用力，而是一种雷诺平均形式的虚拟作用力，表征了水流脉动引起的动量输运对平均流动的影响。

从受力平衡的角度理解，式（4.26）说明二维明渠恒定均匀湍流中任意点的平均运动状态是重力、黏性力和净力三者相互平衡的结果。为了更形象地说明净力对平均流动产生的影响，图 4.11 示意了恒定均匀条件下二维明渠层流的平均流速分布、二维明渠湍流的平均流速分布、雷诺应力及净力分布，根据雷诺应力分布的形状可知，以雷诺应力最大值点 y_p 为界，净力在壁面湍流近壁区和外区分别大于零和小于零。通过对比分析可以发现，净力分布的形状与平均流速分布从层流到湍流的变化趋势具有极好的对应关系：壁面湍流近壁区的净力大于零，对平均流动起推动作用，外区净力小于零，对平均流动起阻滞作用[50]。由于净力仅反映了水流脉动引起的动量输运对平均流动的影响，这些动量输运过程由大量的喷射和清扫运动完成，综合效果是近壁区低速流体被泵入外区，而外区的高速流体潜入近壁区，使得近壁区和外区的平均流动分别被推动和阻滞。

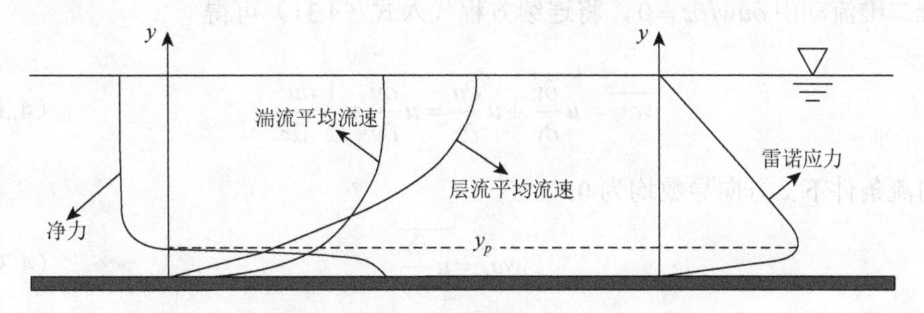

图 4.11　净力分布及其物理意义示意图

净力和涡旋运动存在密切关系。可以将式（2.6）中动量方程的非线性项展开为如下所示的涡量形式：

$$\tilde{u}_j \frac{\partial \tilde{u}_i}{\partial x_j} = (\tilde{\boldsymbol{u}} \cdot \nabla)\tilde{\boldsymbol{u}} = \nabla\left(\frac{\tilde{\boldsymbol{u}}^2}{2}\right) - \tilde{\boldsymbol{u}} \times (\nabla \times \tilde{\boldsymbol{u}}) \tag{4.27}$$

将式（4.27）取平均，并将其 x 方向的分量展开后可得

$$\overline{\tilde{u}\frac{\partial \tilde{u}}{\partial x} + \tilde{u}\frac{\partial \tilde{v}}{\partial y} + \tilde{u}\frac{\partial \tilde{w}}{\partial z}} = \overline{\frac{\partial}{\partial x}\left(\frac{\tilde{u}^2 + \tilde{v}^2 + \tilde{w}^2}{2}\right)} - \overline{\tilde{v}\tilde{\omega}_z} + \overline{\tilde{w}\tilde{\omega}_y} \tag{4.28}$$

式中，$\tilde{\boldsymbol{\omega}} = \nabla \times \tilde{\boldsymbol{u}}$ 表示涡量。将 $\tilde{u} = U + u$，$\tilde{v} = V + v$，$\tilde{w} = W + w$ 以及 $\tilde{\omega}_y = \Omega_y + \omega_y$，$\tilde{\omega}_z = \Omega_z + \omega_z$ 代入式（4.28）并假定流动条件为二维恒定均匀可得

$$\frac{\partial}{\partial y}\left(-\overline{uv}\right) = \overline{v\omega_z} - \overline{w\omega_y} \tag{4.29}$$

式（4.29）说明净力可以表示为两个涡量的通量之差的形式。

由于横向涡量占优和垂向涡量占优的结构既可能属于相同结构的不同组成部分，又可能分属于不同类型的结构，可以分别研究 $\overline{v\omega_z}$ 和 $\overline{w\omega_y}$ 对净力的相对贡献率。普通二维 PIV 实验无法直接测得横向脉动流速 w 和垂向脉动涡量 ω_y，但在不可压缩二维恒定均匀流条件下，可以将 $\overline{v\omega_y}$ 转化为其他可测或可计算变量的形式：

$$\overline{w\omega_y} = \overline{w\frac{\partial u}{\partial z}} - \overline{w\frac{\partial w}{\partial x}} = \overline{w\frac{\partial u}{\partial z}} - \frac{1}{2}\frac{\partial \overline{w^2}}{\partial x} \tag{4.30}$$

在均匀流条件下 $\partial\overline{w^2}/\partial x = 0$，式（4.30）可化简为

$$\overline{w\omega_y} = \overline{w\frac{\partial u}{\partial z}} = \frac{\partial \overline{uw}}{\partial z} - \overline{u\frac{\partial w}{\partial z}} \tag{4.31}$$

在准二维流动中 $\partial\overline{uw}/\partial z = 0$，将连续方程代入式（4.31）可得

$$\overline{w\omega_y} = \overline{u\frac{\partial v}{\partial y}} + \overline{u\frac{\partial u}{\partial x}} = \overline{u\frac{\partial v}{\partial y}} + \frac{1}{2}\frac{\partial \overline{u^2}}{\partial x} \tag{4.32}$$

均匀流条件下 x 方向导数均为 0：

$$\overline{w\omega_y} = \overline{u\frac{\partial v}{\partial y}} \tag{4.33}$$

图 4.12 展示了利用 PIV 实测数据所得净力剖面分布。实验中摩阻雷诺数为 875。其中也绘制了分别利用 $\partial\left(-\overline{uv}\right)/\partial y$ 和 $\overline{v\omega_z} - \overline{u\,\partial v/\partial y}$ 两种方式计算的净力分布。除极靠近壁面的区域外，两种计算方式得到的净力分布均相互重合。图 4.12 中还分别绘出了 $\overline{v\omega_z}$ 及 $\overline{w\omega_y}$ 两条曲线沿垂向的分布，曲线之间的面积直观显示了净力

的大小。从图中可以看到，在雷诺应力最大值点 y_p^+ 以下的区域，由于 $\overline{v\omega_z}$ 的数值大于 $\overline{w\omega_y}$，这一区域的净力大于零，从而推动近壁区平均流动并形成较大的床面剪应力。相反，由于 $\overline{w\omega_y}$ 沿垂向的增长速度大于 $\overline{v\omega_z}$，y_p 以上区域产生负净力，阻滞流动核心区的平均流动。上述结果表明，明渠湍流的平均流动取决于 $\overline{v\omega_z}$ 与 $\overline{w\omega_y}$ 之间的差异，在明渠湍流近壁区改变二者的相对大小可以增大或减小床面阻力。需要特别指出的是，尽管 y_p 点附近的净力为零，但并不意味着这一区域没有动量输运，而是由于携带不同涡量的结构在这一区域对动量输运的贡献相互平衡，事实上，由于雷诺应力在 y_p 附近达到最大值，这一区域的流动结构应当最为活跃。

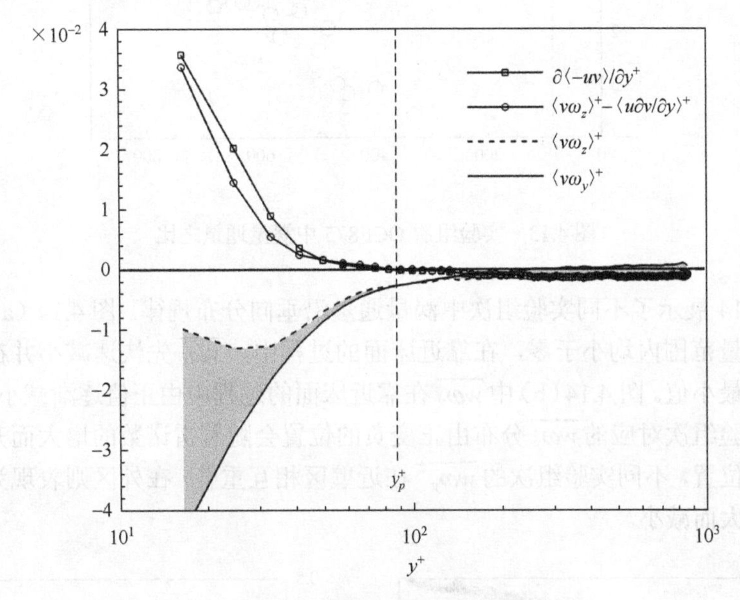

图 4.12 净力剖面分布

为进一步揭示横向脉动涡量和垂向脉动涡量对净力的相对贡献率，图 4.13 展示了构成净力的两个涡量通量项之比 $\overline{v\omega_z}/\overline{w\omega_y}$ 沿垂向的分布规律。根据图中结果，大致可以将明渠湍流沿垂向划分为三个区域：在雷诺应力最大值点 y_p 以下的近壁区，$\overline{w\omega_y}$ 的绝对强度大于 $\overline{v\omega_z}$，主要起输出动量的作用；相反，在 $y^+ \geqslant y_o^+ \approx 0.8Re_\tau$ 的近水面区，尽管 $\overline{w\omega_y}$ 的绝对强度同样大于 $\overline{v\omega_z}$，但 $\overline{w\omega_y}$ 的数值由负变正，使得该区域主要消耗平均动量；在明渠湍流的主流区内（$y_p^+ \leqslant y^+ \leqslant y_o^+$），$\overline{w\omega_y}$ 的数值由负变正，$\overline{v\omega_z}$ 的绝对强度显著大于 $\overline{w\omega_y}$，起消耗平均动量的作用。尽管分析槽道流时也发现了类似的分区结构[86]，但槽道中心并没有 $\overline{w\omega_y}$ 占优的区域，这说明水面对明渠 $y^+ \geqslant y_o^+ \approx 0.8Re_\tau$ 区域的流动特征产生了明显影响，对比近壁区和近水面区的 $\overline{v\omega_z}$ 及 $\overline{w\omega_y}$ 的相对强度可以发现，水面具有类似壁面的性质。

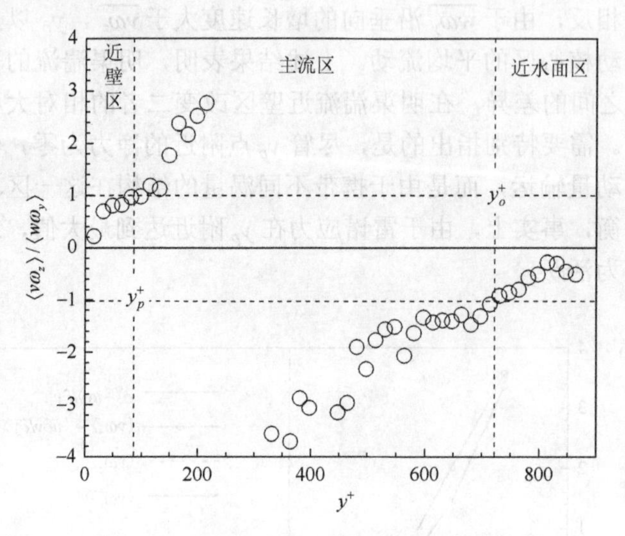

图 4.13　实验组次 OCF875 中涡量通量之比

图 4.14 展示了不同实验组次中涡量通量沿垂向分布规律。图 4.14（a）中 $\overline{v\omega_z}$ 在整个测量范围内均小于零，在靠近床面的过程中，$\overline{v\omega_z}$ 先快速减小并在过渡区出现局部最小值。图 4.14（b）中 $\overline{w\omega_y}$ 在靠近床面的过程中由正值逐渐减小为负值，但不同实验组次对应的 $\overline{w\omega_y}$ 分布由正变负的位置会随着雷诺数的增大而升高。在相同垂向位置，不同实验组次的 $\overline{w\omega_y}^+$ 在近壁区相互重叠，在外区则表现为随着雷诺数的增大而减小。

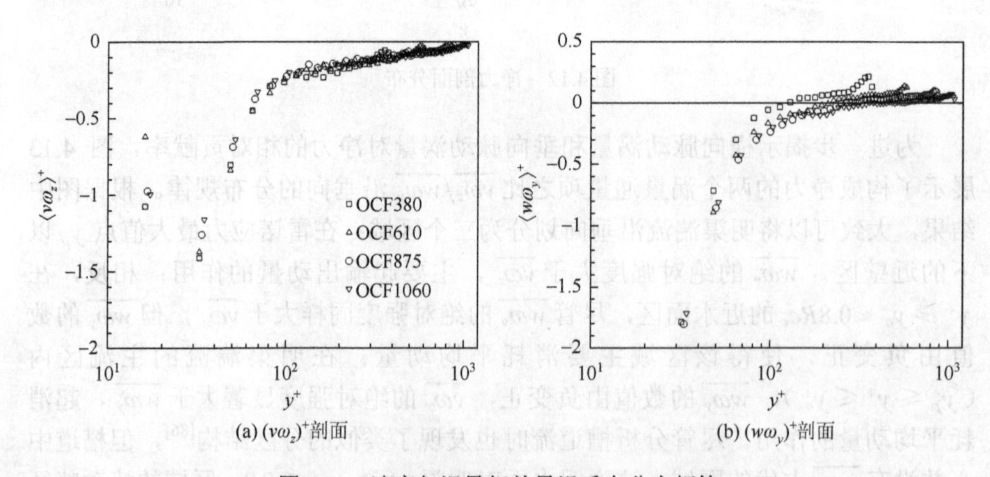

(a) $(v\omega_z)^+$剖面　　(b) $(w\omega_y)^+$剖面

图 4.14　速度与涡量相关量沿垂向分布规律

由于$\overline{v\omega_z}^+$在近壁区随雷诺应力而改变，在外区与雷诺数无关，而$\overline{w\omega_y}^+$在近壁区与雷诺数无关，在外区随雷诺数增大而减小，使得净力在整个水深范围内会随着雷诺数发生改变。尽管如此，对本书其他实验数据的分析发现，$\overline{v\omega_z}$在大多数水深范围内对净力的形成起主导作用的规律不会随雷诺数发生改变，说明携带横向涡量的结构始终在塑造明渠湍流主流区平均流动的过程中起着重要作用。

第5章 相关分析

相关是湍流数据分析的基本思想之一，2.2 节已经给出了两随机变量$u_i(\boldsymbol{x}_1,t_1)$与$u_j(\boldsymbol{x}_2,t_2)$之间相关函数的定义：

$$
\begin{aligned}
r_{ij}(\boldsymbol{x}_1,\boldsymbol{x}_2,t_1,t_2) &= E\left[u_i(\boldsymbol{x}_1,t_1)u_j(\boldsymbol{x}_2,t_2)\right] \\
&= \iint u_i(\boldsymbol{x}_1,t_1)u_j(\boldsymbol{x}_2,t_2)p\left[u_i(\boldsymbol{x}_1,t_1),u_j(\boldsymbol{x}_2,t_2)\right]\mathrm{d}u_i\mathrm{d}u_j
\end{aligned}
\tag{5.1}
$$

式中，$p\left[u_i(\boldsymbol{x}_1,t_1),u_j(\boldsymbol{x}_2,t_2)\right]$为联合概率密度。本书主要以流速为例说明，$u_i(\boldsymbol{x}_1,t_1)$与$u_j(\boldsymbol{x}_2,t_2)$为在流场中不同位置和不同时刻的两脉动流速。对比式（5.1）与式（4.20）可知，紊动强度和雷诺应力实质上都是特殊形式的相关函数。当u_i与u_j为相同方向脉动流速时，即$i=j$，r_{ii}称为自相关函数，当u_i与u_j为不同方向脉动流速时，则r_{ij}称为互相关函数。当固定t_1和t_2时，参与运算的两点仅在空间中移动，式（5.1）中将仅包含空间坐标，称为空间相关。当固定$\boldsymbol{x}_1$与$\boldsymbol{x}_2$时，参与运算的两点仅在时间轴上移动，式（5.1）中将仅包含时间坐标，称为时间相关。

从式（5.1）可以看到，若$u_i(\boldsymbol{x}_1,t_1)$与$u_j(\boldsymbol{x}_2,t_2)$间无任何物理联系，即两随机变量完全独立，则有$p\left[u_i(\boldsymbol{x}_1,t_1),u_j(\boldsymbol{x}_2,t_2)\right]=p\left[u_i(\boldsymbol{x}_1,t_1)\right]\cdot p\left[u_i(\boldsymbol{x}_1,t_1)\right]$，式（5.1）转化为

$$
\begin{aligned}
r_{ij}(\boldsymbol{x}_1,\boldsymbol{x}_2,t_1,t_2) &= \iint u_i(\boldsymbol{x}_1,t_1)u_j(\boldsymbol{x}_2,t_2)p\left[u_i(\boldsymbol{x}_1,t_1)\right]p\left[u_j(\boldsymbol{x}_2,t_2)\right]\mathrm{d}u_i\mathrm{d}u_j \\
&= \int u_i(\boldsymbol{x}_1,t_1)p\left[u_i(\boldsymbol{x}_1,t_1)\right]\mathrm{d}u_i\cdot\int u_j(\boldsymbol{x}_2,t_2)p\left[u_j(\boldsymbol{x}_2,t_2)\right]\mathrm{d}u_j \\
&= \overline{u}_i\cdot\overline{u}_j \\
&= 0
\end{aligned}
\tag{5.2}
$$

因此，当自相关函数不为 0 时，表明$u_i(\boldsymbol{x}_1,t_1)$与$u_j(\boldsymbol{x}_2,t_2)$间存在一定关系。由于式（5.1）所得相关函数是有量纲数，不便于普遍应用，因此，根据相关函数定义无量纲的相关系数为

$$
R_{ij}(\boldsymbol{x}_1,\boldsymbol{x}_2,t_1,t_2)=\frac{R_{ij}(\boldsymbol{x}_1,\boldsymbol{x}_2,t_1,t_2)}{u_i'(\boldsymbol{x}_1,t_1)u_j'(\boldsymbol{x}_2,t_2)}
\tag{5.3}
$$

当两个变量标准差都不为 0 时，即流速存在脉动时，相关系数才有意义。从统计矩的角度，式（5.3）可以写为

$$
R_{ij}=\frac{E\left[(u_i-E[u_i])(u_j-E[u_j])\right]}{\sqrt{E\left[u_i^2\right]-E^2\left[u_i\right]}\cdot\sqrt{E\left[u_j^2\right]-E^2\left[u_j\right]}}=\frac{E\left[u_iu_j\right]}{u_i'\cdot u_j'}
\tag{5.4}
$$

将随机变量均标准化：

$$u_i^* = \frac{u_i - \overline{u}_i}{u_i'} = \frac{u_i}{u_i'},\ u_j^* = \frac{u_j - \overline{u}_j}{u_j'} = \frac{u_j}{u_j'} \tag{5.5}$$

两变量方差和标准差均为1。则有

$$R_{ij} = E[u_i^* u_j^*] \tag{5.6}$$

根据柯西-施瓦茨不等式可知：

$$E[u_i^* u_j^*]^2 \leqslant E[u_i^{*2}]E[u_j^{*2}] \tag{5.7}$$

故而有

$$|R_{ij}| = |E[u_i^* u_j^*]| \leqslant \sqrt{E[u_i^{*2}]E[u_j^{*2}]} = u_i^{*\prime} u_j^{*\prime} = 1 \tag{5.8}$$

因此，相关系数的范围为$-1 \leqslant R_{ij} \leqslant 1$，其绝对值越大，说明两变量的联系越大，相关系数为0时，说明两变量不存在线性相关关系。

上述相关函数和相关系数均是二阶相关，类似的还可以利用更多随机变量乘积的数学期望得到更高阶的相关函数。高阶相关主要在湍流理论推导中出现，实际物理意义比较复杂，不如二阶相关清晰。因此，实际数据分析中主要使用二阶相关。本章首先介绍相关分析的基本原理，理清相关在数据分析中的物理意义，之后分别介绍空间相关和时间相关，最后介绍与相关分析关系密切的线性随机估计理论。

5.1 相关分析基本原理

从统计学的角度上讲，相关系数用于度量两个变量之间的线性相关性。相关系数等于1或–1的情况对应于两变量之间的线性关系。例如，假设两变量存在如下关系：

$$u_j = a u_i \tag{5.9}$$

注意：一般意义的线性关系应该为$u_j = a u_i + b$，其中，a和b均为常数，但是由于u_i和u_j均为脉动流速，其均值为0，故而$b \equiv 0$。将式（5.9）代入式（5.4）可得

$$\begin{aligned} R_{ij} &= \frac{E[u_i u_j]}{\sqrt{E[u_i^2]} \cdot \sqrt{E[u_j^2]}} \\ &= \frac{E[a u_i^2]}{\sqrt{E[u_i^2]} \cdot \sqrt{E[a^2 u_i^2]}} \\ &= \frac{a E[u_i^2]}{|a| \sqrt{E[u_i^2]} \cdot \sqrt{E[u_i^2]}} \\ &= \frac{a}{|a|} \end{aligned}$$

$a>0$时，相关系数为1；$a<0$时，相关系数为–1。因此，相关系数的绝对值

为 1 意味着 u_i 和 u_j 可以很好地由直线方程来描述，若以 u_i 为坐标横轴、u_j 为坐标纵轴，所有的样本点都会很好地落在一条直线上。当 $R_{ij}=1$ 时，u_i 随着 u_j 的增大而增大；当 $R_{ij}=-1$ 时，u_i 随着 u_j 的增大而减小。图 5.1 列举了一些 (u_i,u_j) 的点集以及对应的相关系数。图中横坐标为 u_i，纵坐标为 u_j，每一排只有第一个图绘制了横纵坐标作为示意。从图中可以看到，相关系数反映的是变量之间的线性关系和相关性的方向（第一排图）。当两变量满足线性关系，但是变化斜率不同时，相关系数均为 1（第二排图）。同时，第三排图中 u_i 与 u_j 均存在非线性关系，但相关系数均为 0，说明相关系数不反映各种非线性关系。

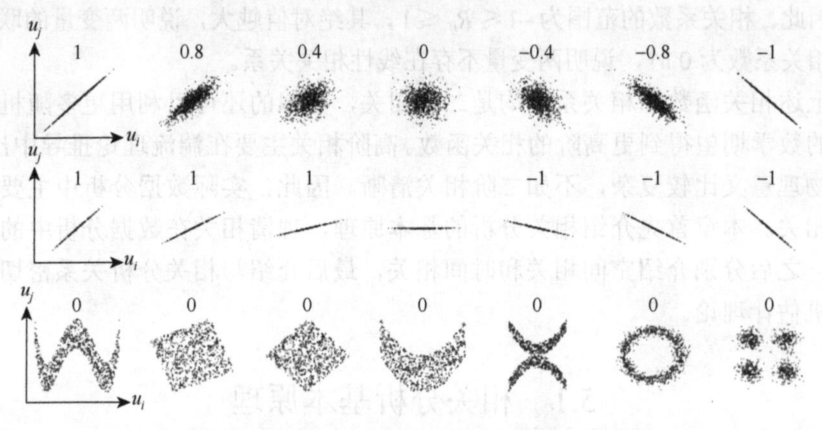

图 5.1　(u_i,u_j) 的点集以及对应的相关系数

相关系数反映的基本物理意义为两变量间是否存在线性关系。在湍流数据分析中，常常用相关系数来反映两变量是否携带同一湍动结构的信息。湍流可以看做是自由度很大的复杂非线性动力系统（混沌），在经历足够长时间或者跨越足够远的距离后，初始状态的特征几乎完全消失。因此，若式（5.1）中两脉动流速的空间位置相距足够远，或者时间间隔足够长，则两脉动流速必然完全独立，相关系数为 0。因此，由于湍流中的结构均是局部的，相关系数不为 0 的区域总是有限的。当两点位于同一湍流结构中时，将具有较大的相关系数，当两点不在同一结构中时，则相关系数将趋于 0。

为了更加清晰地解释相关系数这一重要概念在实际数据分析中的物理意义，我们假设了图 5.2 的两种情况。第一排为有一较小涡旋经过流场，根据泰勒冻结假设，涡旋经过固定测点时结构没有发生变化。流场中的三个固定测点对应的垂向流速时间序列如第一排右图。涡旋经过红色测点时，垂向流速首先为正，之后转变为负，最后离开红色测点，由于红蓝两点间的距离大于涡旋的直径，因此在红色测点穿出涡旋一段时间后，蓝色测点才开始进入涡旋，垂向流速的波形开始展开。由于黑色测点一直没有位于涡旋范围之内，因而其流速一直为很弱的随机紊动。这种情况下，虽然红色和蓝色测点先后进入涡旋，但是两点间距离大于涡旋影响范围，因此三个测点从来没有同时位于相同结构之中，三组信号间的相关系数均为 0。

图 5.2 第二排有一较大涡旋经过流场。三个固定测点之间距离相对于涡旋的影响范围来讲比较小，所以三个测点有较长一段时间同时处于涡旋内部。三个固定测点对应的垂向流速时间序列如第二排右图。蓝色测点位于涡旋中心线上，因此垂向流速脉动振动幅度最大，振动时间也最长。红色和黑色测点均位于涡旋中心线两侧，因此振动幅度和振动时间均小于蓝色测点。从图中可以看到，由于经过同一涡旋结构，且有很长一段时间同时位于结构之中，因此三个测点所得流速序列的波形相似，相位接近，这导致蓝色测点流速大的时候其他测点流速也大，相反则其他测点流速均减小，因此可以预见测点间的相关系数一定较大。实际计算表明，蓝色测点和黑色测点的相关系数为 0.81，蓝色测点与红色测点的相关系数为 0.80，均属于显著相关。

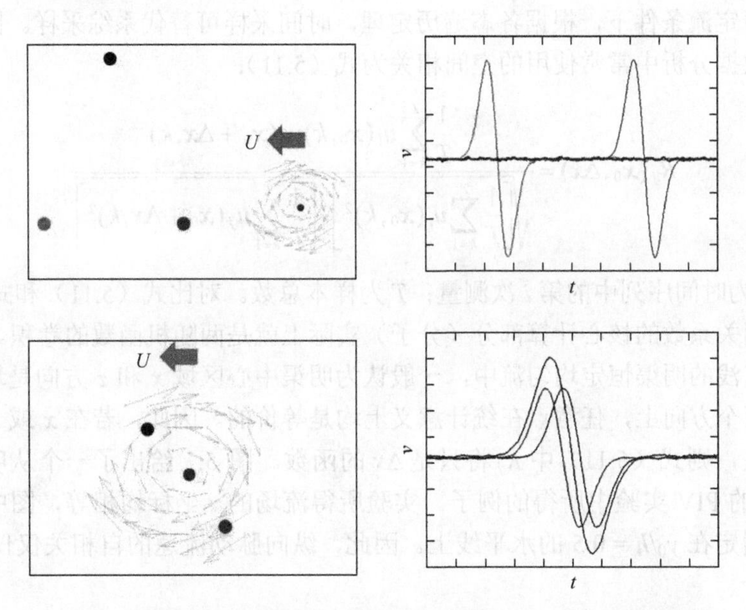

图 5.2　两种情况下的流速序列及对应相关系数（见书后彩图）

结合图 5.2 的实例可以看到，相关系数在实际数据处理中度量两个信号波形的相似性。简单来说，当两个脉动波形相似，同正同负时，两变量具有正相关系数。若一变量为负时，另一变量常常为正，一变量为正时，另一变量常常为负，则两变量呈负相关。在湍流流场中，这种正负相关性常常是由位于相同的湍流结构中引起的。因此，湍流中的相关分析本质上是对不同尺度湍流脉动的结构分析。

5.2 空 间 相 关

5.2.1 计算方法

在相关系数的定义式（5.3）中：

$$
\begin{aligned}
r_{ij}(\boldsymbol{x}_1,\boldsymbol{x}_2,t_1,t_2) &= E[u_i(\boldsymbol{x}_1,t_1)u_j(\boldsymbol{x}_2,t_2)] \\
&= \iint u_i(\boldsymbol{x}_1,t_1)u_j(\boldsymbol{x}_2,t_2)p[u_i(\boldsymbol{x}_1,t_1),u_j(\boldsymbol{x}_2,t_2)]\mathrm{d}u_i\mathrm{d}u_j
\end{aligned}
$$

若固定 t_1 和 t_2，参与运算的两点仅在空间中移动，则式（5.3）中将仅包含空间坐标，称为空间相关：

$$
R_{ij}(\boldsymbol{x}_0,\Delta\boldsymbol{x}) = \frac{\iint u_i(\boldsymbol{x}_0)u_j(\boldsymbol{x}_0+\Delta\boldsymbol{x})p[u_i(\boldsymbol{x}_0),u_j(\boldsymbol{x}_0+\Delta\boldsymbol{x})]\mathrm{d}u_i\mathrm{d}u_j}{u_i'(\boldsymbol{x}_0)u_j'(\boldsymbol{x}_0+\Delta\boldsymbol{x})} \tag{5.10}
$$

在恒定流条件下，根据各态遍历定理，时间采样可替代系综采样。因此，实际湍流数据分析中常常使用的空间相关为式（5.11）：

$$
R_{ij}(\boldsymbol{x}_0,\Delta\boldsymbol{x}) = \frac{\dfrac{1}{T}\displaystyle\sum_{k=1}^{T}u_i(\boldsymbol{x}_0,k)u_j(\boldsymbol{x}_0+\Delta\boldsymbol{x},k)}{\sqrt{\left[\dfrac{1}{T}\displaystyle\sum_{k=1}^{T}u_i(\boldsymbol{x}_0,k)^2\right]\cdot\left[\dfrac{1}{T}\displaystyle\sum_{k=1}^{T}u_j(\boldsymbol{x}_0+\Delta\boldsymbol{x},k)^2\right]}} \tag{5.11}
$$

式中，i 为时间序列中的第 i 次测量；T 为样本总数。对比式（5.11）和式（3.37）可知，相关系数的核心计算部分（分子）实际上就是两随机函数的卷积。

在宽浅的明渠恒定均匀流中，一般认为明渠中心区域 x 和 z 方向是均匀的，即在这两个方向上，任意点在统计意义上均是等价的。因此，若在 x 或 z 方向做空间相关，则式（5.11）中 R_{ij} 将只是 $\Delta\boldsymbol{x}$ 的函数。图 5.3 给出了一个从明渠湍流 x-y 平面的 PIV 实验中所得的例子。实验所得流场的 z 坐标均相等，图中所有计算均被固定在 $y_0/h=0.5$ 的水平线上。因此，纵向脉动流速的自相关仅仅与 x_0 和 Δx 有关：

$$
R_{11}(x_0,\Delta x) = \frac{\dfrac{1}{T}\displaystyle\sum_{k=1}^{T}u(x_0,k)u(x_0+\Delta x,k)}{\sqrt{\left[\dfrac{1}{T}\displaystyle\sum_{k=1}^{T}u(x_0,k)^2\right]\cdot\left[\dfrac{1}{T}\displaystyle\sum_{k=1}^{T}u(x_0+\Delta x,k)^2\right]}} \tag{5.12}
$$

图 5.3 三条线分别代表三个不同 x_0 处所得结果。从图中可以看到，排除数据收敛和测量误差的因素，可以认为三条曲线基本重合，这说明 x_0 实际上对式(5.12)

的计算结果没有影响，即在 x 方向上，任意 x_0 对于相关计算，从统计意义上均是等价的。z 方向上的类似分析也可以得到相同的结果。

从图 5.3 可以看到，当 $\Delta x/h=0$ 时，相关系数为 1，这是由于随机变量自身与自身的相关系数为 1。随着 $\Delta x/h$ 增加，R_{11} 迅速下降，在 $\Delta x/h=0.6$ 左右降至小于 0.5，之后继续下降，最终 R_{11} 在 $\Delta x/h=1$ 处降至 0.3 左右。若测量窗口足够长，可以预见 R_{11} 将继续下降，最终归于 0。在明渠湍流分析中，相关系数随与固定点距离增加而迅速下降是一个普遍现象，这本质上是由湍流中不同尺度的涡旋造成的。当 $|\Delta\boldsymbol{x}|$ 较小，即两点之间的距离较小时，无论是湍流中的大尺度涡旋或小尺度涡旋经过，都会在这两点引起相似度极高的波动，因此相关系数很高。随着 $|\Delta\boldsymbol{x}|$ 增加，两点之间的距离变大，只有尺度大于 $|\Delta\boldsymbol{x}|$ 的涡旋经过时，才能够引起两点间相似的波动，因此相关系数逐渐减小。当 $|\Delta\boldsymbol{x}|$ 大于湍流中存在的最大尺度的结构之后，两点间的流速将不再具有任何线性联系，相关系数将减小为 0。因此，图 5.3 中相关系数随 Δx 的变化过程实际上是湍流中不同尺度结构共同作用的结果。而 $|\Delta\boldsymbol{x}|=0$ 附近相关系数的行为与小尺度结构关系密切，$|\Delta\boldsymbol{x}|$ 较大时的相关系数基本由大尺度结构决定。下一节中我们将进一步讨论这一问题。

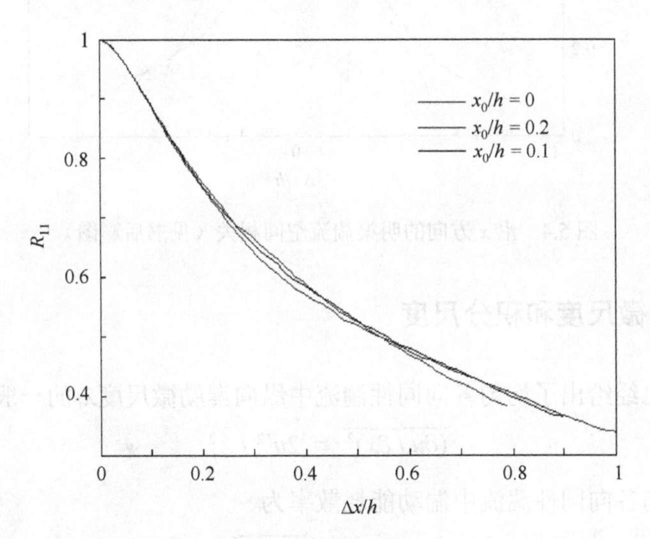

图 5.3 沿 x 方向的明渠湍流空间相关（见书后彩图）

在明渠恒定均匀湍流的 y 方向上存在分区，因此 y 方向不能视作均匀。若式（5.11）中 $\boldsymbol{x}$ 或 $\Delta\boldsymbol{x}$ 中任何一个参数在 y 方向上有变化，都将对最终结果带来影响。图 5.4 为在明渠湍流 x-y 平面的 PIV 流场中一条垂向上进行相关分析的例子。图中所有计算均被固定在 $x_0/h=0$ 的垂线上。因此，纵向脉动流速的自相关仅仅与 y_0 和 Δy 有关：

$$R_{11}(y_0,\Delta y)=\frac{\frac{1}{T}\sum_{k=1}^{T}u(y_0,k)u(y_0+\Delta y,k)}{\sqrt{\left[\frac{1}{T}\sum_{k=1}^{T}u(y_0,k)^2\right]\cdot\left[\frac{1}{T}\sum_{k=1}^{T}u(y_0+\Delta y,k)^2\right]}} \tag{5.13}$$

从图 5.4 可以看到，与图 5.3 完全不同的是，当 y_0/h 变化时，相关系数有显著变化。例如，$y_0/h=0.1$ 的结果比固定点在其上部的结果下降更快。因此，实际分析时，需要注意区别不同方向上相关分析的使用方法。

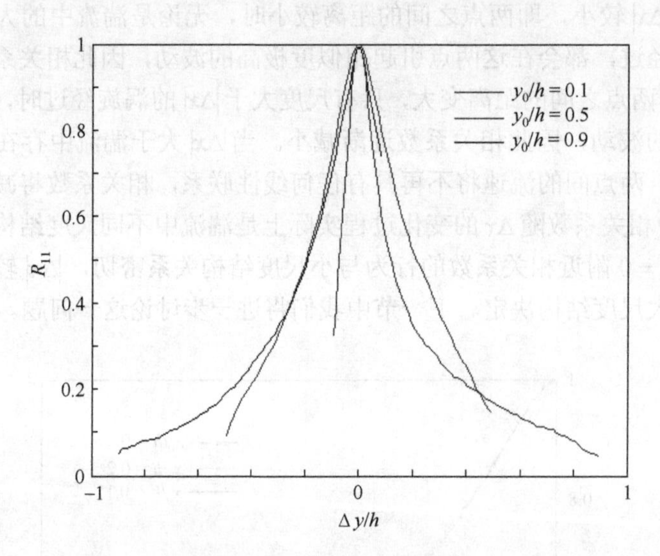

图 5.4　沿 x 方向的明渠湍流空间相关（见书后彩图）

5.2.2　泰勒微尺度和积分尺度

第 1 章已经给出了均匀各向同性湍流中纵向泰勒微尺度λ_f的一般定义：

$$\overline{(\partial u/\partial x)^2} \equiv 2u'^2/\lambda_f^2 \tag{5.14}$$

由于均匀各向同性湍流中湍动能耗散率为

$$\varepsilon = 15\nu\overline{\left(\frac{\partial u}{\partial x}\right)^2} \tag{5.15}$$

因此，泰勒微尺度λ_f与湍动能耗散率存在如下关系：

$$\varepsilon = 30\nu\frac{u'^2}{\lambda_f^2} \tag{5.16}$$

在实际实验中，湍动能耗散率经常不易得到，脉动流速的空间导数在早期技术条件下也很难得到。因此，主要使用相关系数计算泰勒微尺度。在均匀各向同性湍流中，任意方向均是均匀的，且不同方向之间没有任何差异，因此相关系数仅与两点间的距离 r 有关：

$$R_{11}(\boldsymbol{x}_0, \Delta\boldsymbol{x}) = R_{11}(r) \tag{5.17}$$

泰勒微尺度与 $R_{11}(r)$ 存在如下关系：

$$\lambda_f^2 = -\frac{2}{R_{11}''(0)} \tag{5.18}$$

下面证明式（5.18）：

$$\begin{aligned} 2u'^2 / \lambda_f^2 &= -u'^2 R_{11}''(0) \\ &= -u'^2 \lim_{r\to 0} \frac{\partial^2}{\partial r^2} R_{11}(r) \end{aligned}$$

由于

$$R_{11}(r) = \frac{\overline{u(\boldsymbol{x}_0)u(\boldsymbol{x}_0+\boldsymbol{e}_1 r)}}{u'(\boldsymbol{x}_0)u'(\boldsymbol{x}_0+\boldsymbol{e}_1 r)} = \frac{\overline{u(\boldsymbol{x}_0)u(\boldsymbol{x}_0+\boldsymbol{e}_1 r)}}{u'^2}$$

故而

$$\begin{aligned} 2u'^2 / \lambda_f^2 &= -u'^2 \lim_{r\to 0} \frac{\partial^2}{\partial r^2} R_{11}(r) \\ &= -\lim_{r\to 0} \frac{\partial^2}{\partial r^2} \overline{u(\boldsymbol{x}_0)u(\boldsymbol{x}_0+\boldsymbol{e}_1 r)} \\ &= -\lim_{r\to 0} \overline{u(\boldsymbol{x}_0)\left(\frac{\partial^2 u}{\partial x^2}\right)_{\boldsymbol{x}_0+\boldsymbol{e}_1 r}} \end{aligned}$$

在均匀各向同性湍流中，$\boldsymbol{x}_0$ 的差异不会影响计算的结果，所以

$$\begin{aligned} 2u'^2 / \lambda_f^2 &= -\lim_{r\to 0} \overline{u(\boldsymbol{x}_0)\left(\frac{\partial^2 u}{\partial x^2}\right)_{\boldsymbol{x}_0+\boldsymbol{e}_1 r}} \\ &= -\overline{u\left(\frac{\partial^2 u}{\partial x^2}\right)} \\ &= -\overline{\frac{\partial}{\partial x}\left(u\frac{\partial u}{\partial x}\right) - \left(\frac{\partial u}{\partial x}\right)^2} \\ &= -\overline{\frac{\partial}{\partial x}\left(u\frac{\partial u}{\partial x}\right)} + \overline{\left(\frac{\partial u}{\partial x}\right)^2} \end{aligned}$$

在均匀各向同性湍流中，对任意方向的求导的平均值均为0，所以

$$2u'^2 / \lambda_f^2 = -\overline{\frac{\partial}{\partial x}\left(u\frac{\partial u}{\partial x}\right)} + \overline{\left(\frac{\partial u}{\partial x}\right)^2} = \overline{\left(\frac{\partial u}{\partial x}\right)^2}$$

因此，式（5.18）与式（5.14）中的 λ_f 是等价的，可以利用相关系数计算 λ_f。实际计算中，一般不直接求取相关系数在0附近的导数，而是使用二次函数拟合0附

近的相关系数曲线。将 $R_{11}(r)$ 在 0 附近展开，考虑在均匀各向同性湍流中 $R_{11}(r)=R_{11}(-r)$，即 $R_{11}(r)$ 是偶函数，可得

$$R_{11}(r)=1+\frac{1}{2!}r^2R''_{11}(0)+\cdots\approx 1-\frac{r^2}{\lambda_f^2} \tag{5.19}$$

因此，泰勒微尺度与相关系数曲线间的关系如图 5.5 所示。使用二次函数拟合原点附近的相关系数曲线，二次函数与 x 轴的交点即泰勒微尺度的大小。

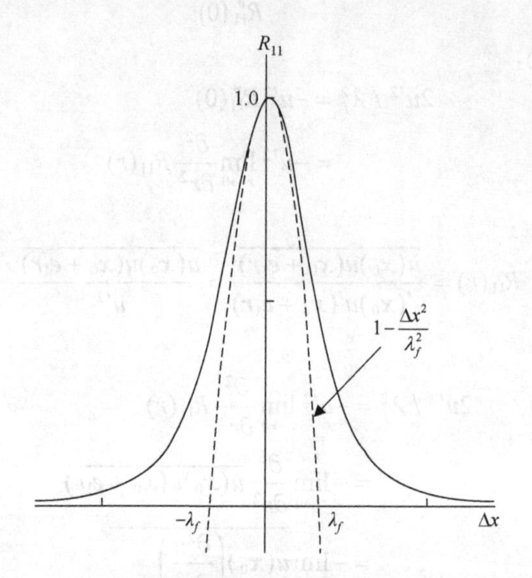

图 5.5　泰勒微尺度与相关系数的关系

与纵向泰勒微尺度类似，可以从 $R_{22}(r)$ 中得到法向泰勒微尺度：

$$\lambda_g^2=-\frac{2}{R''_{22}(0)} \tag{5.20}$$

需要指出的是，在应用于明渠湍流时，由于存在主流方向，因此一般纵向指主流方向，法向指垂向。在这种情况下，$R_{22}(r)$ 应为 $R_{22}(\Delta x)$，即为流向上两不同位置的垂向脉动流速自相关，而不是垂向上不同位置的垂向流速自相关。在均匀各向同性湍流中，可以证明 λ_g 与 λ_f 存在如下关系：

$$\lambda_f=\sqrt{2}\lambda_g \tag{5.21}$$

泰勒微尺度的物理意义为黏性耗散刚开始起作用的涡旋特征尺度。因此，它比携能涡旋的尺度小，但是比 Kolmogorov 尺度大，介于最大和最小尺度之间。由于黏性耗散刚刚开始起作用，所以泰勒微尺度代表的涡旋并不耗散湍动能，而是将能量从更大的尺度直接传递进更小的尺度。从这个意义上讲，泰勒微尺度也是惯性子区的特征尺度。

根据相关系数曲线也可以得到积分尺度。由于流动在两点相距一定距离之后就完全相互独立，因此从这一距离开始相关系数就一直为零，所以必然有

$$
\begin{cases}\int_0^{\infty} R_{11}(x)\mathrm{d}x = \Lambda_f \\ \int_0^{\infty} R_{22}(x)\mathrm{d}x = \Lambda_g\end{cases} \tag{5.22}
$$

式中，Λ_f 与 Λ_g 均为有限值，分别称为纵向积分长度尺度与法向积分长度尺度，也称为载能涡旋比尺。传统认为，积分尺度是最大涡旋的特征尺度。这些涡旋从平均流场以及相互之间获得能量。因此，这些涡旋含有大部分的湍动能，尺度很大、波动频率很低。与湍流中的小尺度涡旋不同，积分尺度的涡旋由于受到平均流场的影响具有高度的各向异性，积分尺度一般与产生湍流的特征长度同量级。例如，明渠湍流的积分尺度一般在水深量级。各种湍流尺度之间的关系如图 5.6 所示。

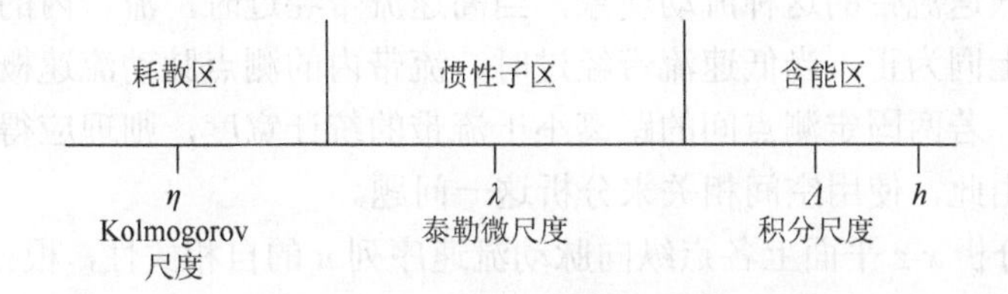

图 5.6 各种湍流尺度之间的关系

5.2.3 空间相关应用实例

野外观测与水槽实验均观测到水面存在高低速流带交替的现象。高速流带是指在水面附近存在流向尺度很大、展向较窄的区域，在这个区域中瞬时纵向流速普遍大于当地的平均流速，即纵向脉动流速大于 0。低速流带则是纵向脉动流速普遍小于 0 的区域。图 5.7 给出了几个在实验水槽中 PIV 测量的瞬时流场。PIV 激光照亮高度为 $y/h = 0.9$ 处的 x-z 平面，测量窗口位于水槽中心。瞬时流场的背景颜色表示纵向脉动流速 u 的大小，红色和蓝色的区域分别表示高速区和低速区。脉动流速 u 使用紊动强度无量纲化。当水槽足够宽时，由于明渠湍流在 x 和 z 方向是均匀的，因此紊动强度在测量平面内应该处处相等。图 5.7 中，每个瞬时流场均包含沿 x 轴方向伸展的流带。红色虚线大致标示出了每个区域的边界。从图中可以看到，低速和高速流带通常在 z 方向上交替出现，并且流带的出现位置和流带的宽度、间距都存在随机性。显然，直接

从瞬时流场的观察中可以得到高低速流带存在及其特征的直观印象，但是并不能从统计意义上证明它们的普遍存在性并得到其统计特征，需要进一步使用统计方法进行研究。

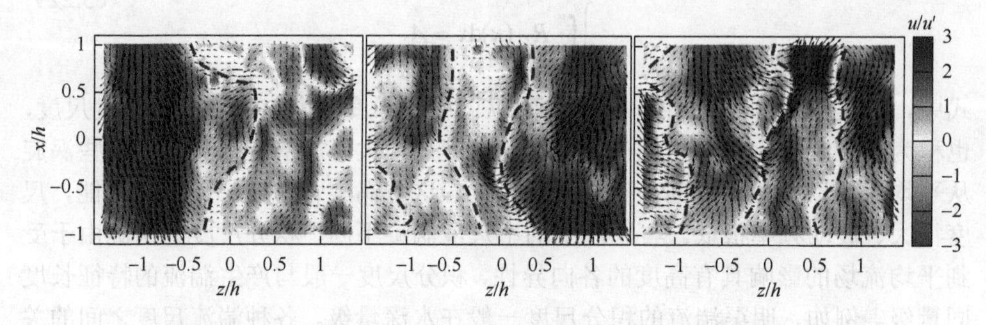

图 5.7　$y/h = 0.9$ 处 x-z 平面上的三个瞬时流场（见书后彩图）

对于高低速流带的这种流动现象，当高速流带经过时，流带内的测点脉动流速概率意义上同为正，当低速流带经过时，流带内的测点脉动流速概率意义上同为负。因此，若两固定测点间的距离小于流带的统计宽度，则理应得到正的空间相关系数。由此，使用空间相关来分析这一问题。

首先，分析 x-z 平面上各点纵向脉动流速序列 u 的自相关性，根据式（5.11），自相关系数为

$$R_{11}(x_0,z_0,x,z)=\frac{\dfrac{1}{T}\sum_{k=1}^{T}u(x_0,z_0,k)u(x,z,k)}{\sqrt{\left[\dfrac{1}{T}\sum_{k=1}^{T}u(x_0,z_0,k)^2\right]\cdot\left[\dfrac{1}{T}\sum_{k=1}^{T}u(x,z,k)^2\right]}} \tag{5.23}$$

式中，(x_0, z_0)为一固定测点；R_{11} 为测点(x, z)与固定测点(x_0, z_0)之间纵向脉动流速序列 u 的相关系数。相关分析中使得(x, z)遍历整个测量窗口，即可得到测量窗口中每一点与固定测点(x_0, z_0)之间的空间相关系数。

图 5.8 为纵向脉动速度自相关系数 R_{11}。从图 5.8（a）中可以看到，由于固定点为 $\boldsymbol{x}_0 = (0, 0)$，因此，$R_{11}$ 在测量窗口的中心等于 1，然后随着与中心距离的增加急剧减小。前一节讨论泰勒微尺度和积分尺度时已经说明这种快速降低是由湍流中的小尺度结构引起的。如果要研究大尺度的结构，就需要把分析重点放在较小的相关系数上。从图 5.7 可以看到，高低速流带实际上是水深量级的大尺度结构，因此，在图 5.8（b）中将颜色条的范围设置为−0.2～0.2。从图中可以看到，正相关区域形成一个沿流向的细长流带，流带的展方宽度约为 h。形成这种流向细长条带的直接原因是与流带相关的湍流结构造成的脉动速度波动在展向衰减的比流

向更快。正相关系数是指在正相关条带内的脉动流速概率意义上同正同负。因此，图 5.8（b）中出现的流向细长正相关区域说明 x-z 平面内高低速流带频繁出现，是一种普遍存在的结构，其平均宽度大致为 h。

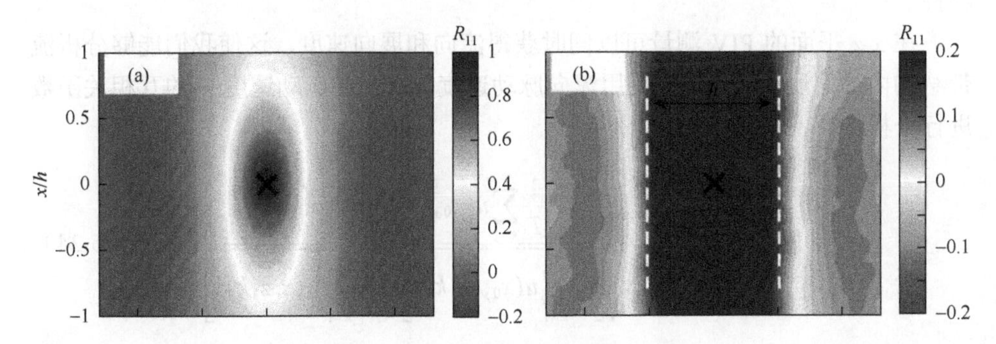

图 5.8 纵向脉动速度自相关系数 R_{11}

图 5.8（b）中，在正相关条带两侧，出现了弱的负相关区域。由于测量窗口的限制，图 5.8（b）没有完整显示负相关区域的范围。因此，将式（5.23）中的固定点移动到（$x/h = 0$，$z/h= -1.35$），图 5.9 绘出了 R_{11}。为了更加清楚地显示正负相关区域的范围，颜色条的范围设置为−0.05～0.05。图 5.9 显示了围绕固定点的一半宽度的正相关条带和相邻的一个明显的负相关条带。负相关条带的意义是，条带内的测点在概率意义上脉动流速总是与固定点符号相反，当固定点脉动流速为正，即位于高速带中时，负相关条带内的点均脉动流速为负，形成低速带；而当固定点脉动流速为负，即位于低速带中时，负相关条带内脉动流速均为正，形成高速带。值得注意的是，虽然相对较弱，但在负相关条带的另一侧确实出现另一个正相关条带。两个正相关条带的中心间隔约为

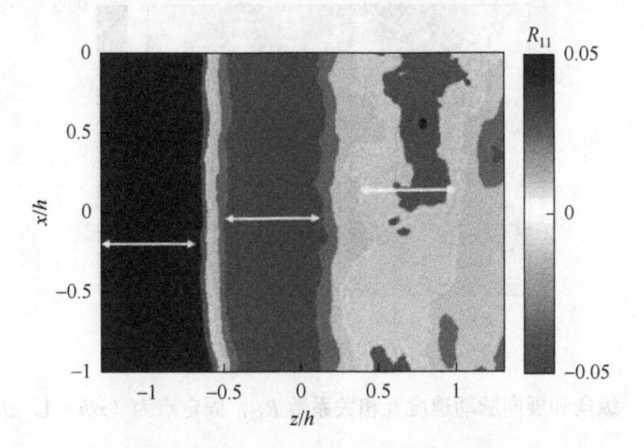

图 5.9 纵向脉动速度自相关系数 R_{11}，固定点为($x/h = 0$，$z/h = -1.35$)

$2h$。因此，正负相关条带在 z 方向上的交替实际上证实了高低速流带在 z 方向上经常相间排列。相对于固定点周围的正相关条带，负相关和第二正相关条带的相关性和规律性都逐渐减小，这主要是由于高低速流带的宽度存在一定的随机性。

在 x-z 平面的 PIV 测量可以同时获得流向和展向速度，这使我们能够分析流带结构内部的展向的运动。使用流向脉动速度 u 和展向脉动速度 w 的互相关函数进行分析：

$$R_{13}(x_0,z_0,x,z)=\frac{\dfrac{1}{T}\sum_{k=1}^{T}u(x_0,z_0,k)w(x,z,k)}{\sqrt{\left[\dfrac{1}{T}\sum_{k=1}^{T}u(x_0,z_0,k)^2\right]\cdot\left[\dfrac{1}{T}\sum_{k=1}^{T}w(x,z,k)^2\right]}} \tag{5.24}$$

图 5.10 为 R_{13} 的等值线图。固定点在（$x/h=1$，$z/h=0$）。从图 5.10 中可以清楚地看出，在 z 轴的正向出现了负相关带，在 z 轴负向出现了正相关带。正负相关带的宽度均大约为 h。流向和展方向速度之间的这种相关关系在统计意义上揭示了条带内部展向速度的变化。如图 5.11（a）所示，当固定点位于高速流带中（红色背景表示高速流带）时，流向脉动速度将大于 0，因为 R_{13} 在负 z 方向上 H 范围内为正（由黑色虚线标出），展向脉动速度将大于 0，如图中红色水平箭头所示。同样，在正 z 方向上展向脉动速度将为负，由蓝色水平箭头所示。同样，图 5.11（b）为固定点位于低速流带的情况。由此可以看出，在低速流带中，水流将从流带中线向两边流动，在高速流带中，水流将从两侧向流带中线流动。

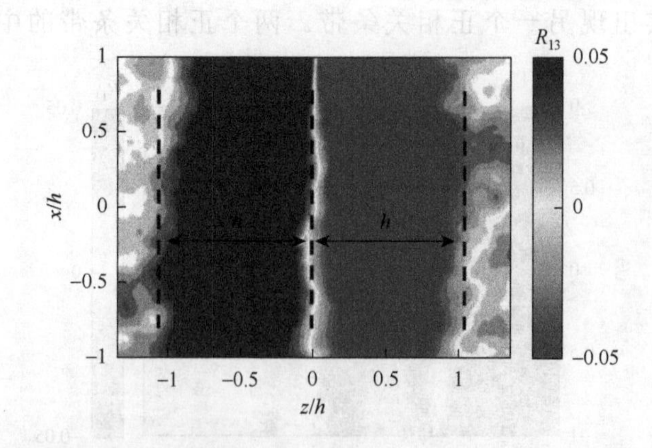

图 5.10　纵向和展向脉动速度互相关系数 R_{13}，固定点为（$x/h=1$，$z/h=0$）

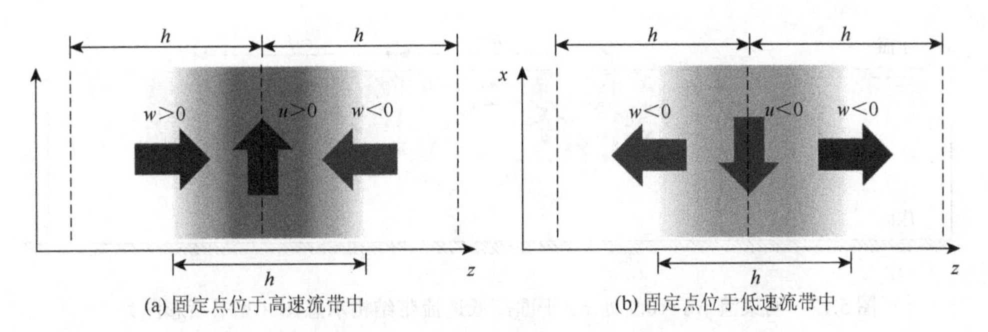

(a) 固定点位于高速流带中　　(b) 固定点位于低速流带中

图 5.11　互相关分析揭示的流带结构内部的展向速度（见书后彩图）

以上分析了高低速流带的 u 和 w 的特征。由于二维 PIV 的限制，测量 x-z 平面的流场时不能同时得到垂向速度 v。但事实上，纵向和垂向脉动流速互相关的信息已经包含在雷诺应力分布之中了：

$$\begin{aligned}\tau_{12}(\boldsymbol{x}_0) &= -\rho\overline{u(\boldsymbol{x}_0)v(\boldsymbol{x}_0)} = -\rho\frac{1}{T}\sum_{k=1}^{T}u(\boldsymbol{x}_0,k)v(\boldsymbol{x}_0,k)\\ &= -\rho R_{12}(\boldsymbol{x}_0,0)\cdot\sqrt{\left[\frac{1}{T}\sum_{k=1}^{T}u(\boldsymbol{x}_0,k)^2\right]\cdot\left[\frac{1}{T}\sum_{k=1}^{T}v(\boldsymbol{x}_0,k)^2\right]}\end{aligned} \tag{5.25}$$

从图 4.6（d）可以看出，雷诺应力在全水深范围内均为正，因此，$R_{12}(\boldsymbol{x}_0,0)$ 一定为负。这说明高速流带中的流体统计意义上在向下运动，低速流带中的流体在向上运动。

综合以上相关分析的结果，图 5.12 为明渠流 y/h=0.9 处 x-z 平面高低速流带结构示意图。在低速流带中流体从流场下部向上运动，接近水面过程中逐渐向两边分开，与低速流带相邻的高速流带中流体向流带中线汇聚，并向流场下部运动。从图 5.12 可以看出，由于高低速流带在 z 方向上相邻排列，水面附近的流动情况刚好形成了从低速流带中心向高速流带中心的流向旋转结构。这种流向涡以水深为尺度，一般认为诱发了外区流带。如图 5.13 所示，在流向涡向上旋转一侧，下部流区的低速流体被输运至水面，其流速低于水面附近的平均流速，形成低速流带；在向下旋转一侧，上部流区的高速流体被输运至下部流区，形成高速流带。从统计意义上讲，流向涡在 z 方向上并列排列，因此形成了水面正负相关带相间的结果。

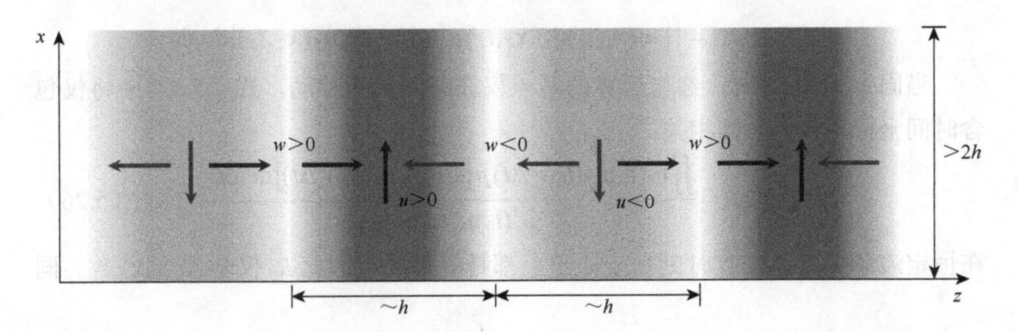

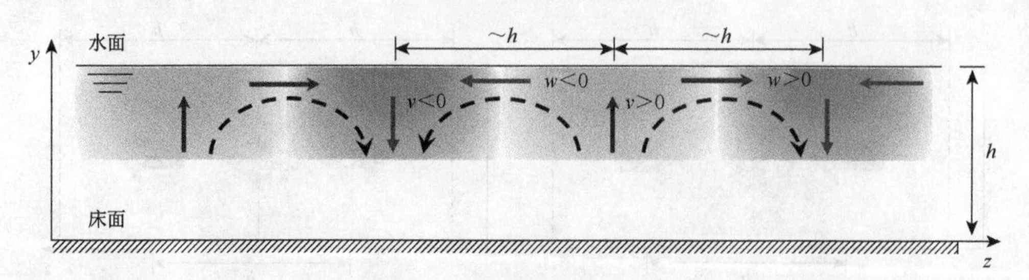

图 5.12　明渠流 $y/h = 0.9$ 处 x-z 平面高低速流带结构示意图（见书后彩图）

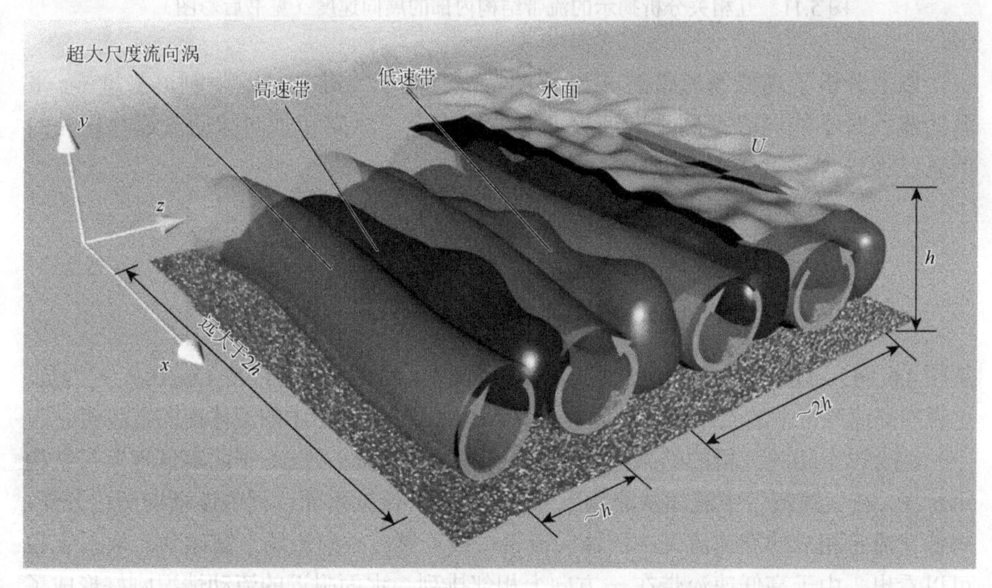

图 5.13　明渠流中高低速带和超大尺度流向涡关系示意图（见书后彩图）

5.3　时 间 相 关

在相关系数的定义式（5.3）中：

$$r_{ij}(\boldsymbol{x}_1,\boldsymbol{x}_2,t_1,t_2) = E[u_i(\boldsymbol{x}_1,t_1)u_j(\boldsymbol{x}_2,t_2)]$$
$$= \iint u_i(\boldsymbol{x}_1,t_1)u_j(\boldsymbol{x}_2,t_2)p[u_i(\boldsymbol{x}_1,t_1),u_j(\boldsymbol{x}_2,t_2)]\mathrm{d}u_i\mathrm{d}u_j$$

当固定 $\boldsymbol{x}_1$ 与 $\boldsymbol{x}_2$ 时，参与运算的两点仅在时间轴上移动，式（5.3）中将仅包含时间坐标，称为时间相关：

$$R_{ij}(t_0,\Delta t) = \frac{\iint u_i(t_0)u_j(t_0+\Delta t)p[u_i(t_0),u_j(t_0+\Delta t)]\mathrm{d}u_i\mathrm{d}u_j}{u_i'(t_0)u_j'(t_0+\Delta t)} \qquad (5.26)$$

在恒定流条件下，任意时刻在统计学上都是等价的，因此 R_{ij} 仅是 Δt 的函数。同时，在各态遍历定理下，时间采样可替代系综采样。因此，实际湍流数据分析中使用的时间相关为式（5.27）：

$$R_{ij}(\Delta t)=\frac{\frac{1}{T}\sum_{k=1}^{T}u_i(k)u_j(k+\Delta t)}{\sqrt{\left[\frac{1}{T}\sum_{k=1}^{T}u_i(k)^2\right]\cdot\left[\frac{1}{T}\sum_{k=1}^{T}u_j(k+\Delta t)^2\right]}} \tag{5.27}$$

与空间相关类似，可以根据时间相关定义欧拉时间微尺度和欧拉时间积分尺度：

$$\begin{cases}\tau_E^2=-\dfrac{2}{R''_{11}(\Delta t=0)}\\ \varGamma_E=\int_0^{\infty}R_{11}(t)\mathrm{d}t\end{cases} \tag{5.28}$$

在明渠恒定均匀流中，可以应用泰勒冻结假定将时间和空间尺度联系起来：

$$\begin{cases}\varLambda_f=U\varGamma_E\\ \lambda_f=U\tau_E\end{cases} \tag{5.29}$$

由于早期测量技术均是单点方法，很难得到式（5.14）与式（5.19）所需的流速空间导数与空间相关系数曲线，因此常用式（5.29）通过时间相关得到泰勒微尺度。事实上，即使是PIV技术出现后，测量窗口的空间尺度也常常远小于空间相关系数等于0所要求的长度，仍然采集长时间序列计算时间相关，并通过式（5.29）得到积分尺度。因此，式（5.29）在实际数据分析中应用十分广泛。

5.4 线性随机估计

一般来讲，随机估计指通过已知数据逼近一个或多个未知的随机变量。我们将看到，在湍流数据分析中，随机估计与条件平均和相关分析有密切关系，并且为从实验和数值模拟数据中提取条件涡旋提供了强有力的实用工具。

在湍流数据分析中，需要估计的变量常常是流场，因此主要以对脉动流场 $\boldsymbol{u}(\boldsymbol{x},t)$ 的估计为例进行介绍。一般我们关心与某些特殊事件 $\boldsymbol{E}$ 相关的流场，则可记对 $\boldsymbol{u}(\boldsymbol{x},t)$ 的估计为 $\hat{\boldsymbol{u}}=\boldsymbol{F}(\boldsymbol{E},\boldsymbol{x},t)$ 。特殊事件 $\boldsymbol{E}$ 可以有很多形式，如某些特定点的涡旋指标量、涡量或者脉动流速等。例如，当事件 $\boldsymbol{E}$ 为 x_1 点的脉动流速时，随机估计所得结果 $\hat{\boldsymbol{u}}$ 表示在 x_1 点处流速等于特定值 u_1 时周围的流场结构。可以证明，使得随机估计结果 $\hat{\boldsymbol{u}}$ 与真实值 $\boldsymbol{u}(\boldsymbol{x},t)$ 之间的均方误差最小的估计方法就是条件平均 $\langle\boldsymbol{u}(\boldsymbol{x},t)|\boldsymbol{E}\rangle$ [87]。

一般来讲，$\langle\boldsymbol{u}(\boldsymbol{x},t)|\boldsymbol{E}\rangle$ 是关于 $\boldsymbol{E}$ 的非线性函数，但是当 $\boldsymbol{u}$ 和 $\boldsymbol{E}$ 的联合概率密

度为正态分布时，$\langle \boldsymbol{u}(\boldsymbol{x},t) | \boldsymbol{E} \rangle$ 将是 $\boldsymbol{E}$ 的线性函数[88]。但是大多数情况下，明渠湍流中的各种随机变量并不完全满足正态分布。因此，将 $\langle \boldsymbol{u}(\boldsymbol{x},t) | \boldsymbol{E} \rangle$ 进行泰勒展开时，除了线性项以外，还包含高阶项：

$$\langle u_i | \boldsymbol{E} \rangle = \sum_{j=1}^{M} L_{ij} E_j + O(\boldsymbol{E}^2) \tag{5.30}$$

式中，$i=1, 2, 3$；M 为条件矢量 $\boldsymbol{E}$ 的维数，也就是条件的个数；$O(\boldsymbol{E}^2)$为高阶小量。当仅保留第一项时，就是对 $\langle \boldsymbol{u}(\boldsymbol{x},t) | \boldsymbol{E} \rangle$ 的线性随机估计（linear stochastic estimate）：

$$\hat{u}_i = \sum_{j=1}^{M} L_{ij} E_j \tag{5.31}$$

若要使得线性随机估计结果与真值的均方误差最小，必要条件是正交原则，即误差与条件数据正交[88-90]：

$$\left\langle \left(u_i - \sum_{j=1}^{M} L_{ij} E_j \right) E_k \right\rangle = 0,\ i=1, 2, 3;\ k=1, \cdots, M \tag{5.32}$$

进一步得到

$$\sum_{j=1}^{M} \langle E_j E_k \rangle L_{ij} = \langle u_i E_k \rangle,\ i=1, 2, 3;\ k=1, \cdots, M \tag{5.33}$$

因此，线性随机估计的系数可由式（5.33）确定。从式（5.33）可以看到，L_{ij} 实际上与事件不同维度之间的相关函数、事件与流场的相关函数有关。

下面举一个相干结构的例子说明线性随机估计的应用。若我们关心涡旋周围的流场结构，则自然地要根据涡旋的一些特征量估计流场，事件 E 设置为某一点 $\boldsymbol{x}_0$ 处的涡旋指标量：

$$E = \lambda_{ci}(\boldsymbol{x}_0) \tag{5.34}$$

式中，$\lambda_{ci}>0$ 为旋转强度，是一种涡旋指标量，将在 9.1.1 节中详细介绍。在涡旋附近的 λ_{ci} 值将大于周边背景湍流流场的 λ_{ci}。则对脉动流场的估计为

$$\langle \hat{u}_j(\boldsymbol{x}) | E \rangle = \langle \hat{u}_j(\boldsymbol{x}) | \lambda_{ci}(\boldsymbol{x}_0) \rangle = L_j(\boldsymbol{x}) \lambda_{ci}(\boldsymbol{x}_0) \tag{5.35}$$

若所测流场为二维，则 $j=1, 2$。根据式（5.35）可知，系数 L_j 为

$$L_j(\boldsymbol{x}) = \frac{\langle \lambda_{ci}(\boldsymbol{x}_0) u_j(\boldsymbol{x}) \rangle}{\langle \lambda_{ci}(\boldsymbol{x}_0) \lambda_{ci}(\boldsymbol{x}_0) \rangle} \tag{5.36}$$

故而

$$\langle \hat{u}_j(\boldsymbol{x}) | \lambda_{ci}(\boldsymbol{x}_0) \rangle = \frac{\langle \lambda_{ci}(\boldsymbol{x}_0) u_j(\boldsymbol{x}) \rangle}{\langle \lambda_{ci}(\boldsymbol{x}_0) \lambda_{ci}(\boldsymbol{x}_0) \rangle} \lambda_{ci}(\boldsymbol{x}_0) \tag{5.37}$$

式（5.37）右侧分子部分 $\langle \lambda_{ci}(\boldsymbol{x}_0) u_j(\boldsymbol{x}) \rangle$ 就是涡旋指标量与流场的相关函数。因此，条件平均的线性估计实质上由两点间无条件互相关函数决定。式（5.37）使得我们可以根据 $\boldsymbol{x}_0$ 处的给定 λ_{ci} 重构整个流场。值得注意的是，重构流场的特性不会因

为 λ_{ci} 的给定值不同而变化，只是流速各分量的大小会相差一个比例系数。因此，线性随机估计能够避免直接做条件平均选择条件阈值带来的主观性。

图 5.14 为使用红色十字处的 λ_{ci} 通过线性随机估计得到的脉动流场。为了清晰显示脉动流场的结构，图中矢量均单位化，方向保持不变，矢量大小均为 1。从图中可以看到，在 $\boldsymbol{x}_0=(0, 0.15h)$ 处出现了顺时针旋转的涡旋，同时，在其上游和下游均出现了另外两个涡旋 A 和 B，涡旋之间的连线与床面倾角大致成 15°。这一结果与槽道流中的实验结果类似[48]，可以认为是明渠湍流中存在发夹涡群的重要证据。

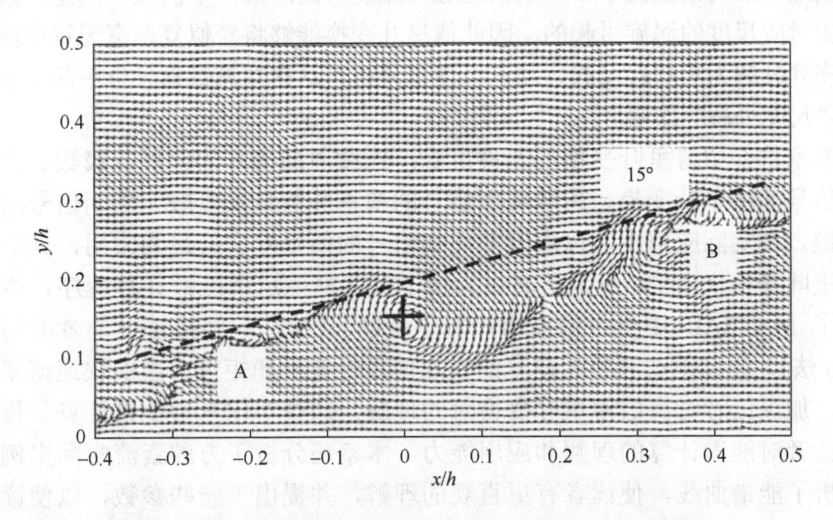

图 5.14 明渠恒定均匀流线性随机估计流场（见书后彩图）

流场中矢量大小均为 1，方向保持不变

第6章　傅里叶变换与谱分析

1822年，傅里叶（J. Fourier）在其发表的著作中指出，任何一个周期函数都可以分解为无穷多个不同频率的正、余弦信号的和。该原理奠定了傅里叶变换的理论基础。在明渠湍流中，一般认为脉动流速时间序列中不同频率的正、余弦信号是由对应尺度的涡旋引起的，因此傅里叶变换能够将看似复杂毫无规律的脉动流速序列分解为不同尺度的运动，以便于分析，这在湍流数据分析中起到了基础性的“尺度分解”作用。

本章将介绍傅里叶变换的四种形式：连续周期信号的傅里叶级数、连续非周期信号的傅里叶变换、离散周期信号的傅里叶级数及离散非周期信号的傅里叶变换。在实际应用中，以离散非周期信号的傅里叶变换最为常用，其中以快速傅里叶变换（FFT）最为著名。为便于读者熟练运用能谱计算程序，本章还分析了 MATLAB 中自带的能谱计算子程序[直接法、间接法（笔者编写）及 Welch 法]。通过正弦波叠加信号的快速傅里叶变换和矩形方波的快速傅里叶逆变换，加深读者对离散傅里叶变换对的理解；通过对比三种能谱计算子程序，加深读者对能谱计算的理解和应用能力。本章还分析了方腔紊流实际案例，具体分析了能谱曲线，使读者有更直观的理解，并提出了一些参数，以使读者更好地量化能谱特征。

6.1　傅里叶分析

定义流速信号 $u(t)$是流场中某点流速随时间变化的序列。如果自变量 t 是时间上的连续变量，t 具有无限的分辨率，即 $t\in R$，就称 $u(t)$为连续时间信号，但此种情况一般仅用于理论分析。如果自变量 t 是离散变量，是通过具有固定采样分辨率的计算机或专用的信号处理芯片获得的，此时称流速序列为离散时间信号，以 $u(n\Delta t)$表示，其中，Δt 为采样的时间间隔；n 为采样的序列个数。

由于信号的类型不同，对其处理的方式也大有差异，故需要对信号进行分类，常用几种类型如下：按其是否存在周期特性，可分为周期信号与非周期信号；按其在时间域上的能量是否有限，分为能量信号与功率信号。随着研究问题复杂程度的增加，简单的直观分类已不足以满足应用要求，必须要用特定的信号分析方法，将信号从时间域转化到特定研究域中，如傅里叶变换和各种正交变换等。傅里叶变换是进行频谱分析的有力工具，在信号处理中具有基础性地位，它将信号分解成不同频率相互正交的正弦和余弦信号，从而解析出信号的频域特性。

傅里叶变换在分析信号的周期特性方面具有重要的作用。中学物理中曾经提到，当用一个玻璃三棱镜折射日光后，会得到不同颜色的光，可见白色的日光是由各种颜色（对应不同频率）的光波叠加而成的。日光就是一种信号，而三棱镜所扮演的就是傅里叶变换的作用，它将各种振荡频率叠加而成的原始信号分解成各种单一频率的信号。原始信号只表现出了时间域上的形态，傅里叶变换为观察者提供了新的视角，从频率域上观察信号。

傅里叶分析可以分为连续信号的傅里叶分析和离散信号的傅里叶分析，其中每个部分按信号的周期特性又可以分为傅里叶级数和傅里叶变换。可以说，傅里叶变换是由傅里叶级数所衍生的。本节将详细介绍以上四种傅里叶分析方法。

6.1.1 连续时间信号

1. 周期信号的傅里叶级数

按照傅里叶级数的定义，除了极少数的特例[91]，基本上所有的周期函数 $f(t)$ 都可以由正余弦函数的线性组合来表示。设函数 $f(t)$ 的周期为 T_1，频率为 $f_1=1/T_1$，角频率为 $\omega_1=2\pi/T_1$，则其傅里叶级数展开式为

$$f(t)=a_0+\sum_{n=1}^{\infty}[a_n\cos(n\omega_1 t)+b_n\sin(n\omega_1 t)] \tag{6.1}$$

式中，n 为整数；习惯称 ω_1 为基频，而 $n\omega_1$ 为第 n 次谐波；a_0 为直流分量（即常数分量），a_i、$b_i(i=1,\cdots,n)$ 分别为各次谐波的幅度值，取决于周期信号的波形。

各次谐波幅度值计算式为

$$\begin{cases} a_0=\dfrac{1}{T_1}\displaystyle\int_{t_0}^{t_0+T_1} f(t)\,\mathrm{d}t \\ a_n=\dfrac{2}{T_1}\displaystyle\int_{t_0}^{t_0+T_1} f(t)\cos(n\omega_1 t)\,\mathrm{d}t \\ b_n=\dfrac{2}{T_1}\displaystyle\int_{t_0}^{t_0+T_1} f(t)\sin(n\omega_1 t)\,\mathrm{d}t \end{cases} \tag{6.2}$$

式中，t_0 为任意时刻，积分区间为一个整周期；分析易知，a_n 为偶函数，故 $a_n=a_{-n}$；b_n 是奇函数，故 $b_n=-b_{-n}$。a_n 和 b_n 的奇偶性将在傅里叶变换的推导中应用。

式（6.1）可以转化为表达形式更简单的指数形式，利用三角函数的欧拉公式 [$\mathrm{e}^{\mathrm{j}\theta}=\cos\theta+\mathrm{j}\sin\theta$，j 表示虚数]，推导如下：

$$
\begin{aligned}
f(t) &= a_0 + \sum_{n=1}^{\infty}[a_n\cos(n\omega_1 t) + b_n\sin(n\omega_1 t)] \\
&= a_0 + \sum_{n=1}^{\infty}\left(a_n\frac{e^{jn\omega_1 t}+e^{-jn\omega_1 t}}{2} + b_n\frac{e^{jn\omega_1 t}-e^{-jn\omega_1 t}}{2j}\right) \\
&= a_0 + \sum_{n=1}^{\infty}\left(\frac{a_n - jb_n}{2}e^{jn\omega_1 t} + \frac{a_n + jb_n}{2}e^{-jn\omega_1 t}\right)
\end{aligned} \tag{6.3}
$$

令

$$
F_n = \frac{a_n - jb_n}{2} = \frac{1}{T_1}\int_{t_0}^{t_0+T_1} f(t)[\cos(n\omega_1 t) - j\sin(n\omega_1 t)]\,dt \tag{6.4}
$$

由 a_n 和 b_n 的奇偶性质可知：

$$
\frac{a_n + jb_n}{2} = \frac{a_{-n} - jb_{-n}}{2} = F_{-n} \tag{6.5}
$$

又由于

$$
F_0 = \frac{a_0 - jb_0}{2} + \frac{a_0 + jb_0}{2} = a_0 \tag{6.6}
$$

故式（6.4）进一步简化为

$$
\begin{aligned}
f(t) &= F_0 + \sum_{n=1}^{\infty}(F_n e^{jn\omega_1 t} + F_{-n}e^{-jn\omega_1 t}) \\
&= F_0 e^{j0\omega_1 t} + \sum_{n=1}^{\infty}F_n e^{jn\omega_1 t} + \sum_{n=-\infty}^{-1}F_n e^{jn\omega_1 t} \\
&= \sum_{n=-\infty}^{\infty}F_n e^{jn\omega_1 t}
\end{aligned} \tag{6.7}
$$

最终得到指数形式的傅里叶级数为

$$
f(t) = \sum_{n=-\infty}^{\infty}F_n e^{jn\omega_1 t} \tag{6.8}
$$

而逆傅里叶级数为

$$
F_n = \frac{1}{T_1}\int_{t_0}^{t_0+T_1} f(t)[\cos(n\omega_1 t) - j\sin(n\omega_1 t)]\,dt = \frac{1}{T_1}\int_{t_0}^{t_0+T_1} f(t)e^{-jn\omega_1 t}\,dt \tag{6.9}
$$

式中，n 为从负无穷至正无穷的整数。

由式（6.3）可以看出，各次谐波幅度 F_n 是 $n\omega_1$ 的函数，如果把 $|F_n|$ 与 $n\omega_1$ 的关系绘制成线图，就可以清晰地显示出各频率分量的幅度大小，这种图一般被称为信号的幅度频谱，简称为频谱。值得注意的是，周期信号的频谱只会在整数倍基频点上有值，谱线间的间隔为 $\omega_1\ (=2\pi/T_1)$，即时域连续的周期信号的傅里叶变换在频域上是离散的、非周期的。

由式（6.9）可以发现，频率不仅包括正频率项，还有负频率项。其实负频率的出现完全由数学运算（欧拉公式）引起，并不存在任何物理意义，只有将正负频率联合起来，才是具有实际意义的频谱。简单推导易知：

$$|F_n| = |F_{-n}| = \frac{1}{2}\sqrt{a_n^2 + b_n^2} \tag{6.10}$$

即正频率项 F_n 和负频率项 F_{-n} 的模相等，频谱相对纵坐标轴是左右对称的，故实际应用中经常仅研究半边的频谱。各次谐波实际的幅度为

$$c_n = \sqrt{a_n^2 + b_n^2} \tag{6.11}$$

故

$$|F_n| = |F_{-n}| = \frac{1}{2}c_n \tag{6.12}$$

这个概念将会在下文能谱中得到应用。

下面不加证明地给出帕斯瓦尔定理（详细推导可见 6.2.1 节），即时域和频域的能量守恒式：

$$\overline{f^2(t)} = \sum_{n=-\infty}^{n=\infty} |F_n|^2 \tag{6.13}$$

式（6.13）表示，信号的总能量既可以由时间域内的原始信号积分计算，也可以由频率域内的经傅里叶变换得到的频谱积分得到。

2. 非周期信号的傅里叶变换

前面介绍了周期信号的傅里叶级数及其离散频谱，本节将介绍非周期信号的傅里叶变换。周期和非周期的区别就在于 T_1 的大小，如果 T_1 有限，则为周期信号；如果 $\lim T_1 = \infty$，则为非周期信号。虽然概念上可以将非周期信号看成是 T_1 无限大的周期信号，但此时谱线间的间隔 $\mathrm{d}\omega = \Delta(n\omega_1) = \omega_1\ (= 2\pi/T_1\ )$已经变为无限小，且谱线幅值 F_n 也趋于零，即使做出此时的谱线图也没有什么实际意义，必须想办法将 F_n 增大才行。非周期信号的周期无限大，而谱线长度趋于零，两者正好相补，彼此乘积有望不趋于零，而趋于某个有限值，故将式（6.9）两边同时乘以周期 T_1，可得

$$F_n T_1 = \frac{2\pi F_n}{\omega_1} = \int_{t_0}^{t_0+T_1} f(t)\mathrm{e}^{-\mathrm{j}n\omega_1 t}\,\mathrm{d}t \tag{6.14}$$

式中，$2\pi F_n/\omega_1$ 为连续函数，通常用 $F(\omega)$ 表示，即

$$F(\omega) = \lim_{T_1\to 0} F_n T_1 = \lim_{\omega_1\to 0}\frac{2\pi F_n}{\omega_1} \tag{6.15}$$

由于

$$F(\omega)\mathrm{d}\omega = \frac{2\pi F_n}{\omega_1}\omega_1 = 2\pi F_n \tag{6.16}$$

表征了信号在频率 $n\omega_1$ 处的幅值 F_n，故将 $F(\omega)$ 命名为信号的频谱密度函数（简称为频谱函数），它表示了单位频带的频谱值。非周期信号的频谱函数为

$$F(\omega)=\lim_{T_1\to\infty}\int_{t_0}^{t_0+T_1} f(t)\mathrm{e}^{-\mathrm{j}n\omega_1 t}\,\mathrm{d}t=\lim_{T_1\to\infty}\int_{-T_1/2}^{T_1/2} f(t)\mathrm{e}^{-\mathrm{j}\omega t}\,\mathrm{d}t \tag{6.17}$$

即

$$F(\omega)=\int_{-\infty}^{\infty} f(t)\mathrm{e}^{-\mathrm{j}\omega t}\,\mathrm{d}t \tag{6.18}$$

同样，傅里叶级数作如下改写：

$$\begin{aligned} f(t) &= \sum_{n=-\infty}^{\infty} F_n \mathrm{e}^{\mathrm{j}n\omega_1 t} \\ &= \frac{1}{2\pi}\sum_{n\omega_1=-\infty}^{\infty}\frac{2\pi F_n}{\omega_1}\mathrm{e}^{\mathrm{j}n\omega_1 t}\omega_1 \\ &= \frac{1}{2\pi}\sum_{n\omega_1=-\infty}^{\infty}\frac{2\pi F_n}{\omega_1}\mathrm{e}^{\mathrm{j}n\omega_1 t}\Delta(n\omega_1) \\ &= \frac{1}{2\pi}\sum_{\omega=-\infty}^{\infty}F(\omega)\mathrm{e}^{\mathrm{j}\omega t}\mathrm{d}\omega \end{aligned} \tag{6.19}$$

即

$$f(t)=\frac{1}{2\pi}\int_{-\infty}^{\infty}F(\omega)\mathrm{e}^{\mathrm{j}\omega t}\mathrm{d}\omega \tag{6.20}$$

一般将式（6.18）称为傅里叶正变换，将式（6.20）称为傅里叶逆变换。频谱函数的模 $|F(\omega)|$ 与对应频率 ω 构成的曲线称为非周期信号的幅度频谱。时域连续的非周期信号的傅里叶变换在频域上是连续的。

与周期信号类似，非周期信号可以由式（6.18）分解为各种频率的三角函数分量；但不同的是，由于非周期信号的周期无穷大，导致其基频很小，各次谐波基本覆盖了从零至无限高频率的所有频域范围。

另外，观察式（6.8）～式（6.20）可知，傅里叶级数和傅里叶变换实质上都是卷积运算。例如，傅里叶变换式（6.18）实质上是将信号 $f(t)$ 与不同尺度的正弦波做卷积。根据 3.6 节中讨论的卷积的物理意义，傅里叶变换实质上是度量信号 $f(t)$ 与正弦波的相似性，或者说将信号 $f(t)$ “投影”到不同尺度正弦波组成的基函数上。

6.1.2 离散时间信号

6.1.1 节介绍了连续信号的傅里叶分析，但是我们日常处理的数据都是以离散形式描述并储存的，故必须要研究离散信号的傅里叶分析，而这又必须以连续信号傅里叶分析为基础。与连续周期信号类似，针对周期性离散信号，我们定义了离散傅里叶级数；针对有限长序列（非周期信号），我们定义了离散傅里叶变换。

对于连续函数而言，式（6.8）、式（6.9）、式（6.18）及式（6.20）的积分上下限包括了从负无穷到正无穷的时间和频率轴。但是对于离散数据，我们不可能做到在无穷范围内积分，所以必须将计算范围缩小到某一有限区域。值得指出的是，离散傅里叶变换并不是对离散数据点取傅里叶级数或者傅里叶积分，它是为适应计算机分析傅里叶变换而规定的一种专门运算[91]。正如 6.1.1 节，本节先从周期序列的离散傅里叶级数开始，再引入一般离散序列的离散傅里叶变换。

1. 周期序列的离散傅里叶级数

设函数 $f(t)$ 的周期为 T_1，角频率为 $\omega_1 = 2\pi/T_1$，则其傅里叶级数展开式为式（6.8）。再设 $f(k\Delta T)$ 为周期信号 $f(t)$ 的抽样，每个周期内采样 N 个点，即 $T_1 = N\Delta T$，所以 $f(k\Delta T)$ 也是周期信号，角频率为 $\omega_1 = 2\pi/T_1 = 2\pi/N\Delta T$。由式(6.8)，可以得到 $f(k\Delta T)$ 的傅里叶级数：

$$f(k\Delta T) = \sum_{n=-\infty}^{\infty} F_n e^{jn\frac{2\pi}{N\Delta T}k\Delta T} = \sum_{n=-\infty}^{\infty} F_n e^{j\frac{2\pi}{N}nk} \tag{6.21}$$

由于离散信号的频谱是周期性的，对周期信号的求和或积分应在一个周期内进行，所以式（6.21）也应该在一个周期内进行[92]，故式（6.21）改写为

$$f(k) = \sum_{n=0}^{N-1} F(n) e^{j\frac{2\pi}{N}nk}, k = -\infty \sim +\infty \tag{6.22}$$

式（6.22）将求和范围从 $[-\infty, \infty]$ 变为 $[0, N-1]$，但结果却是一致的，可以用抽样定理来解释，具体见文献[92]。

对式（6.22）两边做如下运算：

$$\begin{aligned}\sum_{k=0}^{N-1} f(k) e^{-j\frac{2\pi}{N}mk} &= \sum_{k=0}^{N-1}\left[\sum_{n=0}^{N-1} F(n) e^{j\frac{2\pi}{N}nk}\right] e^{-j\frac{2\pi}{N}mk} \\ &= \sum_{n=0}^{N-1} F(n) \sum_{k=0}^{N-1} e^{j\frac{2\pi}{N}(n-m)k}\end{aligned} \tag{6.23}$$

又由于

$$\sum_{k=0}^{N-1} e^{j\frac{2\pi}{N}(n-m)k} = \begin{cases} N, (n-m) = 0, N, 2N, \cdots \\ 0, \text{其他} \end{cases} \tag{6.24}$$

故

$$F(n) = \frac{1}{N}\sum_{k=0}^{N-1} f(k) e^{-j\frac{2\pi}{N}nk}, n = -\infty \sim +\infty \tag{6.25}$$

式（6.22）和式（6.25）是对应的离散周期信号的傅里叶级数正逆变换。

2. 有限长序列的离散傅里叶变换

离散周期信号的傅里叶级数中虽然下标 n、k 都是从 $-\infty$ 至 $+\infty$；但由于其时

域及频域都是周期且离散的，所以只能算出一个周期内的 N 个独立值。鉴于此特点，定义了有限长离散信号的离散傅里叶变换，用其计算的时频谱都是周期且离散的：

$$\begin{cases} F(n) = \sum_{k=0}^{N-1} f(k) \mathrm{e}^{-\mathrm{j}\frac{2\pi}{N}nk} \\ f(k) = \frac{1}{N} \sum_{n=0}^{N-1} F(n) \mathrm{e}^{\mathrm{j}\frac{2\pi}{N}nk} \end{cases} \quad k = 0,1,\cdots,N-1 \tag{6.26}$$

相比离散傅里叶变换和离散傅里叶级数，我们可以发现，离散傅里叶变换来自于离散傅里叶级数，它只是在离散傅里叶级数中时域和频域中各取了一个周期罢了，但只要将这个周期做延拓，就可以得到整个时域及频域的信息。值得注意的是，定标因子 $1/N$ 被从式（6.25）的正变换移到了式（6.26）逆变换中，这个特点必须要记清楚，在定量计算各谐波幅值时需要用到，不过如果仅用于比较能谱的相对大小，则不用考虑。

离散傅里叶变换在计算卷积、相关等方面有着重要的用途，但是当点数较多时，其计算量巨大，难以满足实际应用的需求。鉴于式（6.26）中因子 $\mathrm{e}^{-\mathrm{j}2\pi/N}$ 存在周期性及对称性，J. W. Cooley 和 J. W. Tukey 于 1965 年提出了快速傅里叶变换（FFT）算法，将离散傅里叶变换乘法的计算量由 N^2 降为 $\frac{1}{2}N\log_2 N$ 次，使得计算傅里叶变换的效率得到了质的飞跃，有关 FFT 的详细介绍请参考文献[92]。

6.2　能谱、功率谱和谱估计方法

6.1 节介绍了频谱，它是各次谐波的幅值随频率的变化曲线，本节将用能谱（或者功率谱）来描述信号，其中能谱适用于能量有限的信号，如一般的非周期信号，而功率谱适用于功率有限信号，如周期和阶跃信号等。

6.2.1　能谱密度

能量有限信号的自相关函数为

$$R(\tau) = \int_{-\infty}^{\infty} f(t) f(t-\tau) \mathrm{d}t \tag{6.27}$$

式中，τ 为两自相关位置间的时间间隔。将式（6.20）代入式（6.27），可得

$$R(\tau)=\int_{-\infty}^{\infty}f(t)\left[\frac{1}{2\pi}\int_{-\infty}^{\infty}F(\omega)\mathrm{e}^{\mathrm{j}\omega(t-\tau)}\mathrm{d}\omega\right]\mathrm{d}t$$

$$=\frac{1}{2\pi}\int_{-\infty}^{\infty}f(t)\mathrm{e}^{-\mathrm{j}(-\omega)t}\mathrm{d}t\int_{-\infty}^{\infty}F(\omega)\mathrm{e}^{-\mathrm{j}\omega\tau}\mathrm{d}\omega \tag{6.28}$$

$$=\frac{1}{2\pi}F(-\omega)\int_{-\infty}^{\infty}F(\omega)\mathrm{e}^{-\mathrm{j}\omega\tau}\mathrm{d}\omega$$

由式（6.18）可知，$F(-\omega)$ 与 $F(\omega)$ 互为共轭复数，故式（6.28）进一步化简为

$$R(\tau)=\frac{1}{2\pi}\int_{-\infty}^{\infty}|F(\omega)|^2\mathrm{e}^{-\mathrm{j}\omega\tau}\mathrm{d}\omega \tag{6.29}$$

由式（6.27）及式（6.29）可知，信号的能量 E 等于

$$E=R(0)=\int_{-\infty}^{\infty}f(t)^2\mathrm{d}t=\frac{1}{2\pi}\int_{-\infty}^{\infty}|F(\omega)|^2\mathrm{d}\omega \tag{6.30}$$

式（6.30）即为帕斯瓦尔定理，表明信号的总能量既可以由时间域内的原始信号积分计算出来，也可以由频率域内的由傅里叶变换得到的频谱积分而得到。时间域上的信号，通过傅里叶变换变换至频率域上的信号，但信号的总能量是不变的，即时域内信号的能量等于频域内信号的能量。

由于 $|F(\omega)|^2$ 反映了信号的总能量在频率域内的分布，表示了单位带宽的能量，故将其称为能量谱密度（简称能谱，spectrum），用 $S(\omega)$ 表示：

$$S(\omega)=|F(\omega)|^2 \tag{6.31}$$

将式（6.31）代入式（6.29）可得

$$R(\tau)=\frac{1}{2\pi}\int_{-\infty}^{\infty}S(\omega)\mathrm{e}^{-\mathrm{j}\omega\tau}\mathrm{d}\omega \tag{6.32}$$

由式（6.32）可知，自相关函数和能谱函数是一对傅里叶变换对。

6.2.2　功率谱密度

对于能量无限的信号（即功率信号），我们无法用计算机分析其全时间轴范围内的信号，故只能截取某一个时间段 T 进行分析，为表示方便，令该时间段为 $[-T/2,T/2]$，则功率信号的能量表示为

$$E=\int_{-T/2}^{T/2}f_T(t)^2\mathrm{d}t=\frac{1}{2\pi}\int_{-\infty}^{\infty}|F_T(\omega)|^2\mathrm{d}\omega \tag{6.33}$$

所以该信号的平均功率为

$$P=\frac{E}{T}=\lim_{T\to\infty}\frac{1}{T}\int_{-T/2}^{T/2}f_T(t)^2\mathrm{d}t=\frac{1}{2\pi}\int_{-\infty}^{\infty}\lim_{T\to\infty}\frac{|F_T(\omega)|^2}{T}\mathrm{d}\omega \tag{6.34}$$

式中，当截取时段 T 趋于无穷时，$f_T(t)$ 趋于 $f(t)$，$|F_T(\omega)|^2/T$ 也趋于某一极值。定义此极值为 $f(t)$ 的功率密度函数（简称功率谱），记为 $P(\omega)$，其反映了单位频带内信号功率随频率的变化：

$$P(\omega)=\lim_{T\to\infty}\frac{|F(\omega)|^2}{T} \tag{6.35}$$

6.2.3　窗函数

利用计算机进行傅里叶变换时，不可能对无限长的信号进行计算，只能取其有限的时间段进行分析。但傅里叶变换是建立在信号长度无穷的基础上的，或者是周期信号，或者是非周期信号的时间 T 趋于无穷。这两种情况必定有差异，而这种差异就涉及窗函数的概念。

计算机对无限长信号的截短分析，相当于对信号加了一个分析窗（即观察的范围），即使什么都不加，也相当于加了一个幅值为常数 1 的矩形窗。矩形窗的主瓣比较集中，但其边瓣较高，而且存在负瓣，其频谱图可参见文献[92]；矩形窗给频域分析带来“平滑”及“泄漏”两个问题，其中平滑是由主瓣过宽、旁瓣过大引起的，导致频域分辨率减小，而泄漏由边瓣引起，会模糊原来的真实谱形状，甚至产生虚假峰值。为了弥补矩形窗函数的不足，在“优良窗函数的主瓣越窄、边瓣越小且衰减越快”的指导原则下，前人提出了各种类型的窗函数，如三角窗、汉宁（Hanning）窗、海明（Hamming）窗及高斯窗等。

不同类型的窗函数各有优缺点，应用时应根据信号的性质与处理要求来选择。但使用窗函数只是改进估计质量的一个技巧问题，而不是根本的解决方法[92]。

6.2.4　常用的谱估计方法

上几节介绍了能谱及功率谱的计算方法，值得指出的是，它们都只保留了频谱 $F(\omega)$ 的幅度信息而忽略了相位信息。就是说，谱的结果只能反映组成实际信号的各次谐波的幅值，而无法得知它们的相位信息。式（6.31）及式（6.35）可以用来计算谱的绝对量级，而实际应用中，绝大部分情况我们关心的只是各频率之间能谱的相对幅值，故应用时计算到 $|F(\omega)|^2$ 即可。

常用的经典谱估计方法有周期图法和自相关法，以及在这两种方法上改进的平滑法和平均法，如 Bartlett 法和 Welch 法等。

周期图法最早由 Schuster 于 1899 年提出，因为它是直接利用傅里叶变换计算而得的，所以又称直接法。设信号为 $f(k)$，长度 N，则其离散表达式为

$$\mathrm{S}_{\mathrm{period}}(\omega)=\frac{1}{N}\left|\sum_{k=1}^{N}f(k)\mathrm{e}^{-\mathrm{j}\omega k}\right|^2 \tag{6.36}$$

由于直接计算傅里叶变换计算量太大，直到 FFT 出现之后，该方法才成为谱

估计的常用方法之一。但周期图法存在缺点，数据长度加大，相当于使窗函数的主瓣宽度减小，导致能谱曲线剧烈振荡（呈现锯齿形），谱峰位置不好确定。但此缺点只在分析随机数据时表现得较为明显，因为傅里叶变换将信号分解为各种频率正弦波信号（相位、幅值确定），而随机信号的随机性导致不可能由确定的正弦信号所完全描述。

自相关法通过先计算信号的自相关函数，再求相关函数的傅里叶变换，从而得到功率谱［即式（6.32）的逆变换］。由于此方法是间接求得功率谱，也称为间接法；因为该方法最早由 Blackman 和 Tukey 于 1958 年提出，也称 BT 法。由于自相关法的计算量不大，在 FFT 出现之前被广泛用于谱估计，并且分析的数据点数越多，规律信号的信噪比越大。

改进周期图法的谱估计性能，可采用平滑法和平均法。平滑法，利用一定加权的算法消除曲线中的小幅波动，而尽量保持曲线总体走势。平滑法算法很多，最常见的就是移动平均法，关于这方面的信息读者可自行查阅。平均法，就是将较长数据分成许多小段，分别求每一小段的谱估计，再求整体平均值，从而改善谱估计结果。下面介绍两种常用的平均法：Bartlett 法和 Welch 法[92]。

Bartlett 法将信号 $f(k)$ 分成 L 段，每段长度为 M，信号总长 $N=LM$。分别计算每段的能谱，再求平均值：

$$S_{\text{Bartlett}}(\omega)=\frac{1}{ML}\sum_{l=1}^{L}\left|\sum_{k=1}^{M}f_l(k)\mathrm{e}^{-\mathrm{j}\omega k}\right|^2 \tag{6.37}$$

Welch 法（又称加权交叠平均法）是对 Bartlett 法的改进，通过添加窗函数、并使各分段之间有重叠，达到改善能谱曲线的光滑性及减小方差的目的。设信号为 $f(k)(1\leqslant k\leqslant N)$，Welch 法分段计算的数据长度为 M，每段数据间重合度为 $\mathrm{ol}(0\leqslant \mathrm{ol}\leqslant 1)$，则总计算段数 $L=(N-M\times\mathrm{ol})/(M-M\times\mathrm{ol})$，采用的窗函数为 $w(j)(1\leqslant j\leqslant M)$，则 Welch 平均能谱公式为

$$S_{\text{Welch}}(\omega)=\frac{1}{MWL}\sum_{l=1}^{L}\left|\sum_{k=1}^{M}f_l(k)w(k)\mathrm{e}^{-\mathrm{j}\omega k}\right|^2 \tag{6.38}$$

式中，

$$W=\frac{1}{M}\sum_{j=1}^{M}w(j)^2$$

如果信号的采样频率为 F_s，分段长度为 M，则能谱的分辨率为 F_s/M。虽然平均法能达到改善能谱方差的目的，却导致能谱分辨率下降。与周期图法相比，Welch 算法大大改善了谱曲线的光滑性，虽然其在短数据条件下存在局限性，但是由于原理简单、实现容易，目前得到了广泛的应用。

值得注意的一点是，由于上面的方法存在正负频率，计算出来的谱称双边谱，如果仅仅考虑非负频率的谱，并将正频率能谱幅值乘以 2，就是单边谱。

上述的谱估计方法属于经典谱估计方法，主要不足在于分辨率低和方差性不好。为了极大地提高估计的分辨率和平滑性，出现了现代谱估计，可以分为参数模型谱估计和非参数模型谱估计。参数模型谱估计有AR模型、MA模型、ARMA模型等；非参数模型谱估计有最小方差法和MUSIC法等。由于涉及的问题太多，这里不再详述，可以参考有关资料。

6.3 MATLAB代码

MATLAB是Matrix和Laboratory两个词的组合，是美国MathWorks公司出品的商业数学软件，用于算法开发、数据可视化、数据分析以及数值计算。由于其语法简单，符合科技人员对数学表达式的书写格式，便于非计算机专业的科技人员使用，现今MATLAB已经深入科学研究及工程计算各个领域。MATLAB的优势在于其邀请了各行业的专家编写了各行业内常用的子程序，供科技人员使用。故我们只需一个简单的调用指令，就可以应用如FFT之类的函数，而不需要自己编写，这无疑加快了科技人员的准确性和效率。关于MATLAB的语法和使用书籍汗牛充栋，读者可很方便地找到，在此作者便不展开介绍。下文简要介绍有关傅里叶变换及能谱分析的程序，以便读者使用。

6.3.1 MATLAB中的FFT和IFFT

MATLAB中的离散傅里叶变换对的代码如下：

```
F = fft(f)  %离散傅里叶变换
f = ifft(F)  %离散傅里叶逆变换
```

其中，%是MATLAB中表示文字注释的符号；fft()和ifft()是可直接调用的子程序；f（即$f(k)$）是离散信号；F（即$F(n)$）是傅里叶变换后的各次谐波幅值，其离散变换公式与式（6.14）一致。但值得注意的是：①MATLAB中数组的下标起始值为1，而6.2节中数组的下标起始值为0；②MATLAB中虚数符号以i表示，而本章中用j表示。查看MATLAB关于fft帮助时需要注意这两个区别。下面分别举两个例子来进行说明。

1. 正弦波叠加信号的FFT分析

第一个例子是正弦波叠加的例子，总信号由四种信号叠加而成，分别为一个直流信号（常数信号）和三个正弦信号（振荡频率分别为 5Hz、10Hz 及 50Hz），表达式如下：

$$\begin{cases} x_0(t) = 4 \\ x_1(t) = 3\sin(2\pi \times 5t) \\ x_2(t) = 2.2\sin(2\pi \times 10t) \\ x_3(t) = 1.2\sin(2\pi \times 50t) \\ f(t) = x_0(t) + x_1(t) + x_2(t) + x_3(t) \end{cases} \tag{6.39}$$

三种正弦波信号的波形见图 6.1（a），为了清晰显示，仅画出了 $t = 0 \sim 1$ 时间内的波形。可见，正弦波的频率越高，单位时间内振荡的次数越多。四种信号叠加而成的总信号的波形见图 6.1（b），可知总叠加信号的波形趋势由 $x_1(t)$ 决定，即由最低频的正弦波决定，而高频正弦波起的作用类似于随机杂乱的噪声。

对于日常遇到的信号，就如图 6.1（b）中的总叠加信号，在进行傅里叶分析之前我们并不知道它是由哪些正弦信号叠加而成的。下面的代码就是利用 MATLAB 中自带的 FFT 子程序，分析总信号中的各次谐波分量。注意：每一个%后面的文字是对前面代码的注释，读者可将代码复制进 MATLAB 运行，以增加对 FFT 的理解。

```
clc;  %清除屏幕上的输出文字
close all; %关闭所有的画图窗口
clear all;  %清空变量空间中的所有变量
fs=256; %设定采样频率
N=256*100; %设定采样点个数
t=0:1/fs:100;  %设定采样时段
x0=4;  %直流信号
x1=3.0*sin(2*pi*5*t);  %5Hz 正弦信号
x2=2.2*sin(2*pi*10*t);  %10Hz 正弦信号
x3=1.2*sin(2*pi*50*t);  %50Hz 正弦信号
ft=x0+x1+x2+x3;  %总叠加信号
figure(1);  %创建画图窗口,用于画各正弦分量,如图 6.1(a)
plot(t(1:256),x1(1:256),'k-',t(1:256),x2(1:256),'b-',t(1:256),x3(1:256),'r-');  %画三个正弦信号
xlabel('时间 t');ylabel('各次谐波');  %设定图中的横纵轴说明
legend('5Hz','10Hz','50Hz');  %添加各曲线的图例
```

```
figure(2); %创建画图窗口
plot(t(1:256),ft(1:256),'k'); %画总叠加信号,如图 6.1(b)
xlabel('时间 t');ylabel('叠加信号'); %设定图的横纵轴说明
Fn=fft(ft,N); %调用 MATLAB 子程序进行 FFT 计算
ABS_Fn1=abs(Fn); %计算各谐波的幅值
ABS_Fn1=ABS_Fn1/N; %换算成实际的幅度,在 6.1.2 节中提到,离散傅
里叶变换中将定标因子 1/N 从正变换移到了逆变换中,故为求得实际的幅值,必
须将离散傅里叶变化后的结果除以 N
ABS_Fn=fftshift(ABS_Fn1); %进行频谱搬移,具体意思请参见
MATLAB 帮助
n=(-N/2:N/2)/N*fs; %可分辨频率范围
figure(3); %创建画图窗口,用于显示傅里叶分析后的频谱图
stem(n(1:N),ABS_Fn(1:N)); %画频域内的频谱图
xlabel('频率 Hz');ylabel('各次谐波幅值'); %设定图中横纵坐标
的说明
axis([-55,55,0,4.2]);grid on; %设定画图范围,并画出网格线
```

图 6.2 给出了经过傅里叶变换后的总叠加信号的频谱。可见，傅里叶变换完全鉴别出了组成总信号的四种分量（一个直流信号加三个正弦波）。频率为 0 的分量，即直流信号 x_0，其幅值为 4，与式（6.39）一致。频率为 5Hz 的信号，即正弦信号 x_1，值得注意的是，由于数学运算出现了±5Hz，幅值都为 1.5，只有将两者加起来才是真正的 x_1 的幅值，即 3＝1.5×2，与式（6.39）一致。同理，正弦信号 x_2 和 x_3 的幅值也分别为 2.2（＝1.1×2）和 1.2（＝0.6×2），与式（6.39）一致。可见，傅里叶变换在分析信号的周期特性方面具有独特的优势。

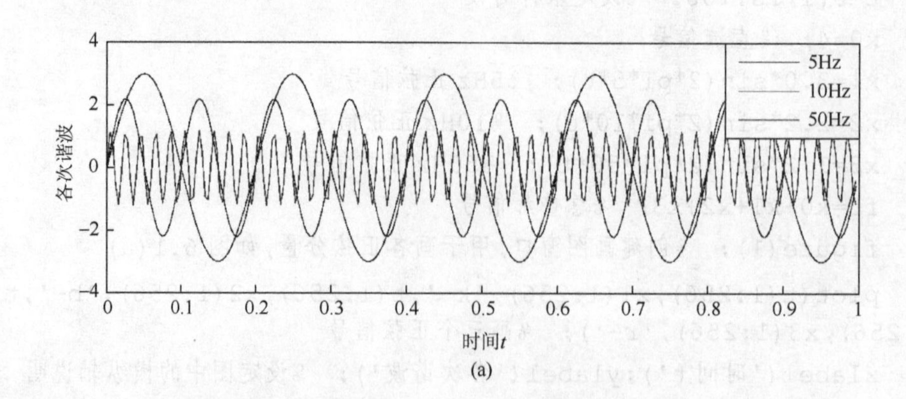

(a)

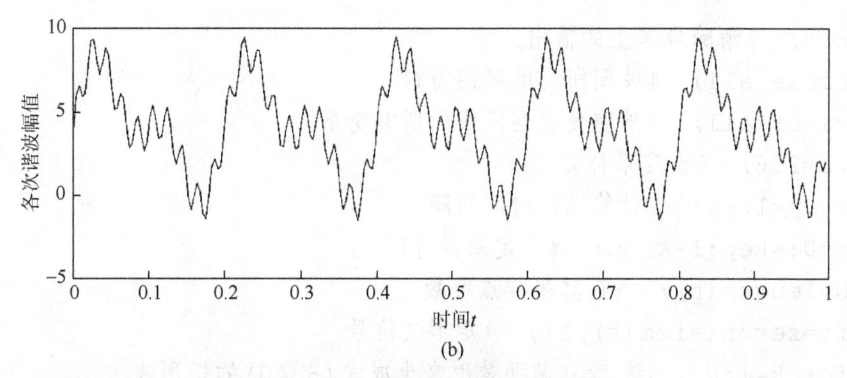

(b)

图 6.1　各次谐波及其叠加信号图

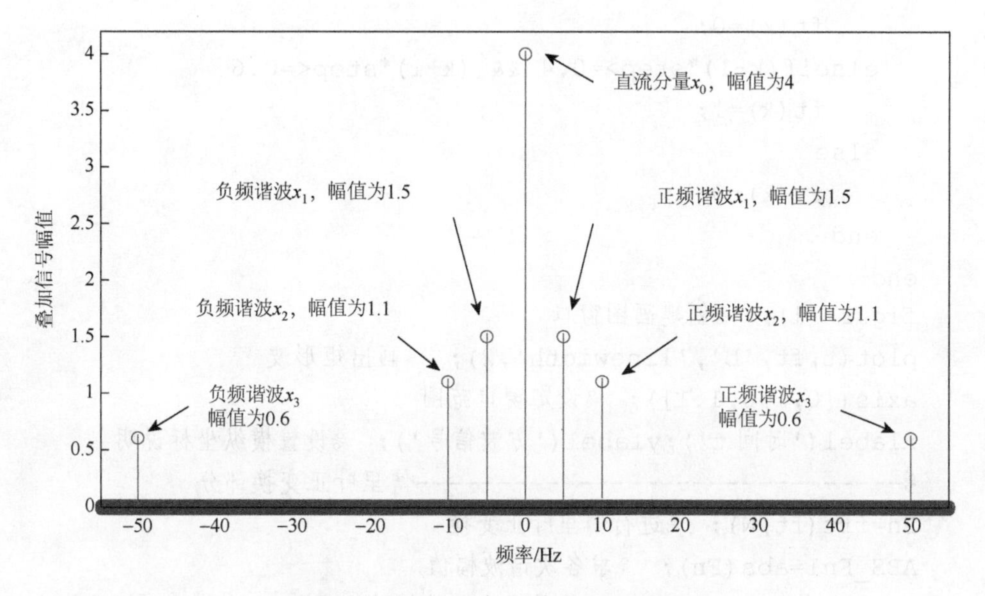

图 6.2　总信号分解出的各次谐波的幅值图

2. 矩形波信号的 IFFT 分析

本节将分析矩形波（也称方波）的组成，进一步加深对傅里叶逆变换的理解。矩形波信号表达式为

$$f(t)=\begin{cases}0, & 0\leqslant t\leqslant 0.4\\ 1, & 0.4<t\leqslant 0.6\\ 0, & 0.6<t\leqslant 1.0\end{cases} \tag{6.40}$$

MATLAB 代码如下：

```
clc; %清除屏幕上的输出文字
close all; %关闭所有的画图窗口
clear all; %清空变量空间中的所有变量
fs=256; %设定采样频率
step=1/fs; %计算采样时间间隔
t=0:step:1-step; %设定采样时段
N=length(t); %计算采样点个数
ft=zeros(size(t),1); %矩形波信号
for k=1:N  %该 for 循环是用来生成式(6.40)的矩形波
  if(k-1)*step<0.4
     ft(k)=0;
  elseif(k-1)*step>=0.4 && (k-1)*step<=0.6
     ft(k)=1;
  else
     ft(k)=0;
  end
end
figure(1); %创建画图窗口
plot(t,ft,'b','linewidth',2); %画出矩形波
axis([0,1,0,1.1]); %设定窗口范围
xlabel('时间 t');ylabel('方波信号'); %设置横纵坐标说明
%------------------------------傅里叶正变换部分
Fn=fft(ft,N); %进行傅里叶正变换
ABS_Fn1=abs(Fn); %求各次谐波幅值
ABS_Fn1=ABS_Fn1/N; %换算成实际的幅值
ABS_Fn=fftshift(ABS_Fn1); %频谱搬移
n=(-N/2:N/2)/N*fs; %可分辨能谱范围
figure(2); %创建画图窗口
stem(n(1:N),ABS_Fn(1:N)); %画出矩形波的频谱图
xlabel('频率 Hz');ylabel('各次谐波幅值'); %并设置横纵坐标
说明
axis([-130,130,0,0.21]);grid on; %设定画图范围,并画出网格线
%------------------------------傅里叶逆变换部分
resolution=fs/N; %频谱分辨率
pinlv=[5,10,50,100,128]; %逆变换计算的频率范围
```

```
colora='rbgmk'; %画图时线条的颜色
indNo=pinlv/resolution; %逆变换频率在Fn序列中的序号
figure(3); %创建画图窗口
%-------------------------------对每一个频率范围进行IFFT
for k=1:length(indNo)
   m=indNo(k); %逆变换频率对应在Fn中的序号
   Fn2=Fn; %幅值Fn序列
   if m+1<N-m  %该循环是用来避免序号范围错误
      Fn2(m+1:N-m)=0;
   end
   ft2=ifft(Fn2,N); %进行傅里叶逆变换计算
   plot(t,ft2,colora(k),'linewidth',1.5); %画出各频段逆变
换后的时域波形图
   hold on; %将各曲线画在同一个画图窗口中
end
xlabel('时间 t');ylabel('逆变换后波形'); %设定图的横纵坐标
说明
legend('仅0～5Hz','仅0～10Hz','仅0～50Hz','仅0～100Hz','
所有频率'); %给出每条
%曲线的图例
axis([0,1,-0.1,1.2]);grid on; %设定画图范围,并画出网格线
```

图6.3给出了式（6.40）对应的矩形波及其频谱图。可知，矩形波是由频域内无限多的谐波叠加而成的，其中直流分量为0.2（即矩形波在时域内的均值），低频谐波的幅值较大，而高频谐波的幅值较小。为了研究各频率范围内谐波对矩形波的贡献，将五个频率范围内（0～5Hz、0～10Hz、0～50Hz、0～100Hz、所有频率）的频域信号进行傅里叶逆变换，看其对应的时域波形，如图6.4所示。由图可知，低频段的谐波构成了矩形波的主体框架，如红色曲线；随着高频段的不断加入，波形慢慢向矩形靠近，如蓝色曲线；当所有的频段都考虑后，傅里叶逆变换的波形为矩形波，见黑色曲线。但值得注意的是，对于高频段（如0～100Hz）的谐波叠加图，在矩形波的四个直角附近出现了尖锐的振荡现象，这个现象称为Gibbs现象。出现这个现象的原因是：傅里叶变换是用连续的正余弦信号无限地逼近研究信号，当研究信号是连续函数时，则可以完全逼近，但当研究信号是间断函数时，就会在间断点出现振荡，所以用正余弦信号逼近间断的矩形波时，会在矩形的四个直角出现振荡现象。

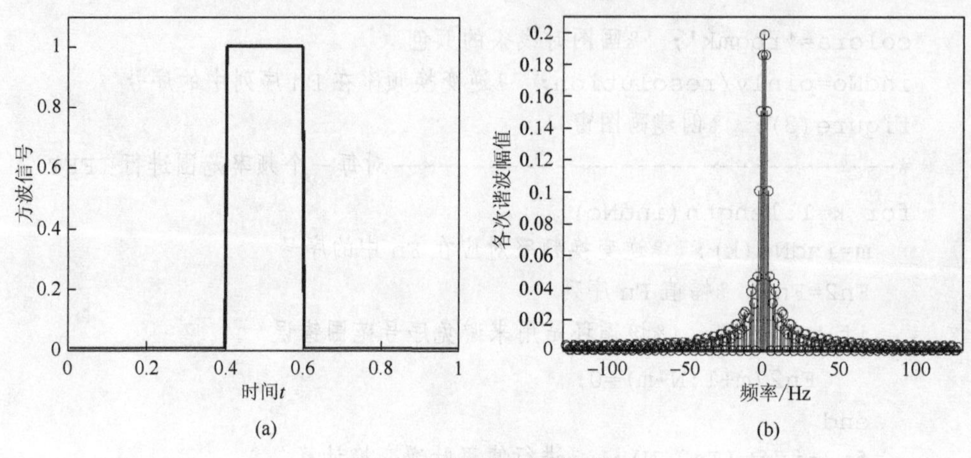

图 6.3　矩形波及其频谱图

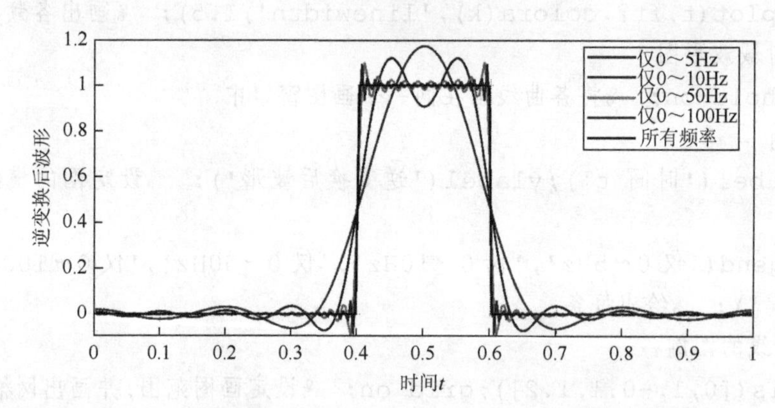

图 6.4　不同频率范围逆变换后的时域波形图（见书后彩图）

6.3.2　MATLAB 常用谱估计程序

本节将介绍三种常用的谱估计程序，分别是直接法（也称周期图法）、间接法（也称自相关法）及 Welch 法。

1. 直接法（周期图法）

MATLAB 中周期图法的子程序为 periodogram，其输入输出格式如下：

```
[Pxx,f]=periodogram(xn,window,nfft,Fs);  %直接法
```

其中，xn 为进行谱估计的序列；window 为窗函数；nfft 为计算快速傅里叶变换时的计算点个数；Fs 为采样频率；f 为频率序列；Pxx 为每个频率点对应的能谱幅值。MATLAB 中给出的表达式为

$$S_{\text{period}}(\omega)=\frac{1}{NF_s}\left|\sum_{k=1}^{N}f(k)\mathrm{e}^{-\mathrm{j}\omega k}\right|^2 \tag{6.41}$$

相比式（6.36），两式只有分母存在差异（F_s），需要注意此不同。为保持统一性，下文结果与式（6.36）一致。还需要注意的是，式（6.41）计算出来的是单边谱。

用该方法对 6.3.1 节正弦叠加信号进行分析，代码如下：

```
[Pxx, f]=periodogram(ft,[],N,fs);  %用周期图法计算，其中[]表示省略窗函数，默认为
%矩形窗函数
figure;  %创建画图窗口
Pxx=Pxx*fs;  %从式(6.28)还原至式(6.23)
stem(f, Pxx);  %画能谱图
xlabel('频率 Hz');ylabel('直接法能谱幅值');  %设置图的横纵坐标说明
```

直接法计算的能谱见图 6.5。参考图 6.2 可知，0 Hz 直流分量的幅值为 4，按式（6.26）的计算结果需要乘以定标因子 N，再平方后除以数据总长度即为能谱幅值，$(4\times N)^2/N=4.1\times10^5$。对于其他三个频率，由于是单边谱，需要再乘以 2。对于 5Hz 谐波，能谱幅值为 $(1.5\times N)^2/N\times2=1.2\times10^5$；对于 10Hz 的谐波，能谱幅值为 $(1.1\times N)^2/N\times2=0.6\times10^5$；对于 50Hz 的谐波，能谱幅值为 $(0.6\times N)^2/N\times2=0.2\times10^5$。图 6.5 结果与上述分析完全一致。

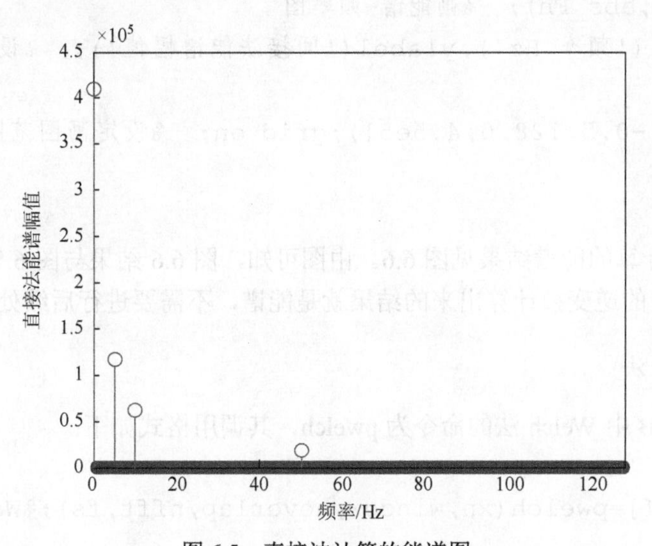

图 6.5　直接法计算的能谱图

2. 间接法（自相关法）

MATLAB 中无可直接调用的间接法能谱估计程序，但有计算自相关的程序 xcorr，其输入输出格式如下：

```
coeff=xcorr(xn,'unbiased'); %自相关
```

其中，xn 为进行谱估计的序列；'unbiased'表示计算自相关的无偏估计；coeff 为自相关系数值。用该方法对 6.3.1 节正弦叠加信号进行分析，代码如下：

```
acor_coeff=xcorr(ft,'unbiased'); %计算正弦叠加信号的无偏自相关估计
len=length(acor_coeff); %计算自相关序列的长度
acor1=acor_coeff(len/2+1:end); %仅取自相关正向偏移部分的数据
Fn2=fft(acor1); %计算自相关序列的傅里叶变换
abs_Fn=abs(Fn2)*2; %从双边谱转化为单边谱
abs_Fn(1)=abs_Fn(1)/2; %直流分量(0Hz)不需要乘以2
abs_Fn=fftshift(abs_Fn); %进行频谱搬移
n=(-N/2: N/2-1)/N*fs; %可分辨频率范围
figure; %创建画图窗口
stem(n,abs_Fn); %画能谱-频率图
xlabel('频率 Hz');ylabel('间接法能谱幅值'); %设定图的横纵坐标说明
axis([-0.5,128,0,4.5e5]);grid on; %设定画图范围,并给出网格线
```

间接法计算的能谱结果见图 6.6。由图可知，图 6.6 结果与图 6.5 完全一致。由式（6.32）的逆变换计算出来的结果就是能谱，不需要进行后续处理。

3. Welch 法

MATLAB 中 Welch 法的命令为 pwelch，其调用格式如下：

```
[Pxx, f]=pwelch(xn,window,noverlap,nfft,fs);%Welch 法
```

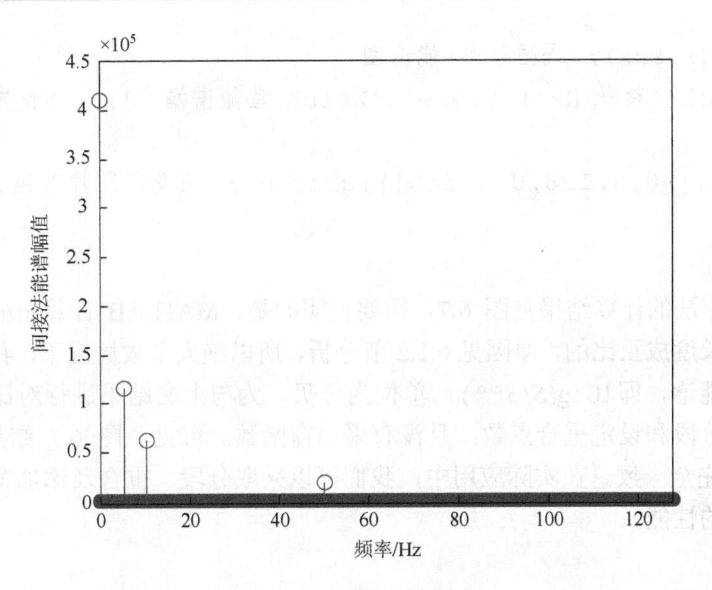

图 6.6　间接法计算的能谱图

其中，xn 为进行谱估计的序列；window 为窗函数；noverlap 为各分段间的重叠点数；nfft 为计算快速傅里叶变换时的计算点个数；fs 为采样频率；f 为频率序列；Pxx 为每个频率点对应的能谱幅值。MATLAB 中给出的表达式为

$$S_{\text{Welch}}(\omega)=\frac{1}{MWLF_s}\sum_{l=1}^{L}\left|\sum_{k=1}^{M}f_l(k)w(k)\mathrm{e}^{-\mathrm{j}\omega k}\right|^2 \tag{6.42}$$

相比式（6.38），两式仅在分母存在差异（F_s）。下文中将 MATLAB 计算结果乘以 F_s，并仅计算单边谱。用该方法对 6.3.1 节正弦叠加信号进行分析，代码如下：

```
nfft=25600;  %傅里叶变换的计算点数
window=boxcar(nfft);  %矩形窗
%window=hamming(nfft);  %海明窗,备选方案
%window=blackman(nfft);  %blackman 窗,备选方案
noverlap=0;  %数据无重叠
range='onesided';  %单边谱
[Pxx,f]=pwelch(ft,window,noverlap,nfft,fs,range);  %调用
能谱计算 Welch 子程序
figure;  %创建画图窗口
Pxx=Pxx*fs;  %从式(6.42)还原至式(6.38)
```

```
stem(f,Pxx);  %画频率-能谱图
xlabel('频率 Hz');ylabel('Welch 法能谱幅值');  %设定图的横纵坐标说明
axis([-0.5,128,0,4.5e5]);grid on;  %设定图片范围,并画出网格线
```

Welch 法的计算结果见图 6.7，需要说明的是，MATLAB 计算出的能谱幅值是与数据长度成正比的，原因见 6.1.2 节分析，所以绝大多数情况下，我们只关心归一化的能谱，即$10\lg(S/S^{\max})$，单位为分贝。为与上文结果进行对比，本示例中并没有分段和设定重合点数，且没有采用窗函数。可见，图 6.7 结果与图 6.5 及图 6.6 完全一致。在实际应用中，我们可以采取分段、重合及添加窗函数来改善谱估计的性能。

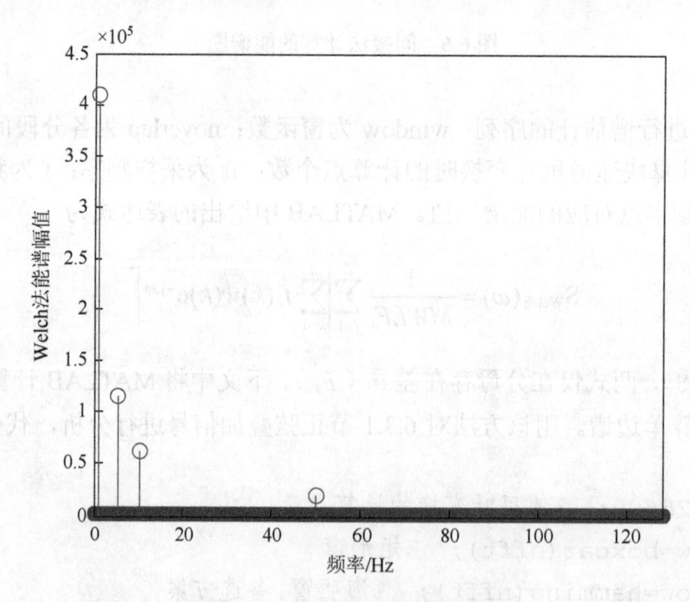

图 6.7 Welch 法计算的能谱图

6.4 能谱实例分析

水利工程领域中，常用 ADV（超声多普勒流速仪）及 PIV（粒子图像测速）技术获得流速的时间序列 $u(t)$。对于能谱分析，与具体的设备无关，只要能获得空间某点的时间序列，就能用上几节介绍的方法计算出其能谱。下面具体分析通过 PIV 技术获得方腔流速并计算能谱的案例。

PIV 实验在自循环式方腔流动系统中进行，方腔两端连接有足够长度的过渡段，实验系统的主要组成部分见图 6.8，方腔长深比 $L/D = 4$。实验时通过调节流量开关及水泵功率调整实验雷诺数，向水流中加入适宜浓度的示踪粒子，等待 15～20 分钟至水流系统达到稳定，调节激光片光使其照亮方腔中垂面内的示踪粒子，利用高速摄像机拍摄 PIV 测量区域并存储实验图片；调节不同的实验雷诺数，重复前述实验过程，得到不同雷诺数下的流场数据，各实验组次的条件见表 6.1。雷诺数定义为 $Re = RU_{\text{mean}}/\nu$；$R$ 为方腔进口断面（未扩大前）的水力半径；U_{mean} 为方腔进口断面（未扩大前）处的平均流速；ν为水流的运动黏度。一般认为 $Re = 575$ 是层湍流分界点。

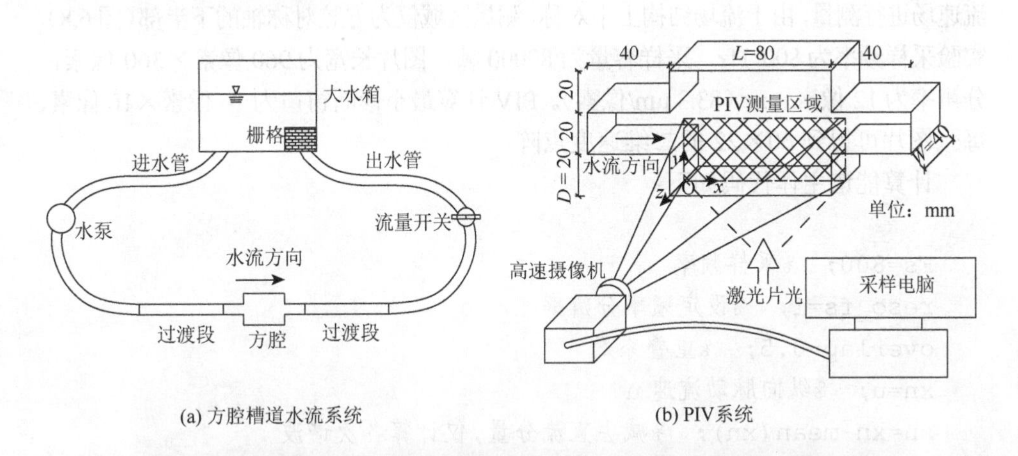

(a) 方腔槽道水流系统　　(b) PIV系统

(c) 系统实物图

图 6.8　方腔流动系统的主要组成部分

表 6.1　实验条件

测次	温度/℃	V /(m²/s×10⁻⁶)	流量/(m³/h)	U_{mean}/(cm/s)	Re
1	18.0	1.058	0.11	3.8	240
2	17.5	1.084	0.29	9.9	610
3	18.0	1.058	0.49	17.0	1070
4	18.0	1.058	0.89	30.9	1950
5	18.5	1.045	1.22	42.2	2670
6	19.3	1.024	1.58	54.7	3560
7	19.0	1.032	1.87	64.9	4190

采用北京江宜科技有限公司生产的时间分辨率 PIV 系统对方腔中垂面的二维瞬时流速场进行测量，由于流场结构上下对称，测量区域仅为方腔对称轴的下半部(图 6.8)。实验采样频率为 800 Hz，采样容量为 80000 帧，图片长宽为 960 像素×360 像素，分辨率为 12 像素/mm（83.3 μm/像素）。PIV 计算最小诊断窗口为 16 像素×16 像素，每张图片可得到 60×22 的二维速度点阵。

计算能谱主体代码如下：

```
Fs=800; %采样频率
reso_fs=1; %设定频率分辨率
overlap=0.5; %重叠系数
xn=u; %纵向脉动流速 u
xn=xn-mean(xn); %减去直流分量,仅计算各次谐波
nfft=floor(Fs/reso_fs); %快速傅里叶变换点数
window=hamming(nfft); %用海明窗
noverlap=floor(nfft*overlap); %数据重叠个数
range='onesided'; %计算单边谱
[Pxx,f]=pwelch(xn,window,noverlap,nfft,Fs,range); % 用Welch 法计算能谱
figure; %创建画图窗口
plot(f,10*log10(Pxx/max(Pxx))); %画出归一化的能谱
xlabel('频率 f(Hz)');ylabel('归一化能谱 PSD(dB)');
```

对方腔脉动流场（纵向脉动流速 u，垂向脉动流速 v）进行 Welch 法能谱分析，研究雷诺数对方腔流场能谱结构的影响。选取方腔内代表性的三点进行分析，分别为方腔内部中心点 A（$0.5L$，$0.5D$）、腔体与主流交界面中点 B（$0.5L$，$1.0D$）及主流区中心点 C（$0.5L$，$1.25D$），如图 6.9 所示。分析点的脉动流速时间序列样本长度为 80000，采样频率 800Hz，分段长度为 8000，重合系数 ol = 0.9，窗函数采用海明窗，

计算得到 0.1Hz 分辨率的归一化能谱。图 6.9 为 C 点不同雷诺数下的归一化能谱图，为了清晰显示，只给出前 150Hz 的信息，图中标识点的密度为每 5Hz 一个点。

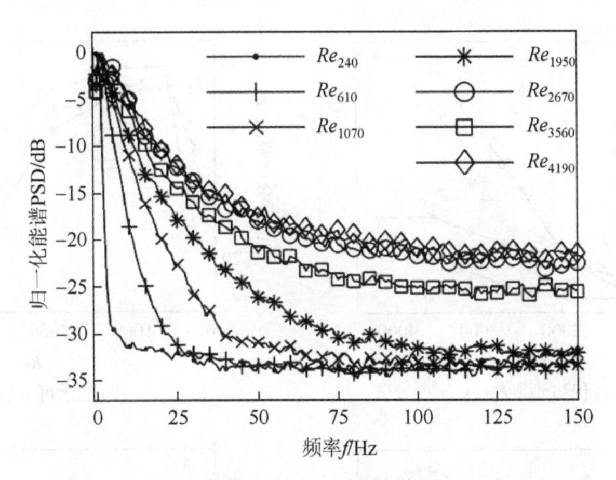

图 6.9　方腔选定点的归一化能谱图（C 点 u）

C 点的能谱曲线在不同雷诺数下的形状基本一致，随着频率的增加，能谱幅值衰减速度先快后慢，直至趋于平坦（白噪声）。

为了更直观地研究雷诺数对方腔流能谱的影响，对应图 6.9 的能谱曲线提出两个特征参数，分别为优势频率 F_d 及能谱可分辨范围，计算示意图如图 6.10 所示。优势频率定义为能谱最大值点对应的频率，如图 6.10（a）中的局部放大图；能谱可分辨范围定义为能谱最大值减去白噪声的能谱幅值。白噪声的能谱幅值计算如图 6.10（b）所示，计算能谱频数分布直方图，根据白噪声频率分布区间广，但能谱幅值波动范围小的特征，取频数最大值点对应的横坐标为白噪声的能谱幅值。

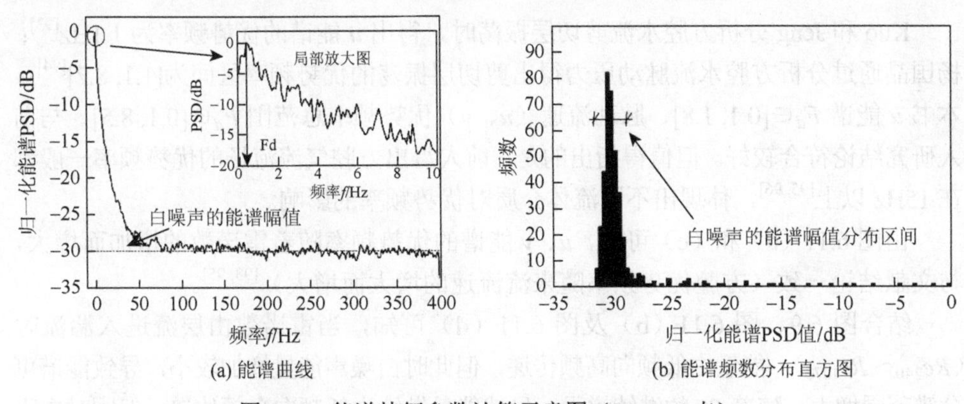

图 6.10　能谱特征参数计算示意图（Re_{4190} A 点）

纵、垂向脉动流速能谱的优势频率分布如图 6.11（a）和（c）所示，对于 A 点，

v 能谱的优势频率与 u 能谱大致相当；而对于 B、C 点，v 能谱的优势频率大于 u 能谱。同时，B、C 点的优势频率大于 A 点，表明凹腔外部的优势频率大于内部。

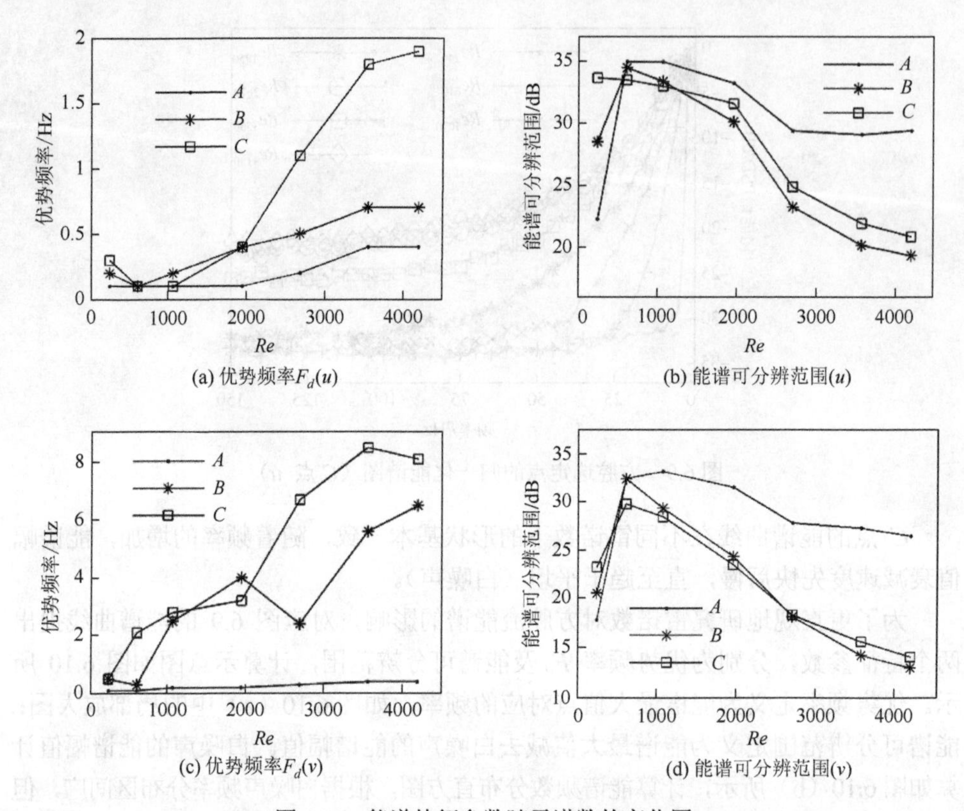

(a) 优势频率$F_d(u)$　　(b) 能谱可分辨范围(u)

(c) 优势频率$F_d(v)$　　(d) 能谱可分辨范围(v)

图 6.11　能谱特征参数随雷诺数的变化图

Kuo 和 Jeng 分析方腔水流剪切层振荡时，得出 u 能谱的优势频率为 1.1Hz[93]；杨国晶通过分析方腔水流脉动压力得出剪切层振荡的优势频率区间为[1.1, 8.2][94]；本书 u 能谱 $F_d \in [0.1, 1.8]$、脉动流速（u、v）优势频率总范围 $F_d \in [0.1, 8.5]$，与前人研究结论符合较好。但值得指出的是，前人得出方腔气流流场的优势频率一般都在 15Hz 以上[95, 96]，体现出不同流体介质对优势频率的影响。

由图 6.11（a）和（c）可知，u、v 能谱的优势频率随着雷诺数的增加而增大，与文献结论一致（方腔优势频率随来流流速的增大而增大）[93, 95]。

结合图 6.9、图 6.11（b）及图 6.11（d）可知，当雷诺数由层流进入湍流时（Re_{240}～Re_{1070}），能量由低频向高频传递，但此时白噪声能量增加较小，导致能谱可分辨范围增大；随着 Re 的继续增大，虽然能量继续由低频向高频传递，但同时白噪声能量也不断变大，导致能谱可分辨范围不断减小。综合图 6.11 可知，B、C 两点参数较为一致，区别于 A 点，表明腔体内部的能谱规律与主流区存在较大的不同。

第7章 小 波 变 换

傅里叶变换将任意函数均展开为无限个无穷振荡的正弦和余弦函数之和。利用傅里叶变换的方法，能够很好地揭示函数在频率域（频率谱）或波数域（波数谱）的特点，并且具有很高的频率或波数分辨率。但是经过这种变换，函数在时间域的信息常常被掩盖。具体来说，假设一个涡旋经过一固定点时，引起纵向脉动流速一个周期的正弦振荡，则傅里叶变换中无穷振荡的正余弦函数实际上假设了每种尺度的涡旋均布满了湍流的整个时空，每种涡旋均前后相续不断到来。然而，我们知道，湍流涡旋实际上并不是持续不断地出现，而是存在一定的间歇性，也就是说，涡旋只在局部的时空中出现，并且只影响时空的局部。傅里叶变换的结果不能反映这种时空局部性。

小波变换使用局部振荡的基函数替代傅里叶变换中无穷振荡的正余弦函数，能够同时获得频率和时间域的信息。因此，小波分析成为一种重要的数据分析方法。本章首先介绍小波变换的基本原理，之后介绍其在明渠湍流数据分析中的应用。

7.1 小波变换基本原理

假设小波变换中基函数为$\psi(t)$，则其傅里叶变换为

$$\hat{\psi}(\omega)=\int_{-\infty}^{+\infty}\psi(t)\mathrm{e}^{-2\mathrm{i}\pi\omega t}\mathrm{d}t \tag{7.1}$$

对应的傅里叶逆变换为

$$\psi(t)=\int_{-\infty}^{+\infty}\hat{\psi}(\omega)\mathrm{e}^{2\mathrm{i}\pi\omega t}\mathrm{d}\omega \tag{7.2}$$

$\psi(t)$当且仅当满足下述容许性条件时可作为小波变换的基函数：

$$c_{\psi}=\int_{0}^{\infty}\left|\hat{\psi}(\omega)\right|^{2}\frac{\mathrm{d}\omega}{|\omega|}<\infty \tag{7.3}$$

一般实际应用时我们希望小波基函数在频域和时域上都具有良好的局部性，即小波基函数的能谱密度集中在较窄的频率范围内，而时域上的振荡局限在有限的时段内，在此时段之外振幅趋于 0。不过这些要求主要带来应用上的便利，在理论上并不需要被严格满足。

因此，凡是满足式（7.3）的函数都可以作为小波基函数。显然，在分析实际数据时，这一方面丰富了我们的选择，而不用再局限于傅里叶分析的正余弦函数，另一方面也导致了选择不同的小波会得到不同的分析结果。因此，在进行数据分析之前，存在一个小波基函数的选择问题。实际选择小波的标准主要有以下三种：

（1）小波基函数的波形与所研究事件导致的典型信号波形类似；

（2）若存在明确的判别指标，可使用不同小波基函数分析数据，得到对应的判别指标，根据指标选择最优函数作为基函数；

（3）时域和频域的综合权衡，一般需要选择时域和频域都具有良好局部性的函数，即在时域上函数的显著振荡范围较小，频域上含能频率范围较窄。

在湍流数据分析中，事实上找到信号中的一些典型模式是我们的目的，因此第一、第二两种判据很难从理论上给出准确步骤和流程。但是从一般经验来讲，湍流中不同尺度涡旋引起的信号波动大致是类正弦的光滑正负振荡，因此，许多类正弦小波，如 Morlet 小波、Mexican hat 小波等常被研究者用于湍流数据分析中。第三种标准是小波分析区别于傅里叶变换的核心。傅里叶变换的基函数为正余弦函数，单一的正弦函数在频域上对应一个 Dirac 函数，在单一频率上具有无限大的能量密度，频域局部性优异，但是在时域上却无限振荡，没有任何局部性可言。实际上，根据测不准原理，不存在时域和频域同时具有良好局部性的函数。定义函数$\psi(t)$在时域上的中心和原点为

$$
\begin{aligned}
t_c &= \frac{1}{\|\psi\|^2}\int_{-\infty}^{+\infty} t|\psi(t)|^2\,\mathrm{d}t \\
\Delta_\psi &= \frac{1}{\|\psi\|^2}\sqrt{\int_{-\infty}^{+\infty}(t-t_c)^2|\psi(t)|^2\,\mathrm{d}t}
\end{aligned}
\tag{7.4}
$$

其中，

$$
\|\psi\| = \sqrt{\int_{-\infty}^{+\infty}|\psi(t)|^2\,\mathrm{d}t} \tag{7.5}
$$

将$\psi(t)$经过傅里叶变换后的函数$\hat{\psi}(t)$代入式（7.4）可得到$\psi(t)$在频率的宽度$\Delta_{\hat{\psi}}$，有著名的测不准原理[97]：

$$
\Delta_\psi \Delta_{\hat{\psi}} \geqslant \frac{1}{2} \tag{7.6}
$$

因此，时域和频域的局部性不可兼得，在实际数据分析时，需要根据分析目的进行综合考量。时域局部性良好的小波基函数有利于分析影响时段较短的事件，频域局部性良好的基函数能够将频率相近的两种事件更好地区分开。

选定小波基函数$\psi(t)$后，定义连续小波变换如式（7.7）：

$$\hat{u}(a,t_0)=\int_{-\infty}^{+\infty}\left[u(t')\frac{1}{\sqrt{a}}\psi^*\left(\frac{t_0-t'}{a}\right)\right]\mathrm{d}t' \tag{7.7}$$

式中，上标*表示共轭；a为尺度因子；t_0为平移因子；$\hat{u}(a,t_0)$为尺度a下时刻t_0的小波变换系数。尺度因子a的作用为缩放小波基函数。例如，假设小波基函数的有限振荡区间大小为T，则$\psi^*(t/a)$的有限振荡区间大小变为aT。若假设小波基函数$\psi(t)$有一个傅里叶意义下的频率f_0，f_0称为中心频率，则$\psi(t)$的周期为$T_0=1/f_0$。对于经过缩放的小波函数$\psi(t/a)$，周期变为$T=aT_0$，因此，频率为$f=f_0/a$。若知道中心频率f_0，即可得到经过缩放后的小波函数的频率。t_0的作用为将小波的有限振荡范围移到时刻t_0附近，因此仅在t_0的有限邻域内ψ^*存在振荡，远离t_0的区域ψ^*均趋于0。由式（7.7）可知，$\hat{u}(a,t)$是对原始信号与经过缩放的小波进行卷积的结果，根据3.6节中对卷积物理意义的解释可知，$\hat{u}(a,t_0)$度量原始信号与尺度为a的小波波形的相似程度。由于ψ^*的振荡范围有限，远离t_0区域的原始信号的波动不会对$\hat{u}(a,t_0)$造成任何影响，因此，变化a和t_0可以对原始信号的每一个局部分尺度进行分析。

若知道所有小波系数，可以通过小波逆变换恢复原始信号：

$$u(t)=\frac{1}{c_\psi}\int_{-\infty}^{+\infty}\int_{0}^{+\infty}\left[\hat{u}(a,t')\frac{1}{\sqrt{a}}\psi\left(\frac{t-t'}{a}\right)\right]\frac{\mathrm{d}a}{a^2}\mathrm{d}t' \tag{7.8}$$

式（7.8）表明小波变换中没有任何原始信号丢失，并且原始信号可以通过不同尺度位于不同位置的小波线性叠加恢复。另外，仍然有如下Parseval定理：

$$\int_{-\infty}^{+\infty}[u(t)v^*(t)]\mathrm{d}t=\frac{1}{c_\psi}\int_{-\infty}^{+\infty}\int_{0}^{+\infty}\hat{u}(a,t)\hat{v}^*(a,t)\frac{\mathrm{d}a}{a^2}\mathrm{d}t \tag{7.9}$$

因此，总紊动能量E_{total}为

$$E_{\text{total}}=\int_{-\infty}^{+\infty}|u(t)|^2\,\mathrm{d}t=\frac{1}{c_\psi}\int_{-\infty}^{+\infty}\int_{0}^{+\infty}|\hat{u}(a,t)|^2\frac{\mathrm{d}a}{a^2}\mathrm{d}t \tag{7.10}$$

式（7.10）表明小波变换系数实际上代表了对应时刻相应尺度的运动所携带的湍动能。因此，小波分析将湍动能展布在整个时间-频率上，而傅里叶变换只能得到频率域上的能量分布。可以定义小波能谱为

$$E(f,t)=\frac{1}{C}|\hat{u}(f,t)|^2 \tag{7.11}$$

式中，f为频率；C为归一化系数，使得

$$E_{\text{total}}=\int_{-\infty}^{+\infty}\int_{0}^{+\infty}E(f,t)\mathrm{d}f\,\mathrm{d}t \tag{7.12}$$

若仅对 t 积分，则可得到类似于傅里叶能谱的形式：

$$E_w(f)=\int_{-\infty}^{+\infty}E(f,t)\mathrm{d}t \tag{7.13}$$

类似于傅里叶分析，可以定义交叉小波变换系数为

$$W^{uv}(a,t)=\hat{u}(a,t)\hat{v}^*(a,t) \tag{7.14}$$

进而可以定义小波互谱密度：

$$E^{uv}(f,t)=\frac{1}{C}\left|W^{uv}(f,t)\right| \tag{7.15}$$

根据式（7.15）和式（7.9），若两信号皆为实信号，则小波互谱密度沿 f 和 t 轴的积分等于两信号乘积的平均值。在明渠湍流分析中，若两信号分别为同一测点的纵、垂向脉动流速，则两信号乘积的平均值为该点的雷诺应力。在这种情况下，小波互谱密度实际反映了每个时刻不同尺度运动对雷诺应力的贡献。

根据交叉小波变换还可以定义小波相干：

$$R_W^2(a,t)=\frac{\left|S(a^{-1}W^{uv}(a,t))\right|^2}{S\left(a^{-1}\left|\hat{u}(a,t)\right|^2\right)S\left(a^{-1}\left|\hat{v}(a,t)\right|^2\right)} \tag{7.16}$$

式中，S 为平滑算子。小波相干的定义与经典的相关系数定义非常类似，可以认为小波相干是两信号对应尺度分量在该时刻的局部相关系数。另外，$W^{uv}(f,t)$ 的幅角表示两信号在 t 时刻频率为 f 的分量的相位差。

在实际应用中，由于数据长度总是有限的，因此在边界附近做小波变换时参与运算的小波并不完整，例如，当时刻 t 位于数据序列的起始或终止时刻时，参与运算的只有整个小波函数的一半。这不可避免地会影响边界附近的变换结果。因此，需要明确边界影响的范围，对这个范围内的结果进行解释和研究时需要倍加慎重。引入小波影响锥的概念。假设小波基函数 $\psi(t)$ 的有限振荡区域为 $[-B,B]$，则当使用尺度为 a 的小波在 t_0 处进行小波变换时，小波的有限振荡区域为 $[t_0-aB, t_0+aB]$。因此，定义小波影响锥为满足下列条件的时刻 t 的集合：

$$\left|t-t_0\right|\leqslant aB \tag{7.17}$$

小波影响锥中的点进行同尺度小波变换时其系数都会受到 t_0 处信号值的影响。随着 a 值的增加，小波影响锥的范围会线性增加，如同锥体的形状，这也是小波影响锥命名的原因。在分析实际数据时，只有那些小波影响锥完全落在数据序列中的区域才是结果可信的区域。

7.2 常用小波

本节介绍湍流数据分析中常用的几种小波。Haar 小波是小波分析发展过程使用最早的小波，其解析表达式为

$$\psi(t)=\begin{cases}1 & 0\leqslant t<\dfrac{1}{2}\\ -1 & \dfrac{1}{2}\leqslant t\leqslant 1\\ 0 & \text{其他}\end{cases} \tag{7.18}$$

图 7.1 是 Haar 小波时域和频域图。为了方便不同小波之间的对比，将不同小波的主频都移动到 10Hz 附近，故而对原始小波都有所放缩。从图 7.1 可见，时域上 Haar 小波是一个阶跃函数。其主要频率在 10Hz 附近，但是主频之后间隔一段就出现一个逐渐衰减的峰值，这些频率都对能量有贡献。因此，Haar 小波的频率成分比较复杂。这主要是由于 Haar 小波波形不光滑，傅里叶变换中使用正弦波逼近 Haar 小波时，需要很多不同频率的波形相结合。

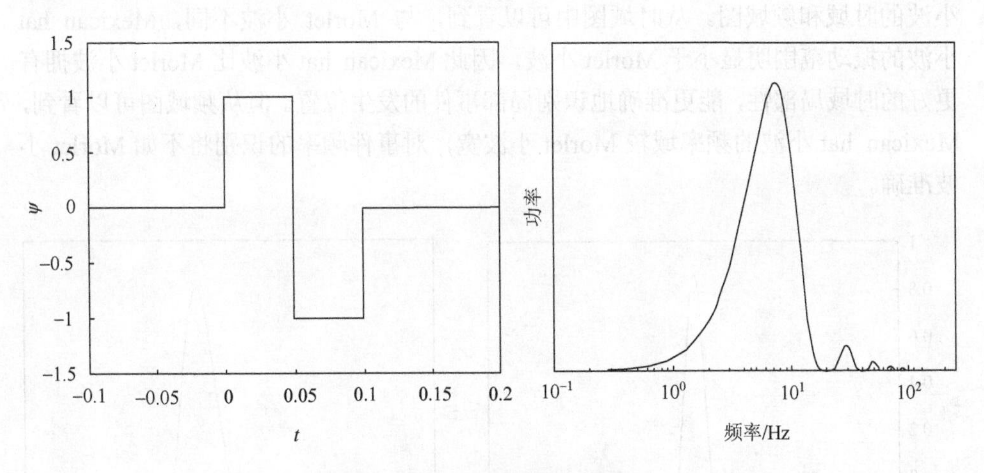

图 7.1 Haar 小波时域和频域图

Morlet 小波是一个具有解析表达式的复数小波：

$$\psi(t)=\pi^{-\frac{1}{4}}\mathrm{e}^{\mathrm{i}\omega_0 t}\mathrm{e}^{-\frac{t^2}{2}} \tag{7.19}$$

式中，$\omega_0=2\pi f_0$，f_0 为中心频率。图 7.2 为 $f_0=10\text{Hz}$ 的 Morlet 小波的时域和频域图，时域图中实线为实部，虚线为虚部。从图中可以看到，Morlet 小波在整个时域上都有振荡，但是只在中心附近振幅较大，远离中心部分振幅趋于 0。频域局部性较好，能量集中在中心频率附近。

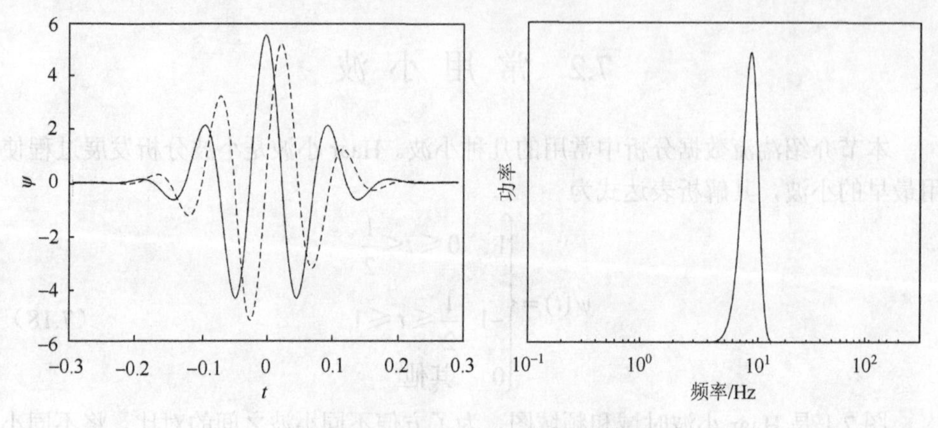

图 7.2　Morlet 小波的时域和频域图

Mexican hat 小波是另一种有解析表达式的小波基函数：

$$\psi(t)=\frac{2}{\sqrt{3}}\pi^{-\frac{1}{4}}(1-t^2)\mathrm{e}^{-\frac{t^2}{2}} \tag{7.20}$$

Mexican hat 小波的核心部分实际上是高斯函数的二阶导数。图 7.3 为 Mexican hat 小波的时域和频域图。从时域图中可以看到，与 Morlet 小波不同，Mexican hat 小波的振动范围明显小于 Morlet 小波，因此 Mexican hat 小波比 Morlet 小波拥有更好的时域局部性，能更准确地识别局部事件的发生位置。但从频域图可以看到，Mexican hat 小波的频率域较 Morlet 小波宽，对事件频率的识别将不如 Morlet 小波准确。

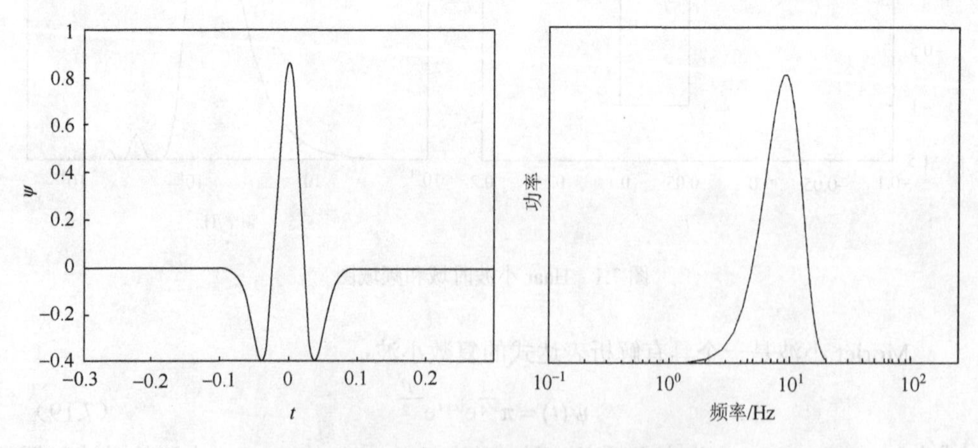

图 7.3　Mexican hat 小波的时域和频域图

实际上，不仅高斯函数的二阶导数，其各阶导数均能作为小波基函数，形成 DOG（derivative of a Gaussian，高斯函数的导数）小波族：

$$\psi(t)=\frac{(-1)^{m+1}}{\sqrt{\Gamma\left(m+\frac{1}{2}\right)}}\frac{\mathrm{d}^m \mathrm{e}^{-\frac{t^2}{2}}}{\mathrm{d}t^m} \tag{7.21}$$

式中，m 为微分阶数；Γ为保证归一化的常数。

7.3 MATLAB 小波分析

MATLAB 中集成了常用的小波分析命令，形成小波工具箱（Wavelet toolbox）。这些命令高效实用，基本能满足对湍流数据的常规小波分析。本节主要介绍常见命令的使用方式，MATLAB 对每种命令的具体实现方法读者可通过 MATLAB 自带的 Help 文档了解。

首先介绍尺度频率转换函数 scal2frq。由于传统的傅里叶分析从正余弦函数构建了完善的理论，被长期广泛应用。因此，小波分析中各种参数需要与传统的傅里叶分析建立关系。例如，当我们进行尺度为 a 的连续小波变换得到小波系数后，研究者希望知道这组小波系数的变化反映的是哪种频率的振动，而这个频率实际上是傅里叶分析框架下的概念。因此，存在一个尺度因子和频率的转换关系。若对于经过缩放的小波函数 $\psi(t/a)$，周期变为 $T=aT_0$，频率为 $f=f_0/a$。因此，若知道中心频率 f_0，即可得到经过缩放后的小波函数的频率。对于中心频率 f_0，除了部分小波能够通过理论推导得到外，大部分小波都是根据小波基函数在频率域的最高能量频率确定的。这个最高能量频率可以理解为与小波基函数最相似的正弦波的频率。图 7.4 绘出了几种小波基函数及对应中心频率 f_0 的正弦波，可以看到二者波形之间的相似性。

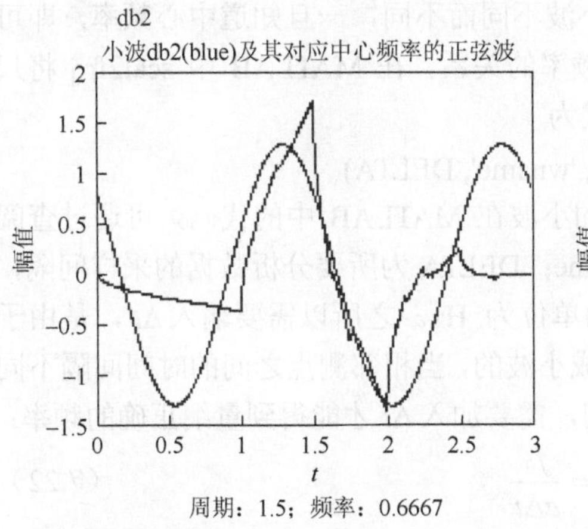

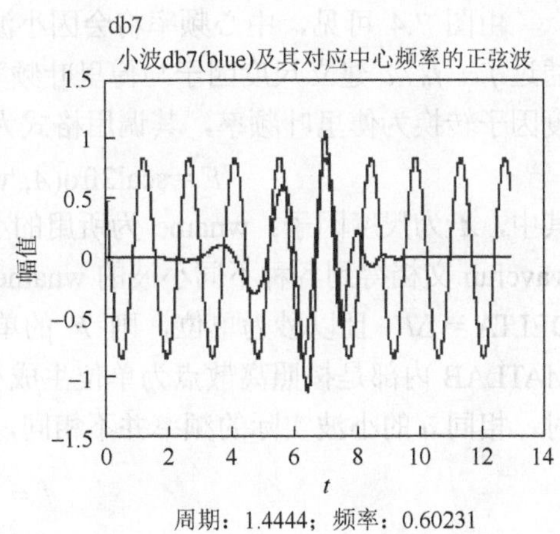

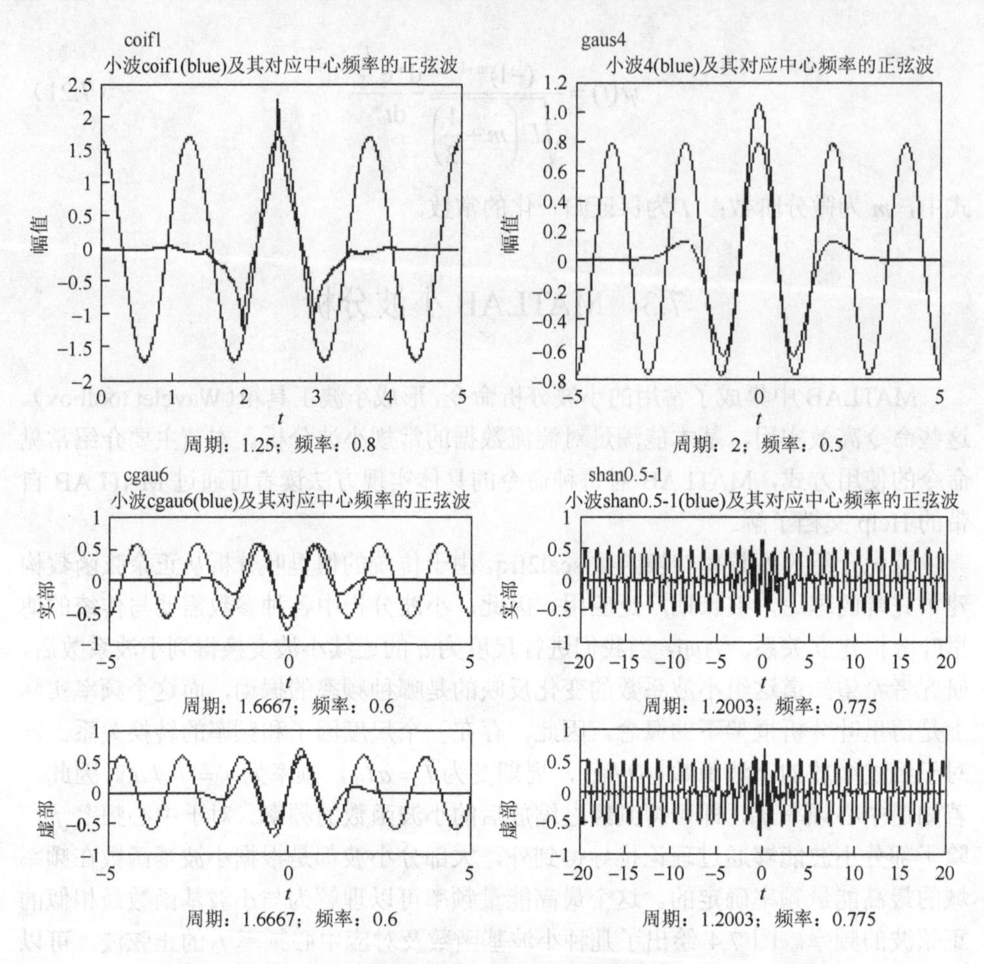

图 7.4　几种小波基函数及对应中心频率 f_0 的正弦波（见书后彩图）

由图 7.4 可见，中心频率将会因小波不同而不同，一旦知道中心频率，即可通过 $f = f_0 / a$ 建立尺度因子与傅里叶频率的关系。在 MATLAB 中 scal2frq 将尺度因子转换为傅里叶频率，其调用格式为

$$F = \text{scal2frq}(A, \text{'wname'}, \text{DELTA})$$

其中，A 为尺度因子；wname 为所用的小波在 MATLAB 中的代码，可通过查阅 wavefun 文档得到各种不同小波的 wname；DELTA 为所要分析数据的采样间隔，DELTA = Δt，且以秒为单位，则 F 的单位为 Hz。之所以需要输入 Δt，是由于 MATLAB 内部是按照离散点为单位生成小波的，当相邻测点之间的时间间隔不同时，相同 a 的小波实际的频率并不相同，需要加入 Δt 才能得到量纲正确的频率：

$$f = \frac{f_0}{a\Delta t} \tag{7.22}$$

利用 MATLAB 分析湍流数据时，当使用尺度 a 得到小波系数时，可以用 scal2frq 命令得到对应傅里叶频率。当希望分析频率为 f 的信号成分时，可以使用 centfrq 命令得到小波基函数的中心频率 f_0，再由式（7.22）得到应当使用的尺度系数 a。

MATLAB 中一维连续小波变换命令为 cwt 与 cwtft，其中，cwtft 使用快速傅里叶变化算法计算连续小波变换，速度快于 cwt，但不是所有小波基函数均能使用 cwtft 命令。不过，湍流数据分析中的常用小波如 Morlet 小波、Mexican hat 小波、DOG 小波族等均能使用 cwtft。

cwt 命令的一般调用格式为

coefs = cwt(*x*, scales, 'wname')

其中，x 为需要分析的一维信号序列；coefs 为小波系数；scales 为指定计算的尺度因子；wname 为小波基的代码。cwt 也提供如下调用模式直接输出每种尺度对应的实际频率：

[coefs, frequencies] = cwt(*x*, scales, 'wname', samplingperiod)

其中，frequencies 为每种尺度对应的傅里叶频率；samplingperiod 为采样间隔；若 samplingperiod = Δt 且以秒为单位，则 frequencies 的单位为 Hz。

cwtft 命令的调用格式为

cwtstruct = cwtft(sig, Name, Value)

其中，sig 为待分析的一维信号序列；cwtstruct 为保存计算结果的结构数组，其中包含小波系数 cfs、尺度因子 scales、傅里叶频率 frequencies、信号的均值 meanSig、信号的采样间隔 dt、分析所使用的小波基函数 wav 以及角频率矢量 omega。角频率矢量是对小波进行傅里叶变换时生成的参数，在应用 icwtft 命令进行小波逆变换时需要用到。Name 和 Value 是成对出现的输入参数，Name 指定输入参数的种类，Value 指定相应参数的值。例如，当 Name 为'wavelet'时，表示指定小波基函数，Value 可以输入'dog'、'mexh'等表示使用 DOG 小波或者 Mexican hat 小波。

下面举例说明一维连续小波变换命令的使用。在 MATLAB 中加载例子 quadchirp。quadchirp 中的信号频率随时间在 100～500Hz 变化，图 7.5 为前 0.5s 的信号。使用 Morlet 小波对信号进行一维连续小波变换：

```
load quadchirp;  %加载例子 quadchirp 中的数据
f0=centfrq('morl'); %获得小波基函数的中心频率
scales=helperCWTTimeFreqVector(20,500,f0,0.001,32); %由频率转化为尺度因子,最小频率 20,最大频率 500,采样时间间隔为 0.001
cwtquadchirp=cwtft({quadchirp,0.001},'wavelet','morl','scales',scales); %使用 Morlet 小波进行一维连续小波变换
```

```
helperCWTTimeFreqPlot(cwtquadchirp.cfs,tquad,cwtquadchi
rp.frequencies,'surf','小波变换系数','t/秒','Hz') %作图
```

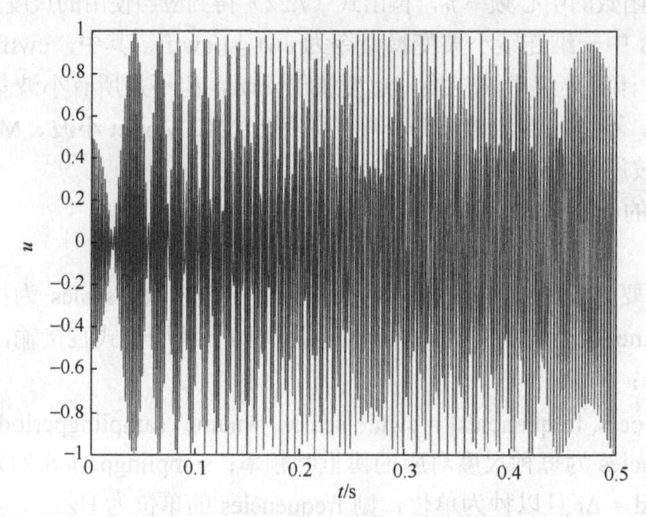

图 7.5　MATLAB 中预制的 quadchirp 信号的前 0.5s 波形

图 7.6 为小波变换的结果。由图可见，原始信号的频率实际上在随时间连续变化，$t = 0$s 时频率在 500Hz 左右，2s 时频率下降到 100Hz，之后又重新上升，在 4s 时回到 500Hz。若使用傅里叶变换得到傅里叶能谱密度，则所有时间变换信息将消失。图 7.7 为使用 Welch 法计算得到的能谱。从图中可以看到能量集中在 100～500Hz，但是由于没有时间轴的信息，所有信号时间变换的信息无从知晓。

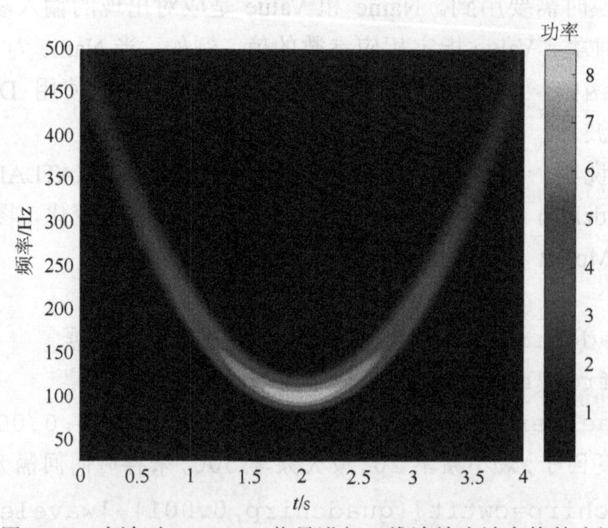

图 7.6　使用 Morlet 小波对 quadchirp 信号进行一维连续小波变换的小波时频谱图

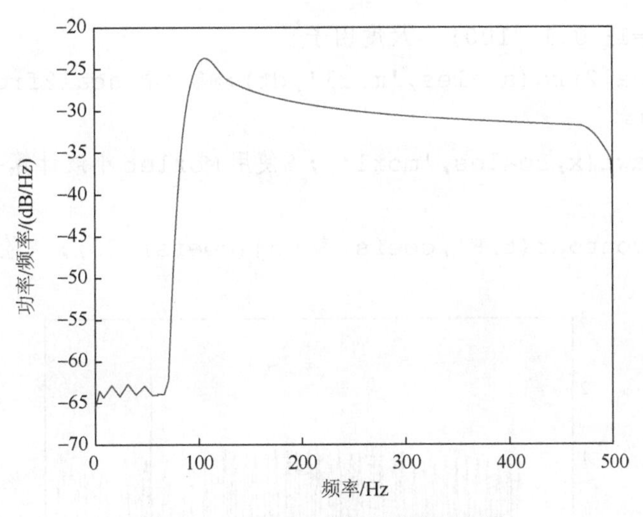

图 7.7 quadchirp 信号的傅里叶频谱

再举一个例子说明小波变换对局部事件的识别能力。生成如下一段信号：

$$u(t)=\begin{cases}\cos(2\pi\cdot 50t) & 0.1\leqslant t\leqslant 0.3\\ \cos(2\pi\cdot 50t)+\sin(2\pi\cdot 50t) & 0.3<t<0.7\\ \sin(2\pi\cdot 50t) & t\geqslant 0.7\\ \text{白噪声} & \text{其他}\end{cases} \tag{7.23}$$

可见，原始信号由两种频率的正余弦波组合而成，在 0.1～0.3s 内，频率为 50Hz，0.3～0.7s 是 50Hz 和 25Hz 信号叠加，大于 0.7s 是 25Hz 信号。为了演示小波识别局部事件的能力，在 222ms 处在原型号上减去 3，在 800ms 处原信号上加上 3，形成两个局部事件。图 7.8 为信号的波形图，生成信号时的采样时间间隔 t 为 0.001s，从图中可以清晰地看到两个局部事件。图 7.9 为原始信号的局部图，可见前后两段不同频率的信号以及中间段两信号的叠加。

对原始信号使用小波变换，MATLAB 代码为

```
dt=0.001; %采样时间间隔,单位：秒
t=0: dt:1-dt; %时间轴
addNoise=0.025*randn(size(t)); %白噪声
x=cos(2*pi*50*t).*(t>=0.1 & t<0.7)+sin(2*pi*25*t).*(t>0.3); %
生成波动信号
x=x+addNoise; %叠加白噪声
x([222 800])=x([222 800 ])+[-3 3]; %生成局部事件
```

scales=1: 0.1: 100; %尺度因子

Freq=scal2frq(scales,'morl',dt); %使用 scal2frq 函数将尺度因子转化为频率

coefs=cwt(x,scales,'morl'); %使用 Morlet 小波计算一维连续小波变换

[C h]=contour(t,F',coefs. *conj(coefs),20); %绘图

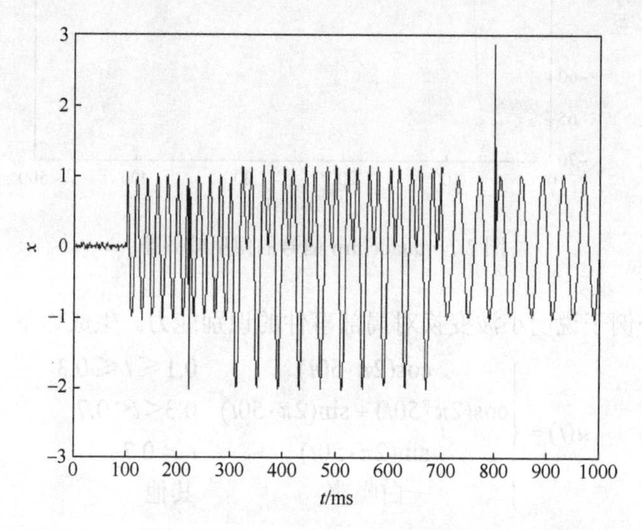

图 7.8 式（7.23）构建的信号波形

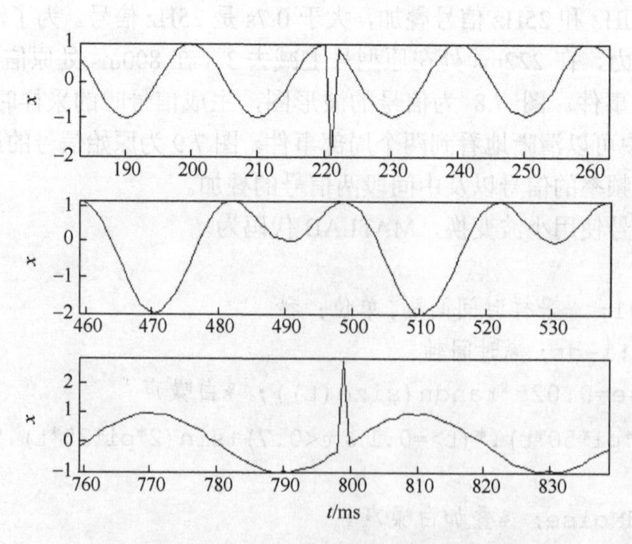

图 7.9 式（7.23）构建的信号的局部波形

图 7.10 为小波分析后的结果。图中等值线图代表该时刻对应频率运动所贡献的能量密度。从图中可以清晰地看到在 25Hz 和 50Hz 处的两个高能密度区。同时，还能看到每种频率的维持时间，50Hz 频率分量从 0.1s 一直持续到 0.7s，而 25Hz 的频率分量从 0.3s 持续到 1s，与生成信号的式（7.23）完全一致。另外，还可以看到，在高频段出现了两个持续时间极短的脉冲，出现时刻分别为 220ms 和 800ms，刚好是在两个局部事件的位置。由于在生成局部事件时，仅有一个点的数值被修改，从波动的角度来看这两个局部事件是一种高频的紊动，因此，小波分析识别出局部事件的能量主要分布在高频区域。

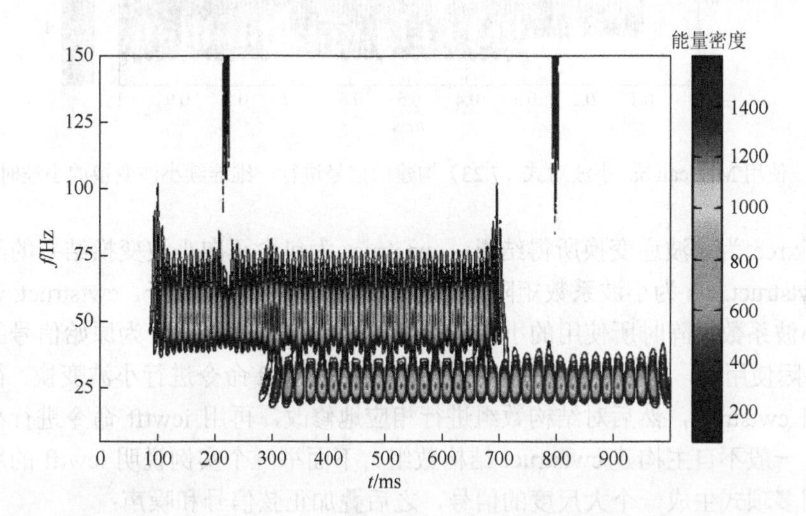

图 7.10 使用 Morlet 小波对式（7.23）构建的信号进行一维连续小波变换的小波时频谱图

使用不同的小波基函数分析会得到不同的结果，图 7.11 为使用 Mexican hat 小波得到的结果。Mexican hat 小波虽然也得到了 50Hz 和 25Hz 两个频率，但是对比图 7.10 可见，Mexican hat 小波的结果能量在频率轴上分散在较大的区域，不如 Morlet 小波的结果集中。这是由于 Mexican hat 小波基函数的频带宽度大于 Morlet 小波，频域局部性不如 Morlet 小波。但是在 0.1s、0.3s 和 0.7s 等存在突然变化的区域，Mexican hat 小波的结果要比 Morlet 小波的结果边界更清晰，这是由于 Mexican hat 小波的时域局部性较好，能够较好地识别局部事件的位置。因此，进行数据分析时，需要根据不同的研究目的选择恰当的小波基函数。

MATLAB 中一维连续小波逆变换函数为 icwtft，其基本调用格式为

```
xrec = icwtft(cwtstruct)
```

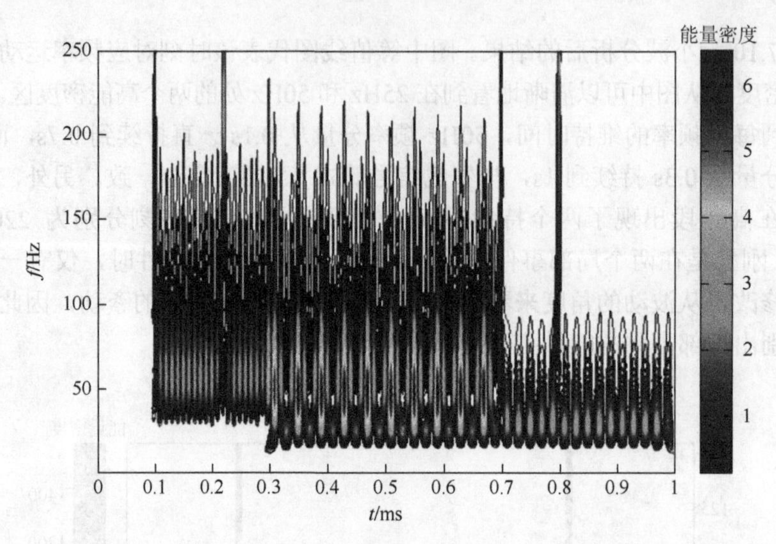

图 7.11　使用 Mexican hat 小波对式（7.23）构建的信号进行一维连续小波变换的小波时频谱图

其中，xrec 为小波逆变换所得结果；cwtstruct 为包含正向小波变换结果的结构数组，cwtstruct. cfs 为小波系数矩阵，cwtstruct. scales 为尺度因子，cwtstruct. wav 为得到小波系数矩阵时所使用的小波基函数，cwtstruct. meanSig 为原始信号的平均值。实际使用时，一般是先对原始信号序列使用 cwtft 命令进行小波变换，得到结构数组 cwtstruct，然后对结构数组进行相应地修改，再用 icwtft 命令进行小波逆变换，一般不自主构建 cwtstruct 结构数组。下面举一个实例说明 icwtft 的用法。首先用多项式生成一个大尺度的信号，之后叠加正弦信号和噪声：

```
t=linspace(0,1,1e3); % 生成时间轴,采样频率为1000Hz
x=t.^3-t.^2; %用多项式生成大尺度信号
x1=0.25*cos(2*pi*250*t); %生成正弦波信号
rng default
y=x+x1+0.1*randn(size(t)); %叠加白噪声
```

对信号进行小波变换，之后修改小波系数，只保留大尺度信号的系数，小尺度脉动的对应系数全部置为 0，然后进行小波逆变换：

```
cwty=cwtft({y,0.001},'wavelet','morl'); %对原始信号进行小波变换
cwty.cfs(1:16,:)=0; %将小尺度脉动对应的系数置为0
```

```
xrec=icwtft(cwty); %小波逆变换得到重构信号绘图
plot(t,y,'k');hold on;
xlabel('t/s');ylabel('y');
plot(t,x,'b','linewidth',2);
plot(t,xrec,'r','linewidth',2);
legend('原始信号','多项式大尺度信号','重构信号');
figure
plot(t,x,'b');hold on;
xlabel('t/s');ylabel('y');
plot(t,xrec,'r','linewidth',2);
legend('多项式大尺度信号','重构信号');
```

图7.12为原始信号、多项式大尺度信号和小波重构信号的对比图。从图中可见，小波重构信号与多项式大尺度信号吻合较好，基本反映了原始信号的趋势。因此，在实际数据分析中，小波逆变换常被用来消除信号中的噪声，分解不同频率分量等。

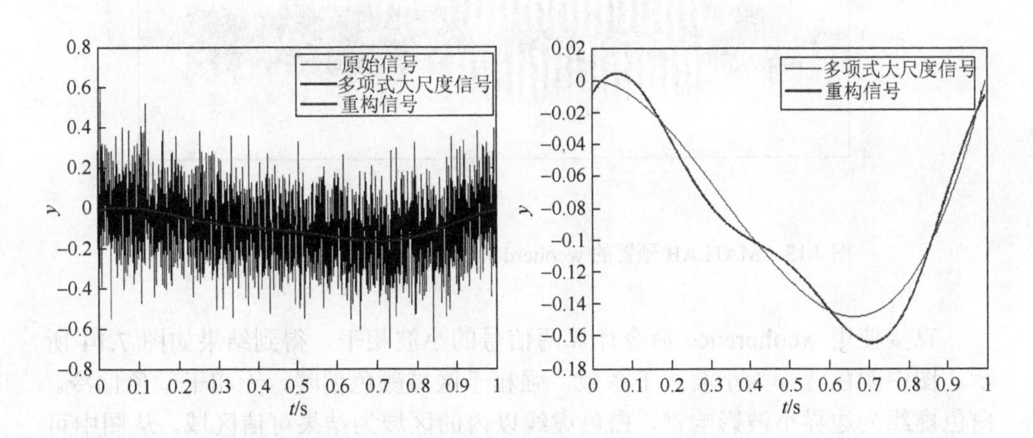

图7.12 多项式大尺度信号分析（见书后彩图）

最后，介绍计算小波相干的命令wcoherence。wcoherence的基本调用格式为

$$[\text{wcoh}, \text{wcs}] = \text{wcoherence}(X, Y)$$

其中，wcoh为小波相干系数；wcs为相位差；X和Y分别为原始信号。小波相干主要是识别两种不同信号中相同模式的脉动。使用MATLAB自带的信号数据wcoherdemosig1和wcoherdemosig2说明命令的应用方法及结果的意义。

wcoherdemosig1 中的两组信号如图 7.13 所示。X 和 Y 信号均由 10Hz 和 75Hz 两种频率的正弦振动组成，信号持续时间 6s，采样频率 1000Hz。两组信号中 10Hz 的分量重叠时段为 1.2～3s，75Hz 的分量重叠时段为 0.4s 和 4.4s。Y 信号中 10Hz 和 75Hz 的分量均比 X 信号延迟 1/4 个周期，这意味着两信号间存在一个$\pi/2$ 的相位差。两个信号都叠加了白噪声。

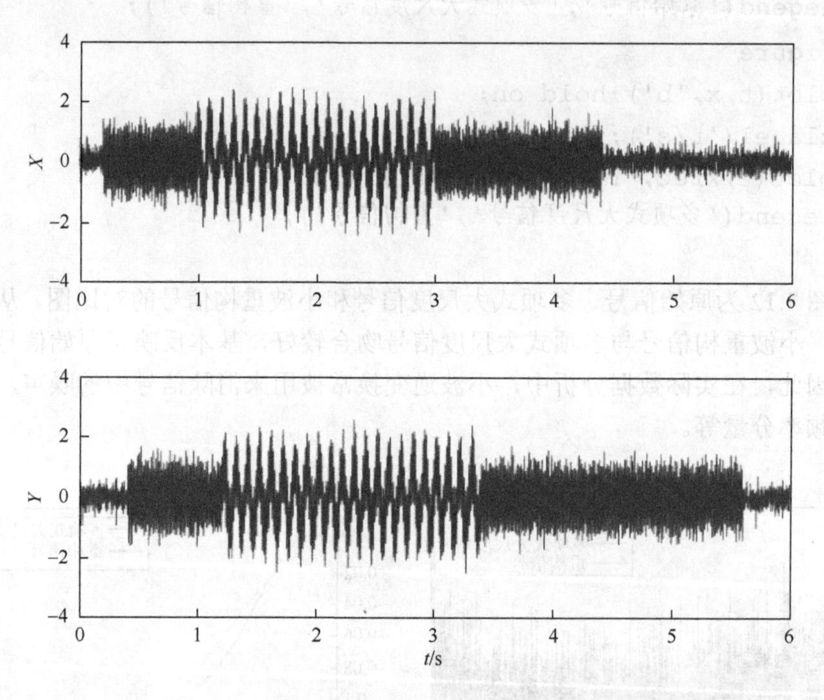

图 7.13　MATLAB 预置的 wcoherdemosig1 信号组中的两信号波形

直接使用 wcoherence 命令计算两信号的小波相干，得到结果如图 7.14 所示。图中颜色背景为小波相干系数，强相干区域颜色偏暖，无相干颜色偏冷。白色虚线为边界小波影响锥，白色虚线以内的区域为结果可信区域。从图中可以看到，存在两个相干较强的区域，一个是 0.4～4.4s 时段内 75Hz 附近的强相干区，另一个是 1.2～3s 时段内 10Hz 附近的强相干区。这与实际信号的频率和重叠情况完全一致。图中箭头为两信号在各个时刻不同频率分量上的相位差。箭头水平向右表示相位差为 0，水平向左表示相位差为 π，垂直向上表示相位差为 $\pi/2$。从图中可以看到，在两个强相干区，相位差均为 $\pi/2$，表示信号 Y 在这一频率分量上与信号 X 存在 1/4 周期的相位滞后，与原始信号的情况也完全一致。图 7.15 绘出了 MATLAB 自带的信号数据 wcoherdemosig2 的小波相干计算结果。wcoherdemosig2 与 wcoherdemosig1 相比，调整了不同频率分量的相位差。将10Hz分量的相位差调整为3/8个周期，即3π/4，而75Hz分量的相位差调整为1/8个周期，即π/4。从图中可以看到，75Hz附近区域箭头角度为斜向右上45°，即π/4，10Hz附近区域箭头角度为斜向左上45° 即3π/4，与原始信号完全吻合。

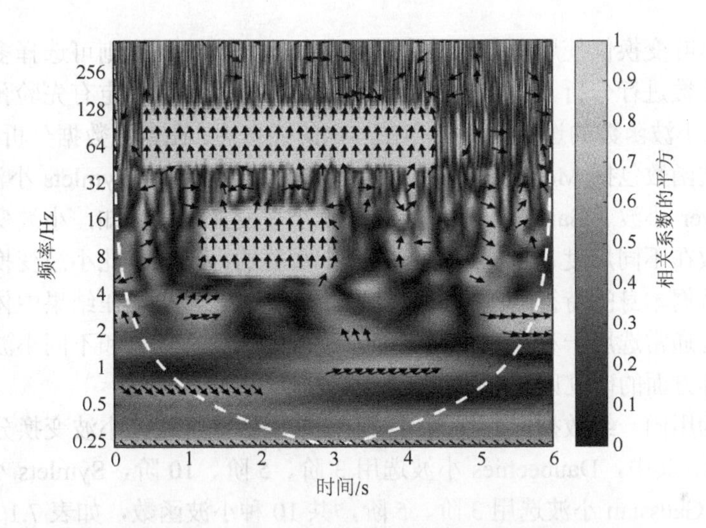

图7.14 使用wcoherence命令计算wcoherdemosig1信号组中的两信号的小波相干（见书后彩图）

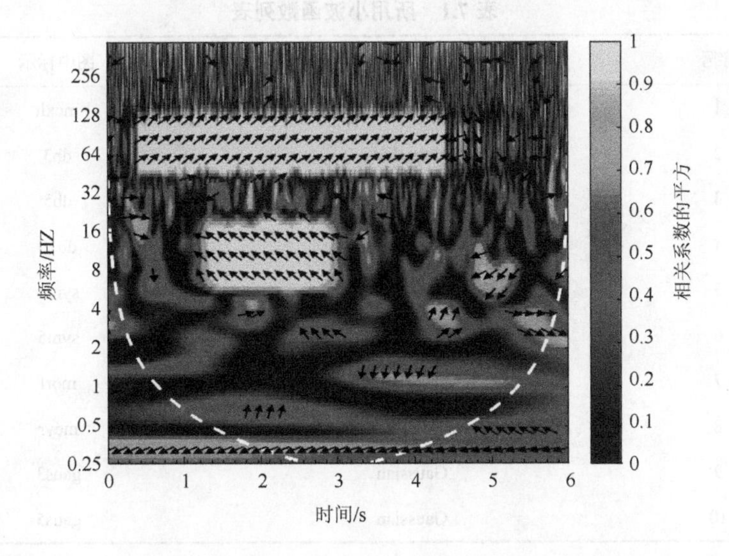

图7.15 使用wcoherence命令计算wcoherdemosig2信号组中的两信号的小波相干（见书后彩图）

7.4 小波分析在明渠湍流中的应用

7.4.1 不同小波函数分析结果对比

与傅里叶变换仅使用三角函数为基函数相比，小波变换则可选择多种小波函数作为子函数进行分析。由于待分析信号的非平稳性和不一定有先验预期的分析结果，因此小波函数的选择上可能存在一定的任意性。在紊流数据分析和处理中，常用的小波函数包括 Mexican hat 小波、Daubechies 小波、Symlets 小波、Morlet 小波、Meyer 小波、Gaussian 小波等。根据小波变换理论可知，小波变换实际上是小波函数在不同尺度、不同位置与待分析数据的内积，因此小波变换的结果不仅能反映数据本身的特征，不同小波函数所造成的差异也能在结果中体现。不同的研究学者通常选用一种小波进行，而在小波函数的选择上和不同小波可能会造成的影响等方面的研究则不多见。

以下为用同一组数据，分别选用以上小波函数进行连续小波变换分析，数据时长取 25s。其中，Daubechies 小波选用 3 阶、5 阶、10 阶，Symlets 小波选用 3 阶、5 阶，Gaussian 小波选用 3 阶、5 阶，共 10 种小波函数，如表 7.1 所示。

表 7.1　所用小波函数列表

序号	小波函数	图中标示
1	Mexican hat	mexh
2	Daubechies	db3
3	Daubechies	db5
4	Daubechies	db10
5	Symlets	sym3
6	Symlets	sym5
7	Morlet	morl
8	Meyer	meyr
9	Gaussian	gaus3
10	Gaussian	gaus5

由图 7.16 可见，各小波函数变换中显示，尺度较小的小波系数，即紊动尺度随时间剧烈变化，呈现出一定的周期性变化；除 Mexican hat 小波，其他计算结果

显示尺度较大的紊动尺度具有较明显的周期性变化。不同小波函数从剧烈小尺度变化到缓慢大尺度过渡的范围略有不同，其中，mexh 小波、gaus3 小波的小尺度范围在 60～100 以内，其他小波的范围在 150～200。

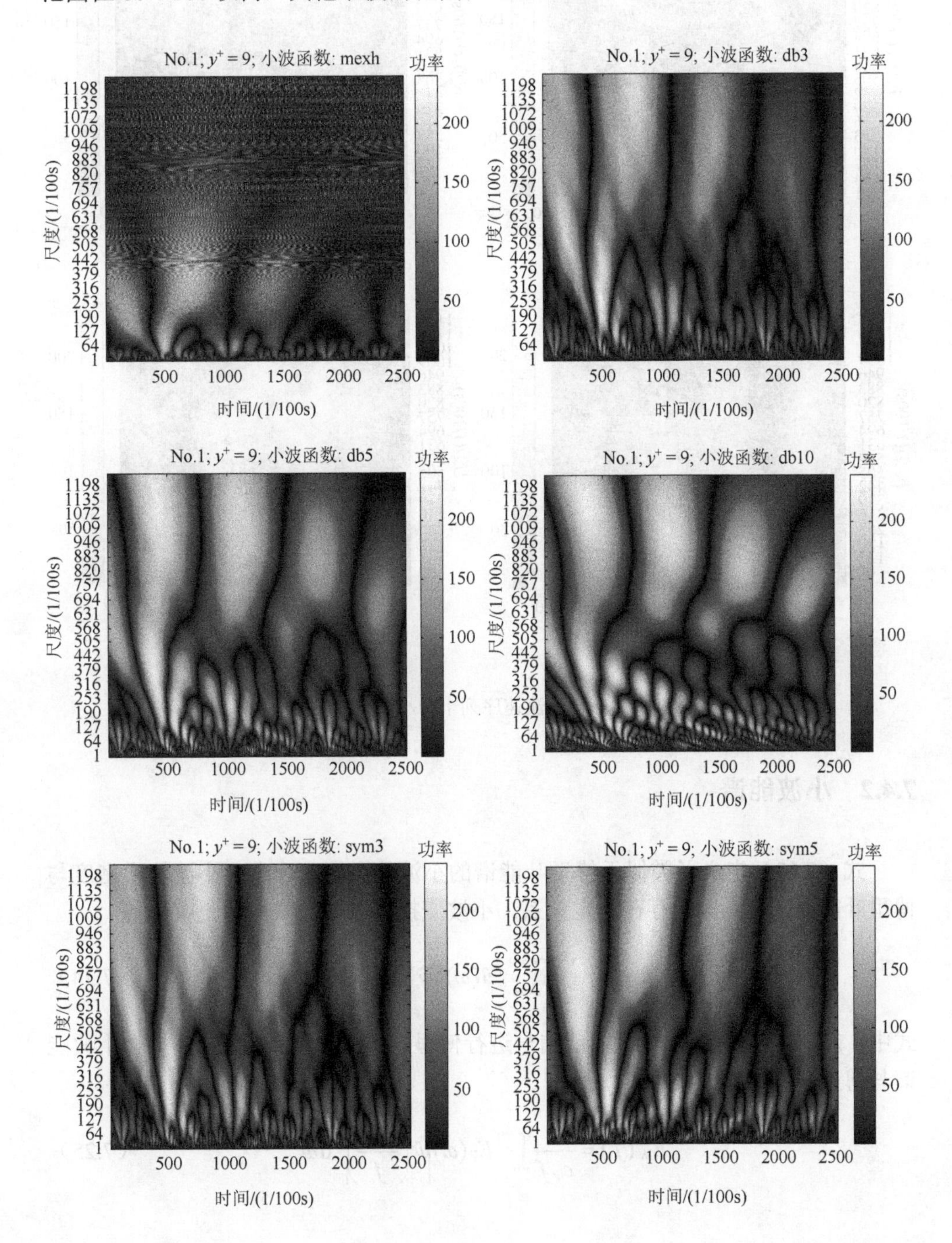

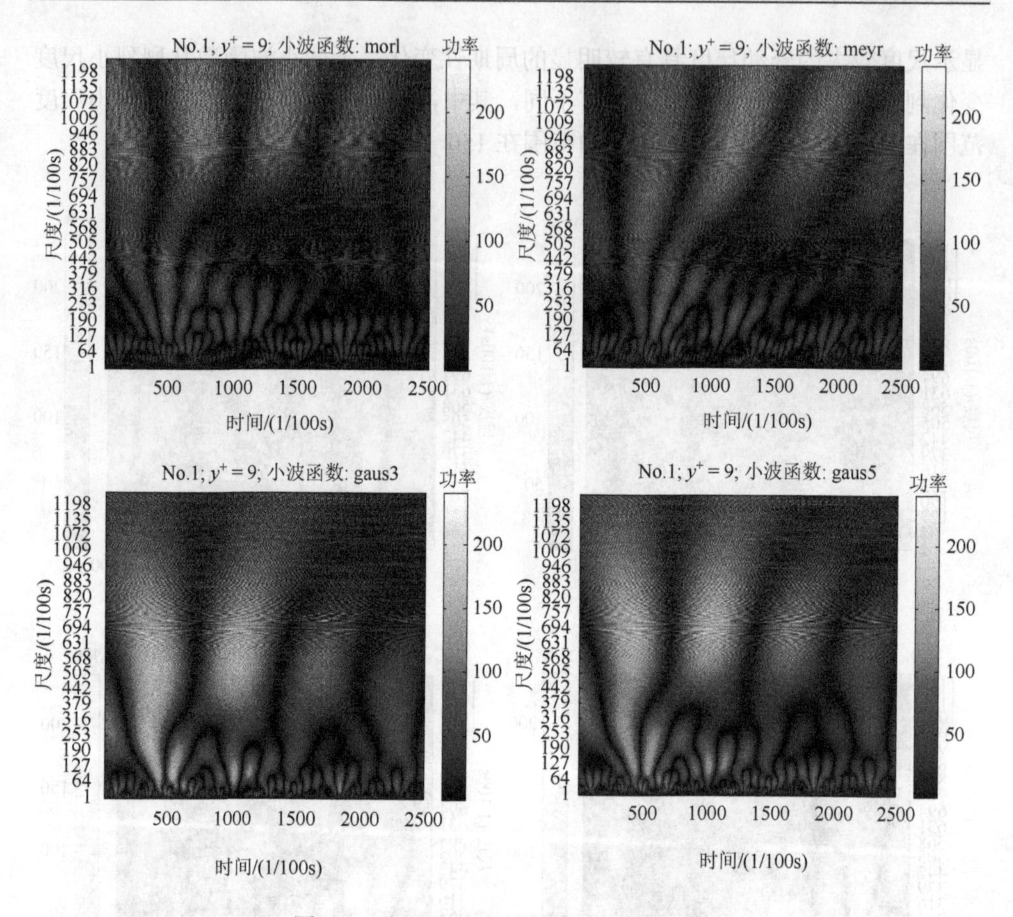

图 7.16　相同流速序列十种小波变换结果

7.4.2　小波能谱

式（7.13）定义了类似于傅里叶能谱的小波能谱密度分布。小波能谱密度与傅里叶能谱密度实际上存在一定关系。小波变换可以通过傅里叶变换得到

$$\hat{u}(a,t_0)=\frac{\sqrt{a}}{2\pi}\int_{-\infty}^{+\infty}{}^{\mathrm{F}}\hat{u}(\omega)\,{}^{\mathrm{F}}\hat{\psi}^*(a\omega)\mathrm{e}^{\mathrm{i}\omega b}\mathrm{d}\omega \tag{7.24}$$

式中，左上角标 F 表示对函数或信号进行傅里叶变换。由式（7.24）结合小波能谱与傅里叶能谱的定义可以得到[98]

$$E_{\mathrm{W}}(f)=\frac{1}{c_\psi f}\int_0^{+\infty}E_{\mathrm{F}}(\omega)\left|\hat{\psi}\left(\frac{f_0\omega}{f}\right)\right|^2\mathrm{d}\omega \tag{7.25}$$

因此，小波能谱实际上是傅里叶能谱以所使用的小波函数的傅里叶变换为权重的加权平均。因此，可以预见，在相同条件下，小波能谱比傅里叶能谱更加光滑。进一步分析还表明，若傅里叶能谱中存在指数律，则在双对数坐标中小波能谱将与傅里叶谱保持相同的斜率。

本章以上所有讨论均是在时间-频率域中进行的，频率 f 表征的是单位时间内的波动次数，只有时间尺度上的信息。但在湍流研究中，我们更关心的是涡旋结构的空间尺度信息，即单位长度上能容纳多少次波动，由波数 k 度量，与 k 对应的能谱密度分布称为波数谱。但是直接获得波数谱非常困难，需要同时测量足够大范围的流场，常规实验条件下很难做到，因此常常采用 Tayor 冻结假定从频率谱导出波数谱。由式（3.32）可以得到根据 Tayor 冻结假定确定的波数 k、波长 λ 与频率 f 的关系：

$$\begin{cases} k = \dfrac{2\pi f}{U(y)} \\ \lambda = \dfrac{2\pi}{k} = \dfrac{U(y)}{f} \end{cases}$$

对摩阻雷诺数为 880 的明渠恒定均匀流中 $y^+ = 50$ 处的纵向脉动流速序列进行一维连续小波变换，小波基函数为 Mexican hat 小波，结果如图 7.17 所示。色温图表示 $E(\lambda, t)$的大小，色度越深其值越小。横坐标为时间 t，考虑清晰显示图中结构，只绘出了前 4s 的结果。纵坐标为使用水深 h 无量纲化的波长 λ。$E(\lambda, t)^2$ 值大说明在 t 时刻波长为λ的运动能量密度较高，即出现了波长为 λ 的相干结构。从图 7.17 可以看到，直到 $\lambda/h = 30$，$E(\lambda, t)$仍然存在数个有意义的高值区，说明明渠湍流中含有尺度相当大的结构性运动。图 7.17 最显著的特征是大小尺度结构嵌套。例如，在 $t = 1.4$s、$\lambda/h = 28$ 附近出现了 $E(\lambda, t)$的高值区，图中用蓝色粗短线表示，这一大尺度运动的起止范围大致为 $t = 0.9$～1.8s。在 $\lambda/h \approx 5$ 的区域，对应时间范围内出现了约五个典型的峰值，图中也用蓝色粗短线标示出来了。说明 $\lambda/h = 28$ 的极大尺度的运动与 $\lambda/h \approx 5$ 的稍小尺度的运动同时出现，而且一次 $\lambda/h = 28$ 的运动内部包含了多次 $\lambda/h \approx 5$ 的运动。并且，仔细观察图 7.17 可以发现，在更小尺度上这一结构嵌套现象同样存在，整个 $E(\lambda, t)$ 谱图就是由这样的树形嵌套构成的。这一结果与前人文献报道的现象类似[99]，直接验证了湍流统计理论中的经典物理图景——Richardson 涡旋级串假设[100]。在这一假设中，湍流包含不同尺度的涡旋，每种涡旋均占据了湍流的全部时空，故而大涡旋中包含小涡旋，小涡旋中包含更小的涡旋，层层嵌套，直至黏性控制的最小涡旋；大尺度涡旋从平局流场中获取动能并将动能传递给小涡旋，动能沿涡旋级串一直传递，最终在黏性控制的小涡旋中以热的形式耗散。现代的湍流观点认为，涡旋级串假设的唯象部分——涡旋层层嵌套是湍流中的普遍现象，但是假设的其他部分需要修正。黏性小涡旋的耗散在时空中并不均匀，而是存在间歇性。

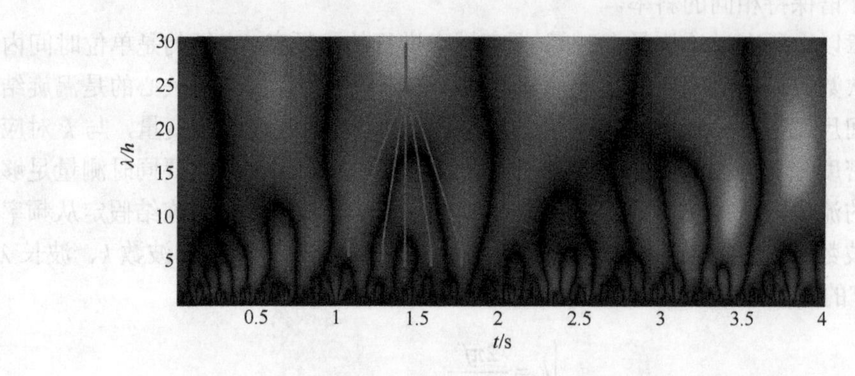

图 7.17 摩阻雷诺数为 880 的明渠恒定均匀流 $y^+=50$ 处 $u(t)$的连续小波变换（见书后彩图）

将 $E(\lambda, t)$按照式（7.13）积分即得图 7.18。图中不仅画出了 $E_W(k)$，还绘出傅里叶波数谱 $E_F(k)$（计算傅里叶谱时使用了 Welch 法加 Hanning 窗）和经典能谱实测数据，以作对比[101]。经典能谱实测数据是对众多不同流动类型、不同边界条件、不同雷诺数的湍流经典数据的总结，具有很好的代表性。在计算能谱之前，对脉动流速序列 $u(t)$使用三点高斯滤波降噪。由于在不同类型的湍流中低波数区的运动受外部几何边界条件影响而各不相同，高波数区主要反映黏性控制的小涡旋的情况，不同类型湍流差异不大，可以相互比较，因此图 7.18 中纵横坐标均以黏滞性相关的参数进行无量纲化。波数 k 用 Kolmogorov 尺度 η 无量纲化，能谱密度 $E(k)$用耗散率 ε 和黏滞系数 ν 无量纲化。η 的定义为

$$\eta \equiv \left(\frac{\nu^3}{\varepsilon}\right)^{\frac{1}{4}} \tag{7.26}$$

假设小涡旋为各向同性，ε的计算可简化为

$$\varepsilon = 15\nu\overline{\left(\frac{\partial u}{\partial x}\right)^2} \tag{7.27}$$

从图 7.18 可以看到，$E_W(k)$和 $E_F(k)$均出现了−5/3 区，高波数区也与经典数据吻合良好。这种吻合也说明明渠湍流中的小尺度涡旋的特征与其他类型湍流基本类似。在低波数区，$E_W(k)$与 $E_F(k)$略有差异，$E_W(k)$显示出了更多细节。这主要是小波良好的局部性使得其能更加准确地定位相干结构的发生位置与实际强度。

需要特别注意的是，由于小波分析存在着选择不同小波基函数所得结果不同的问题，当仅仅进行频域分析得到能谱密度分布而不进行时间-频率域的综合分析时，湍流学术共同体中对傅里叶能谱密度曲线的认可度要高于小波能谱密度曲线。

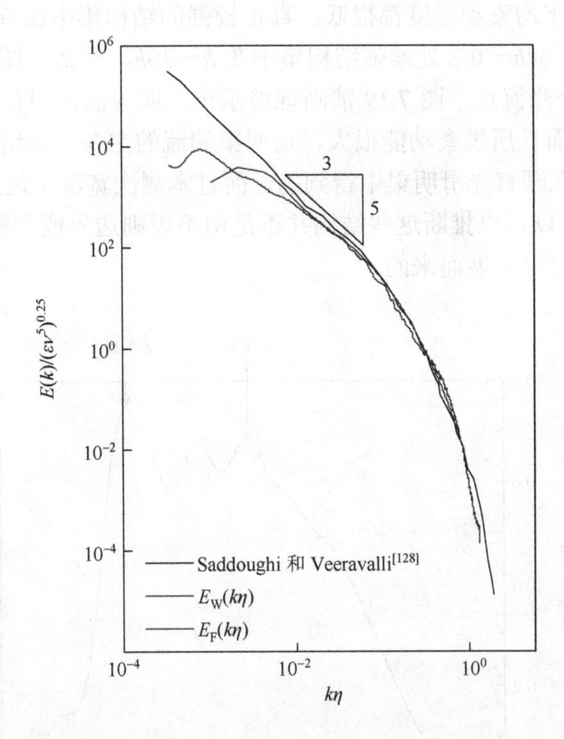

图 7.18 摩阻雷诺数为 880 的明渠恒定均匀流 $y/h = 0.2$ 处 $u(t)$的波数谱

波数谱 $E_W(k)$反映波数为 k 的结构的总运动强度，不能反映某一瞬时波数为 k 的运动的实际强度。对于波数很大、波长很短的小尺度运动来讲，这一问题并不显著，但是对于小波数运动则非常突出。例如，一个波数很小的结构，假设其平均强度很小，但是由于波长很长，通过测点所需时间也很长，因此将其通过测点的每个时刻的运动强度积分，所得总运动强度 $E_W(k)$可能较大，所以 $E_W(k)$并不一定能反映大尺度结构的真实强度。为了更清晰地分析紊动能的实际分布，常常使用 $kE_W(k)$替代 $E_W(k)$，称 $kE_W(k)$为预乘谱（premultiplied power spectrum）。将 k 用式（3.32）代入，得到

$$kE_W(k) = \frac{2\pi}{\lambda} E_W(\lambda) = 2\pi \frac{E_W(\lambda)}{\lambda} \tag{7.28}$$

由式（7.28）可知，预乘谱的实际意义是单位长度上的平均紊动强度，因此能够真实反映各尺度运动的实际强弱。

图 7.19 绘出了相同测次 $y/h = 0.2$ 处 $u(t)$的预乘谱。为了显示大尺度结构，横坐标使用水深 h 对 λ 无量纲化。从图中可以清楚地看到，尺度小于 $0.1h$ 和尺度大于 $40h$ 的结构的平均紊动强度都很低，真正较强的结构集中在 $0.1h$～$40h$ 的中间尺度上。特别地，$y/h = 0.2$ 处最强结构集中在 h～$20h$。例如，图中箭头分别指出了 $3h$ 和 $20h$ 两个峰值点。图 7.19 清晰地展示出，明渠湍流中存在尺度大于 h 甚至 $10h$ 的结构，而且所携紊动能很大，是明渠湍流的主要含能结构。最为关键的是，这些结果是在顺直光滑明渠中得到的，而且本测次宽深比达到了 10，边壁的影响可以忽略，所以可以推断这些结构并不是由不规则边界或者粗糙床面引起的，而是由明渠湍流自身发展而来的。

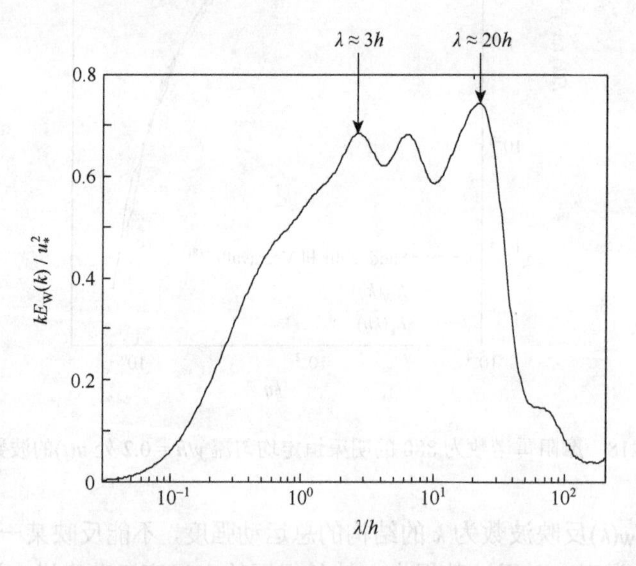

图 7.19　使用小波方法得到 $y/h = 0.2$ 处 $u(t)$的预乘谱

为了进一步研究整个流区的预乘谱特征，计算了垂线上所有测点的 $kE_W(k)$，并分别使用内尺度 y_*和外尺度 h 对 y 与λ无量纲化，得到图 7.20。图 7.20（a）为使用 y_*无量纲化的预乘谱等值线，便于研究内区以 y_*为尺度的结构，图 7.20（b）为以 h 无量纲化的结果，主要显示外区大尺度结构。首先分析图 7.20（a），最为明显的特征是在 $y^+ \approx 15$、$\lambda^+ \approx 1000$ 附近（图中用白色十字标出），$kE_W(k)$出现了整个流区的最强峰值。在 $y^+ \approx 15$ 处出现峰值是由于纵向紊动强度在这一位置达到全流区的最大值[22]。峰值区域的范围约为 $6 < y^+ < 40$、$400 < \lambda^+ < 3000$，垂向上处于缓冲区。将其与其他类型壁面湍流的类似结果[23]对比后发现，湍流边界层、槽道

流、管道流和明渠湍流均在同一位置出现全流区预乘谱峰值区。这一对比结果说明，不同类型湍流在床面附近的主导相干结构均可以y_*度量，同时含能结构的尺度比较一致。这主要是由于不同类型的壁面湍流在床面附近均由黏性主导。根据前人研究，壁面湍流在缓冲区的主要相干现象是高低速条带和猝发[12, 26, 36, 102]，并且条带的纵向平均长度在1000y_*左右[12]，与峰值区域λ^+同量级，因此6<y^+<25、400<λ^+<3000的峰值区域主要与条带和猝发有关[103]。

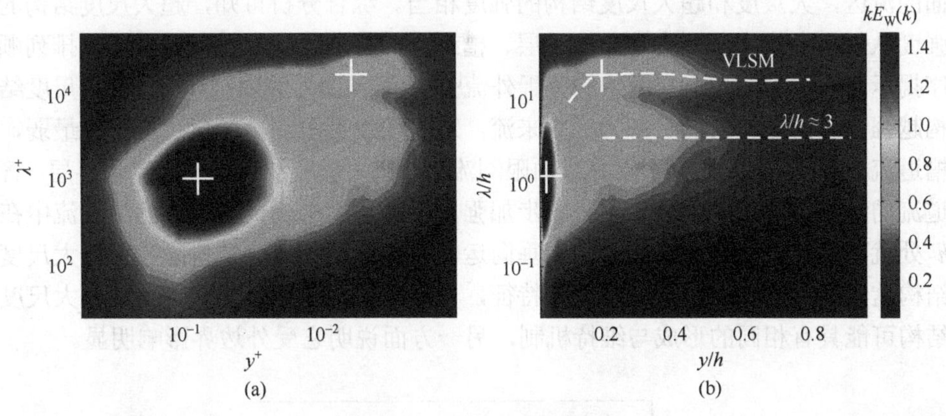

图 7.20 预乘谱等值线图

图 7.20（a）中的另一白色十字标示了$y^+\approx150$，$\lambda^+\approx20000$的另一局部峰值点，虽然这一峰值点的$kE_W(k)$较小，但是在湍流边界层、槽道流和管道流中均存在，说明这一峰值点虽然相对缓冲区弱，但也是壁面湍流的普遍特征。这一峰值点处于对数区，同时尺度很大，因此在使用h无量纲化的图 7.20（b）中也标出了这一峰值点。从纵坐标可以读出对应的λ在$20h$左右，其他壁面湍流的结果也在$10h$的量级[103]。除了对数区的峰值点外，图 7.20（b）最大特征是在外区具有两个相对高能的区域，如图中白色虚线所示。两区的波长范围分别为$\lambda/h<3$与$\lambda/h>10$，二者垂向位置均从对数区一直到$y/h\approx0.7$。除$\lambda/h=2\sim3$与$\lambda/h=10\sim20$外，外区在能谱密度上没有显示出其他重要的含能结构，说明这二者主导了明渠湍流外区的流动。这一结果证明 Balakumar 和 Adrian 为湍流边界层、槽道流和管道流提出的尺度区分标准在明渠湍流中仍然适用[15]，可以$2h\sim3h$作为大尺度结构与超大尺度结构的划分界限。仔细对比图 7.20 和其他壁面湍流在外区的结果[103]，可以发现二者的相对强度在不同类型湍流中存在很大差异。对于湍流边界层，超大尺度结构仅在对数区有所体现，进入外区后迅速消失，占主导地位的为大尺度结构［文献[103]中的图 3（b）］。槽道流中，对数区的超大尺度结构强于大尺度结构，到$0.2h$左右二者强度基本相当，之后超大尺度结构的强度相对减小，在$0.6h$附近已基本不可辨识［文献[103]中的图 3（d）］。管道流中，一直到$0.3h$处二者强度

仍然大致相当，在 0.6h 附近超大尺度结构也基本消失［文献[103]中的图 3（f）］。在明渠湍流中，从图 7.20（b）中可见，从对数区直到约 0.6h，均是超大尺度结构强于大尺度结构，在 $y/h>0.7$ 的区域由于纵向紊动强度减弱，二者均减弱，但仍可辨识。图 7.21 绘出了接近水面的测点 $u(t)$的预乘谱。图中将 $\lambda>h$ 的峰值均用箭头标示出来，从图中可见，虽然强度较 $y/h<0.7$ 的区域小，但是大于和小于 3h 的峰值点的 $kE_W(k)$均在相同量级，并无明显的相对强弱。因此，在 $y/h>0.7$ 接近水面的流区，大尺度和超大尺度结构的强度相当。综合分析可知，超大尺度结构的强度从低到高排序分别为湍流边界层、槽道流、管道流和明渠湍流。这一排列顺序揭示了内流中的超大尺度结构强于外流[103]，而且边界的限制越强，超大尺度结构越强。湍流边界层的上部为无穷来流，对流动没有限制，超大尺度结构最弱，槽道流在距床面 2h 处有一对称床面限制流动，超大尺度结构强于湍流边界层，管道流的边界是圆形，限制作用进一步加强，超大尺度结构也增强，明渠湍流中在 h 处就出现了水面这一边界，抑制垂向运动，因此超大尺度结构最强。超大尺度结构这一随壁面湍流种类而渐变的特征，一方面说明不同壁面湍流中的超大尺度结构可能具有相同的形成与维持机制，另一方面说明它受外边界影响明显。

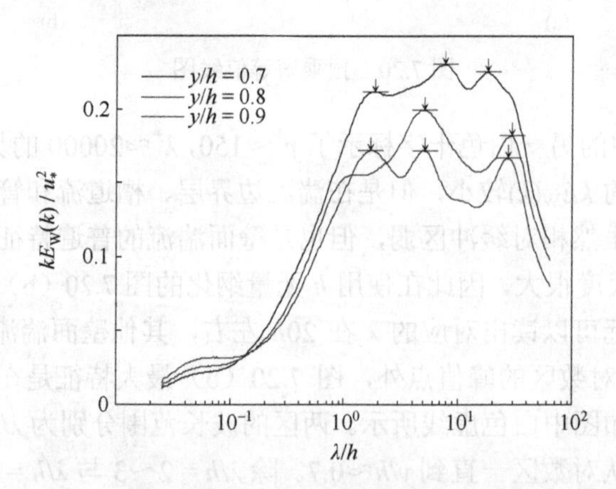

图 7.21　接近水面的测点 $u(t)$的预乘谱（见书后彩图）

7.4.3　小波互谱

对相同测次中 $y/h=0.15$ 处的纵垂向脉动流速序列均进行一维连续小波变换，小波基函数为 Mexican hat 小波，之后按照式（7.14）和式（7.15）计算交叉小波变换系数和互谱密度函数，结果如图 7.22 所示。纵坐标为使用水深 h 无量纲化的波长 λ。图 7.22 与图 7.17 的结构明显不同，图 7.17 中的尺度嵌套结构在图 7.22 中不明显，而是存在 $\lambda/h=20$、$\lambda/h=2$ 等几个比较独立的高值区。这一特点说明并不是所有尺度都对雷诺应力有相同的贡献度，几个主要的尺度携带了大多数雷诺应力。

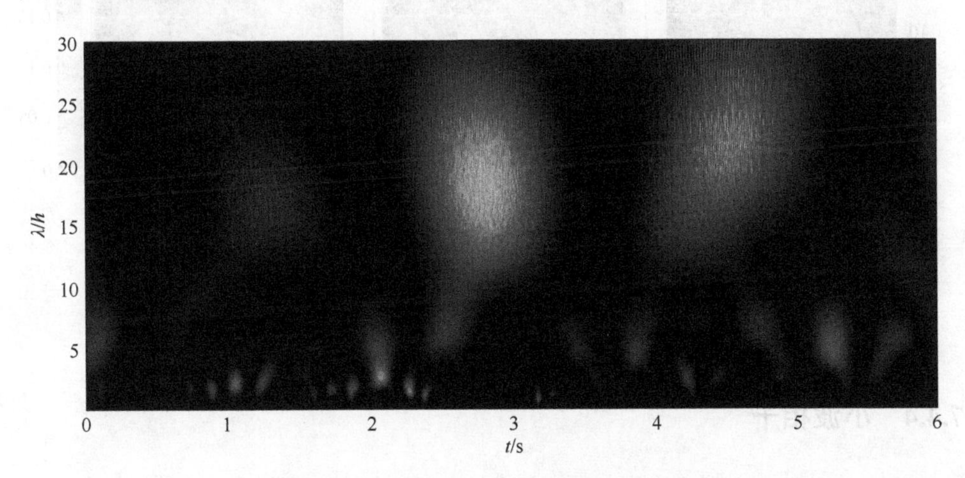

图 7.22　$y/h = 0.2$ 处 $u(t)$的连续小波变换

同小波能谱类似，对每个垂向测点均做交叉小波变换并对时间积分，得到互谱密度，进而得到预乘互谱密度。图 7.23 为三种雷诺数条件下的预乘互谱，代表每个尺度的运动在每个垂向位置对雷诺应力的贡献。在图 7.23（a）、（b）和（c）中，使用 y_*对波长和垂向位置进行无量纲化。图中最显著的特征是 y_{peak} 附近的高值区。这个高值区的出现不难理解，y_{peak} 是雷诺应力达到最大的位置。不同组次的 y_{peak} 大约遵循 $y_{\text{peak}} = 2Re_\tau^{\ 1/2}$ 的规律[85]。不同雷诺数的情况下高值区的范围相似，都在 $100<\lambda^+<4000$ 附近，与图 7.20 的情况类似，说明壁面附近的相干结构是雷诺应力和湍动能的主要贡献者。水深 h 无量纲的结果如图 7.23（d）、（e）和（f）所示，用于显示外区的情况。预乘互谱出现了类似图 7.20 的双峰现象。超大尺度运动的典型波长为 $20h$，而大尺度运动的典型波长为 $2h$。

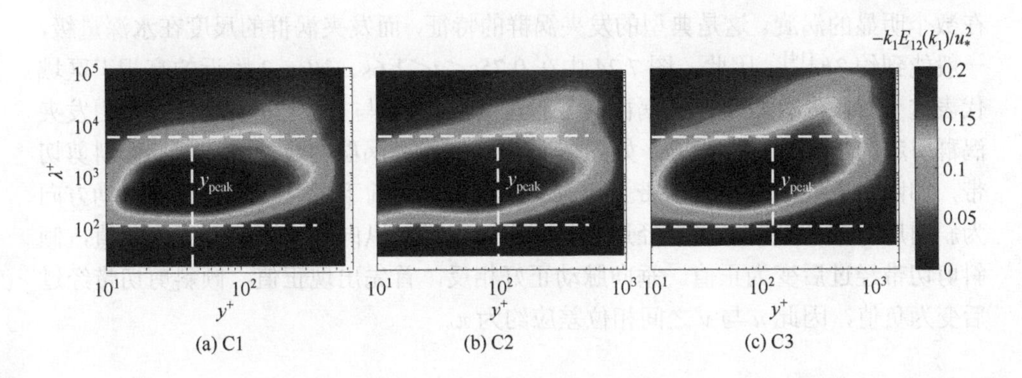

(a) C1　　(b) C2　　(c) C3

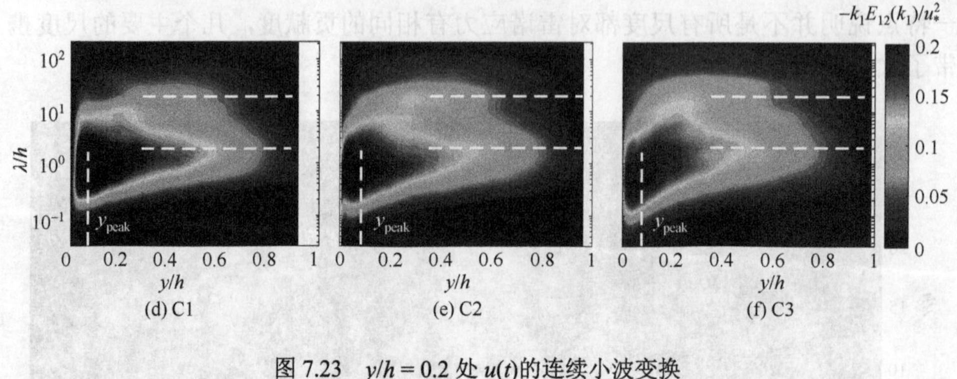

图 7.23 $y/h = 0.2$ 处 $u(t)$的连续小波变换

（a）、（b）、（c）为内尺度无量纲化结果，（d）、（e）、（f）为外尺度无量纲化结果

7.4.4 小波相干

计算交叉小波变换后，交叉小波变换系数的幅角表示两信号在 t 时刻频率为 f 的分量的相位差。还可根据式（7.16）计算小波相干。小波相干是两信号对应尺度分量在该时刻的局部相关系数。根据 7.3 节中图 7.14 和图 7.15 的分析，当两信号在某一时段内同时含有相同尺度的分量时，小波相干系数会取得大值。

使用摩阻流速为 880、采样频率为 2500Hz 的测次所得二维连续流场举例说明小波相干的应用。二维连续流场使得我们在单点时间序列的分析中发现一些现象时，可以回到二维流场中查看具体情况。首先分析流场中$(x/h = 0, y/h = 0.5)$处测点的 $u(t)$与 $v(t)$的小波相干。图 7.24 为分析结果。从图中可以看到，在边界小波影响锥的范围内，最显著相干出现在 $0.75\text{s} < t < 1.6\text{s}$、$\lambda/h = 3$ 附近。这一区域的相位差约为 π。这说明在 $0.75\text{s} < t < 1.6\text{s}$ 内，测点处有 $3h$ 尺度的结构连续通过，这种结构同时影响了流向和垂向速度。为了更加明确这种 $3h$ 尺度的结构特征，作者画出了这一时段内 $t = 1\text{s}$ 时的脉动流场，如图 7.25 所示。图中最为典型的特征是出现了一个倾斜的分界线，在分界线下部，脉动流速斜向左上方运动，在倾斜线上存在数个明显的涡旋。这是典型的发夹涡群的特征，而发夹涡群的尺度在水深量级，一般能到约 $3h$[14]。因此，图 7.24 中在 $0.75\text{s} < t < 1.6\text{s}$、$\lambda/h = 3$ 附近的高相干区域代表这个时段内有数个发夹涡群集中通过测点，$u(t)$与 $v(t)$之间的相位差是由发夹涡群引起的信号特征引起的。如图 7.26 所示，发夹涡群的典型特征即为倾斜剪切带，如图中虚线所示，剪切带上部流动方向为斜向前下方，剪切带下部流动方向为斜向后上方。当发夹涡群经过某一固定测点时，纵向脉动流速首先为负值，倾斜剪切带经过后变为正值。垂向脉动正好相反，首先出现正值，倾斜剪切带经过后变为负值，因此 u 与 v 之间相位差应约为 π。

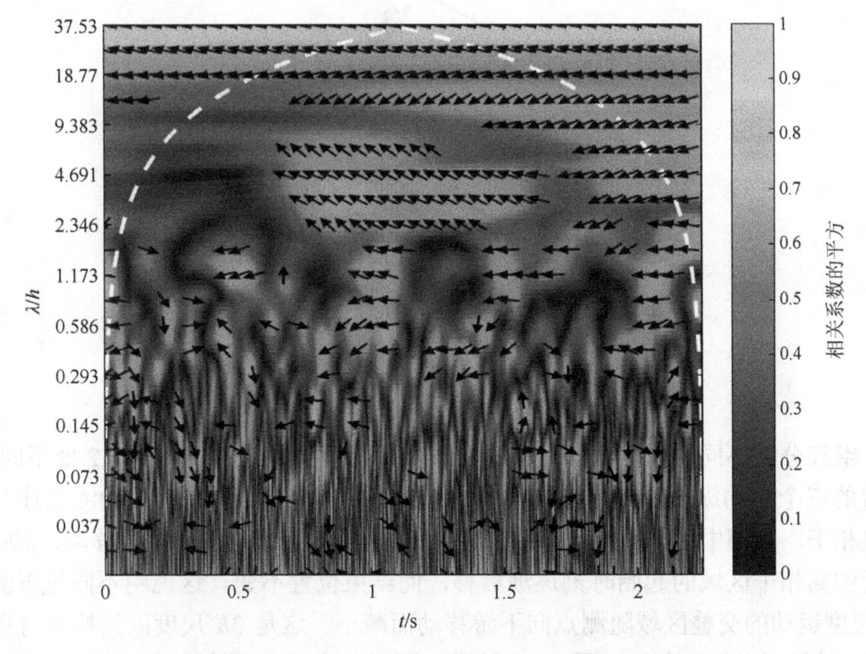

图 7.24 $(x/h=0, y/h=0.5)$处 $u(t)$与 $v(t)$的小波相干

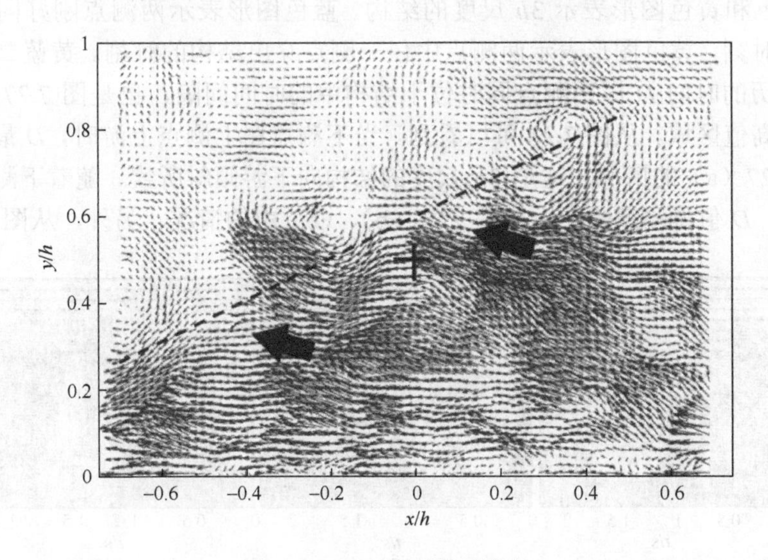

图 7.25 $t=1\mathrm{s}$ 时的脉动流场

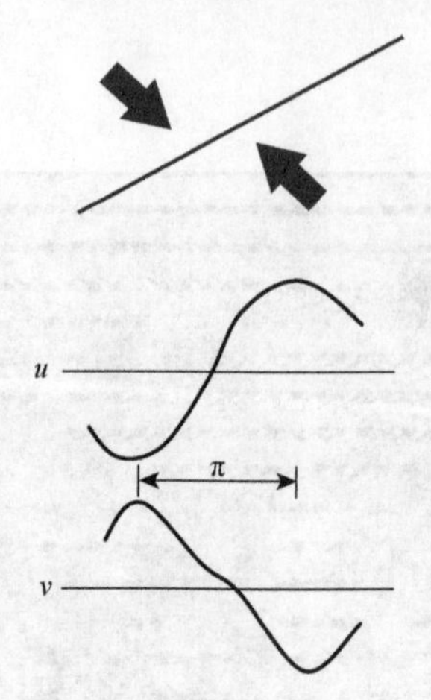

图 7.26 大尺度结构中同一测点 u、v 的相位差

继续分析不同位置的测点之间的小波相干。图 7.27 绘制了 $y/h = 0.2$ 处不同 x/h 位置的三个点的纵向脉动流速序列与($x/h = 0, y/h = 0.5$)处的纵向脉动流速序列的小波相干。从图中可以看到，随着 $y/h = 0.2$ 上的测点从上游向下游移动，$\lambda/h = 3$ 附近的高相干区域的起始时刻逐渐后移，而结束位置不变。这说明不同位置测点 $3h$ 尺度运动的交叠区域随测点向下游移动而减小。这是 $3h$ 尺度的结构本身所具有的倾斜特征造成的。如图 7.28 所示，图中红色实心圆标记两测点的相对位置，蓝色和黄色图形表示 $3h$ 尺度的结构，蓝色图形表示两测点刚好同时进入结构的时刻，黄色图形表示两测点中任一测点穿出结构的时刻。黄蓝二图形之间所经历的时间 D 即两测点同时位于结构中的时间间隔，也是图 7.27 中小波相干的高值区域。从图 7.28 可以看到，当下测点在上测点上游时，D 最大，对应图 7.27（a）的情况。这是 $3h$ 尺度的结构向下游倾斜所致。随着下测点向下游移动，D 值将逐渐减小，如图 7.27（b）、（c）中的情况。另外，从图 7.27 还

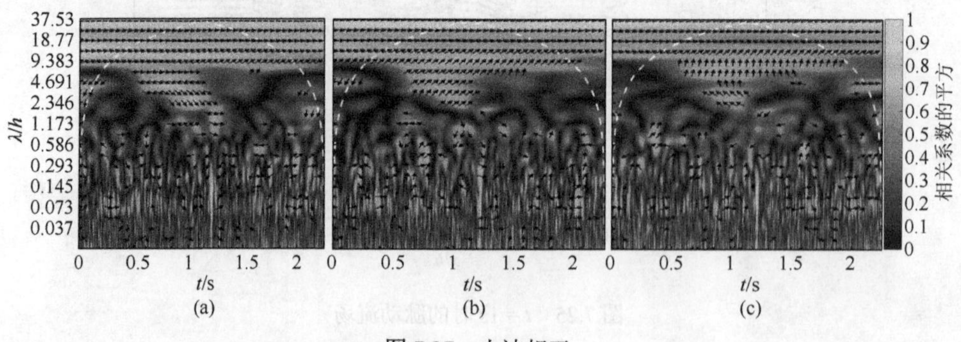

图 7.27 小波相干

（a）($x/h = -0.6, y/h = 0.2$)的 u 与($x/h = 0, y/h = 0.5$)的 u；（b）($x/h = 0, y/h = 0.2$)的 u 与($x/h = 0, y/h = 0.5$)的 u；（c）($x/h = 0.6, y/h = 0.2$)的 u 与($x/h = 0, y/h = 0.5$)的 u

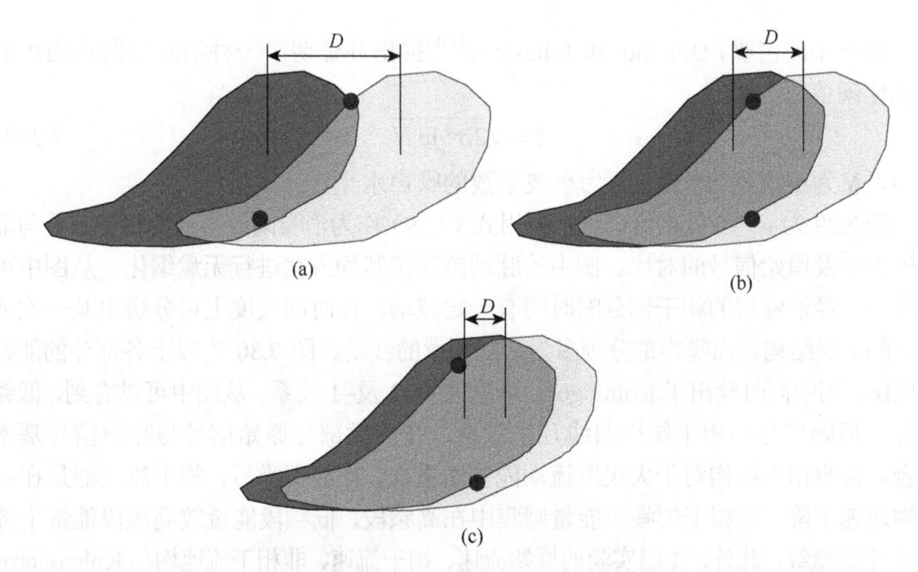

图 7.28 不同测点间小波相干高值区域变化示意图（见书后彩图）

（a）下测点位于上测点上游；（b）下测点和上测点在同一垂线上；（c）下测点在上测点下游

可以看到，两信号之间的幅角也随下测点向下游移动的过程中逐渐增加，这也是 3*h* 尺度的结构向下游倾斜所致。当下测点在上测点上游恰当的距离时，由图 7.28（a）可知，两测点基本同时进入结构，相位差较小，而当下测点与上测点在同一垂线上时，上测点进入结构一段时间后下测点才能进入，所以下测点对应尺度的信号相位将滞后于上测点，随着下测点向下游进一步移动，相位将滞后更多。

7.4.5 相干结构提取

鉴于相干结构甚至是紊流难以准确定义，Farge 等[129]提出通过定义非相干结构而反推相干结构，即假定紊流由相干部分和不相干部分组成，不相干部分即为噪声，而紊流的相干结构定义为非噪声。在数学上噪声有较为严格的定义：噪声为随机的，在任何基函数分解下都呈均匀分布，噪声是不可压缩的，其最小描述就是其本身。根据其定义及特点，噪声主要表现在各分辨率尺度的高频成分，而相干信号往往表现在低频成分。

小波消噪需先对信号进行小波变换，然后对小波变换系数采用适当阈值进行处理，小于某一阈值的小波系数定义为噪声，做全部置零或插值处理，然后利用经阈值处置后的小波系数对原始数据进行重构，得到消噪后的信号，对流速信号来说，按 Farge 等的定义消噪后的信号即为相干结构。

对于小波消噪，Donoho 和 Johnstone[130]提出并证明了一种消除高斯白噪声的最优化阈值：

$$\xi = \sqrt{2\sigma^2 \ln N} \tag{7.29}$$

式中，N 为小波系数长度；σ为小波系数的噪声水平。

图 7.29 为 $y^+ = 9$ 处的纵向流速采用式（7.29）作为消噪阈值得到的相干部分与非相干部分及原始信号的对比。图中的脉动流速按其均方差进行无量纲化。从图中可以看出，经消噪后的相干部分随时间有一定波动，在时间尺度上可分辨出某一次或几次的大涡结构，而噪声部分则多为杂乱无章的波动。图 7.30 为以上各部分的能谱密度图，图中同时绘出了 Kolmogorov 标度量–5/3 及–1 关系。从图中可以看到，低频部分，原始信号与相干结构曲线几乎重合，在高频部分原始信号与噪声信号基本重合。说明相干结构对于大尺度流动能基本重构，而经消噪后，相干流速能量在高频端迅速下降；非相干的噪声能量则集中在高频段，低频段能量较高频段能量下降 3～4 个数量级。此外，本组实验的原始流速、相干流速、非相干流速均与 Kolmogorov –5/3 标度存在少量重合区，绝大多数部分与 Kolmogorov 标度律存在一定差异。

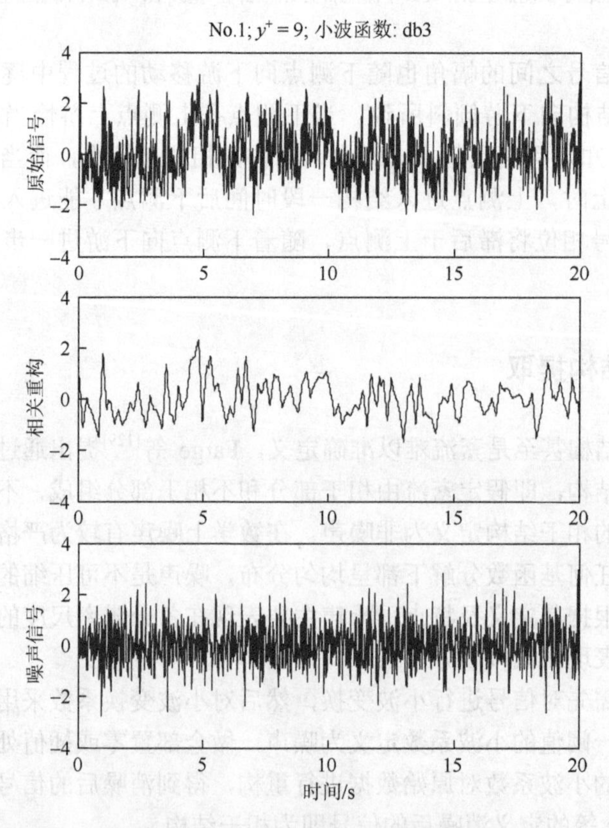

图 7.29 $y^+ = 9$ 处纵向流速相干结构提取

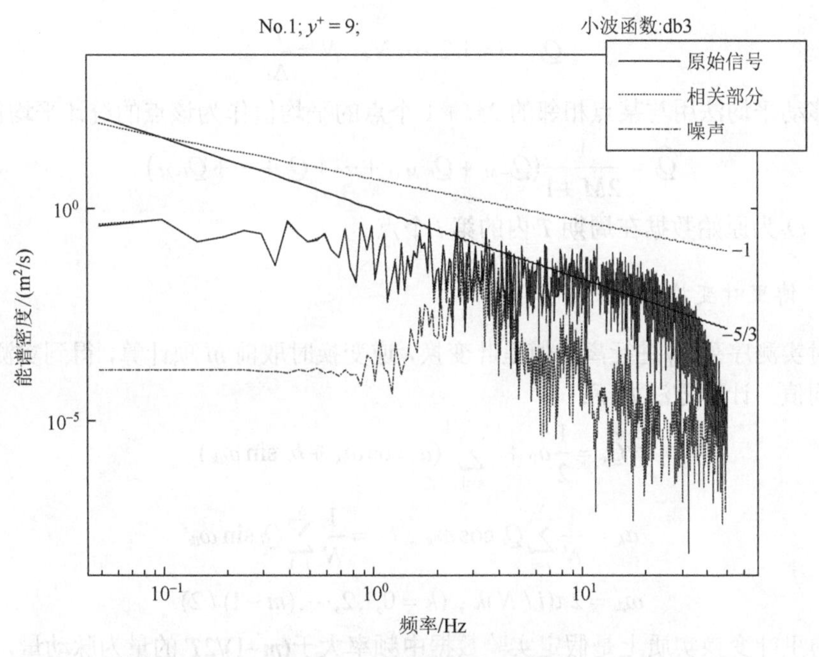

图 7.30 各部分的能谱密度

7.4.6 非恒定流小波分析

非恒定流实验全部采用多波平均法，即利用计算机控制水泵转速，在水槽中形成持续相对稳定的非恒定流，然后对多个非恒定流过程各水流参数进行统计分析。表 7.2 为非恒定流实验参数。本组实验床面为 1mm 天然沙铺设的粗糙床面，输沙率接近零，近似为定床床面。

表 7.2 非恒定流实验参数表

周期/s	底坡/‰	水深/cm		流速/(m/s)		流量/(l/s)		*Re*		*Fr*	
		max	min	max	min	max	min	max	min	max	min
120	5	4.70	3.47	0.563	0.474	7.34	5.38	1.36	1.05	0.94	0.73

非恒定流中不同时刻的水流参数等于其平均值与脉动值之和。获取平均值方法如下。

1. *移动平均法*

设洪水波的周期为 T，实验采样间隔时间为 t，则实测得到瞬时流速、水深等序列为

$$Q_i,\quad i=1,2,\cdots,N,\quad N=\frac{T}{\Delta t}$$

移动平均法用与某点相邻的 $2M+1$ 个点的平均值作为该点的统计平均值：

$$\widehat{Q_i}=\frac{1}{2M+1}(Q_{i-M}+Q_{i-M+1}+\cdots+Q_i+\cdots+Q_{i+M})$$

式中，Q_i 为原始数据在周期 T 内的第 i 个点。

2. 傅里叶变换法

对实测序列 Q_i 进行离散傅里叶变换，逆变换时取前 m 项计算，得到实测序列的平均值。计算方法如下：

$$\widehat{Q_i}=\frac{1}{2}a_0+\sum_{k=1}^{(m-1)/2}(a_k\cos\omega_{ik}+b_k\sin\omega_{ik})$$

$$a_k=\frac{1}{N}\sum_{j=1}^{N}Q_i\cos\omega_{ik}\ ,\ b_k=\frac{1}{N}\sum_{j=1}^{N}Q_i\sin\omega_{ik}$$

$$\omega_{ik}=2\pi(i/N)k\ ,\ (k=0,1,2,\cdots,(m-1)/2)$$

傅里叶变换实质上是假定实验数据中频率大于$(m-1)/2T$ 的量为脉动量，计算中剔除掉这一部分的值从而得到平均值。瞬时序列减去平均值序列即为脉动值序列。计算中 m 的取值视实际流动周期和采样时间间隔而定。

图 7.31 为 $y=0.77$cm 处三个周期的实测流速，为不使数据重叠，第二组流速数据绘制时向上平移了 0.4。可以看到流速均先由最小值逐渐增大至最大值，然后再减小。

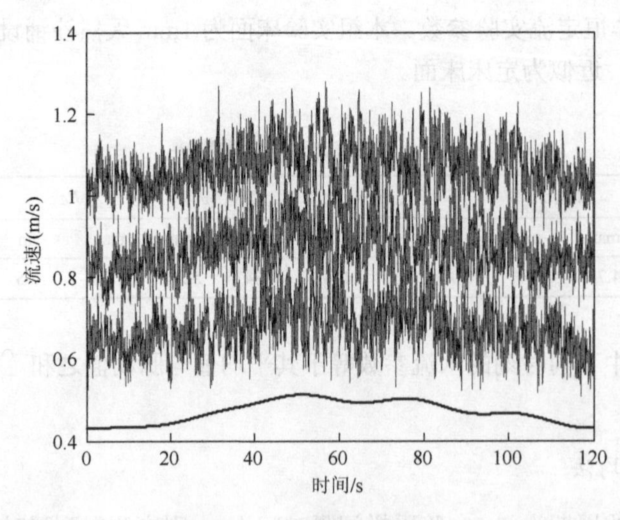

图 7.31　流速随时间变化

图 7.32 为以上三组流速在同一坐标系下的绘制情况，可以看到三组流速基本重合，图中白线为按上述移动平均与傅里叶变换相结合的方法得到的水流平均流速。将各组实验的原始流速与平均流速相减即可得到脉动流速，如图 7.33 所示第一周期非恒定流原始流速、平均流速及脉动流速。

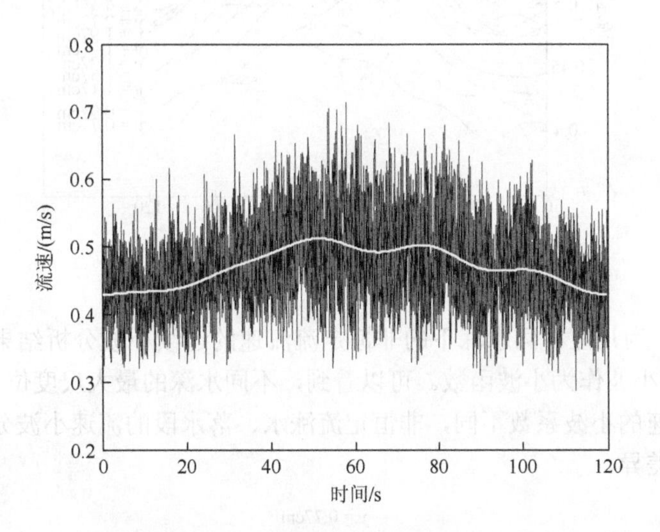

图 7.32 原始流速及平均流速

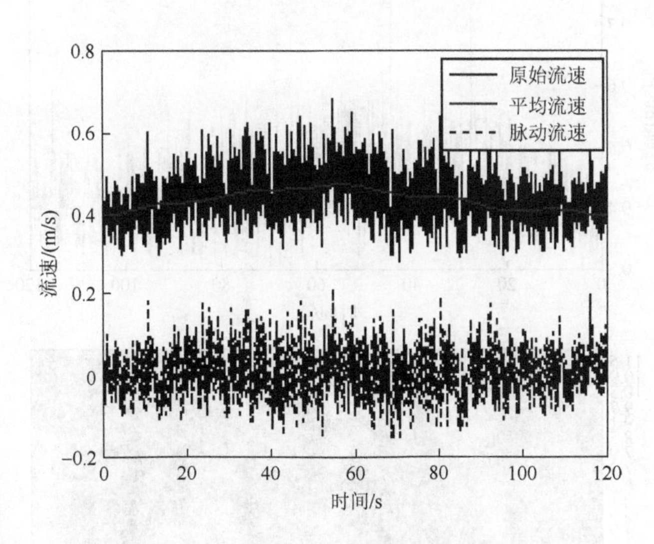

图 7.33 原始流速、平均流速及脉动流速

图 7.34 为按上述方法得到的平均流速各水深的流速分布情况，可以看到，不同水深的流速均呈现出较为规整的非恒定过程。

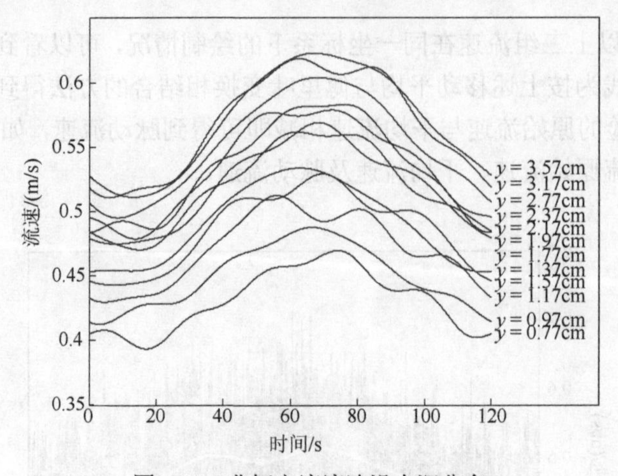

图 7.34　非恒定流流速沿水深分布

图 7.35 为几组不同水深下的非恒定流流速的连续小波分析结果。图中采用 Mexican hat 小波作为小波函数。可以看到，不同水深的最大尺度位于 0.4～2s 附近，不同流速的小波系数不同，非恒定流涨水、落水段的流速小波分析计算结果未发现太大差异。

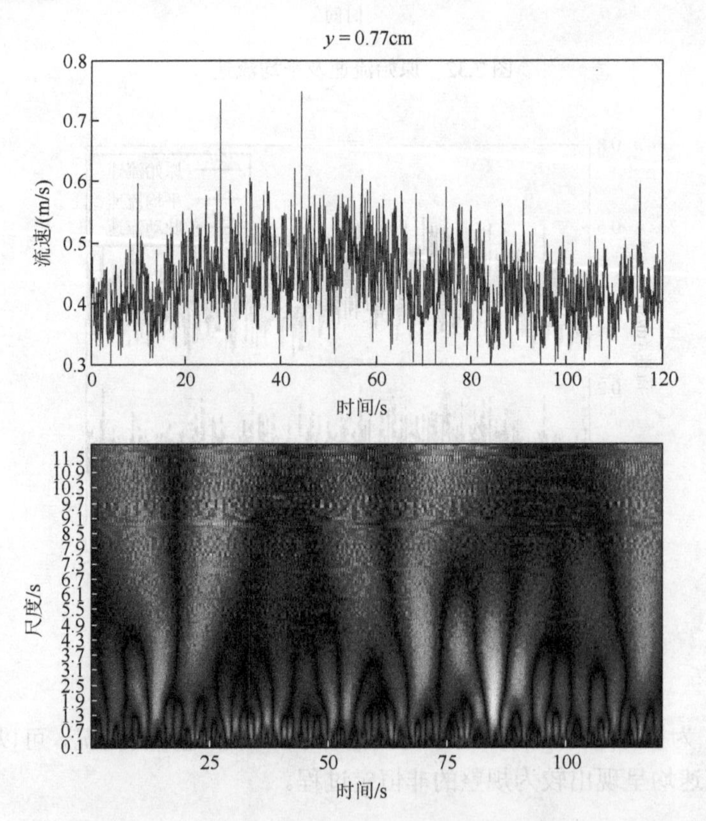

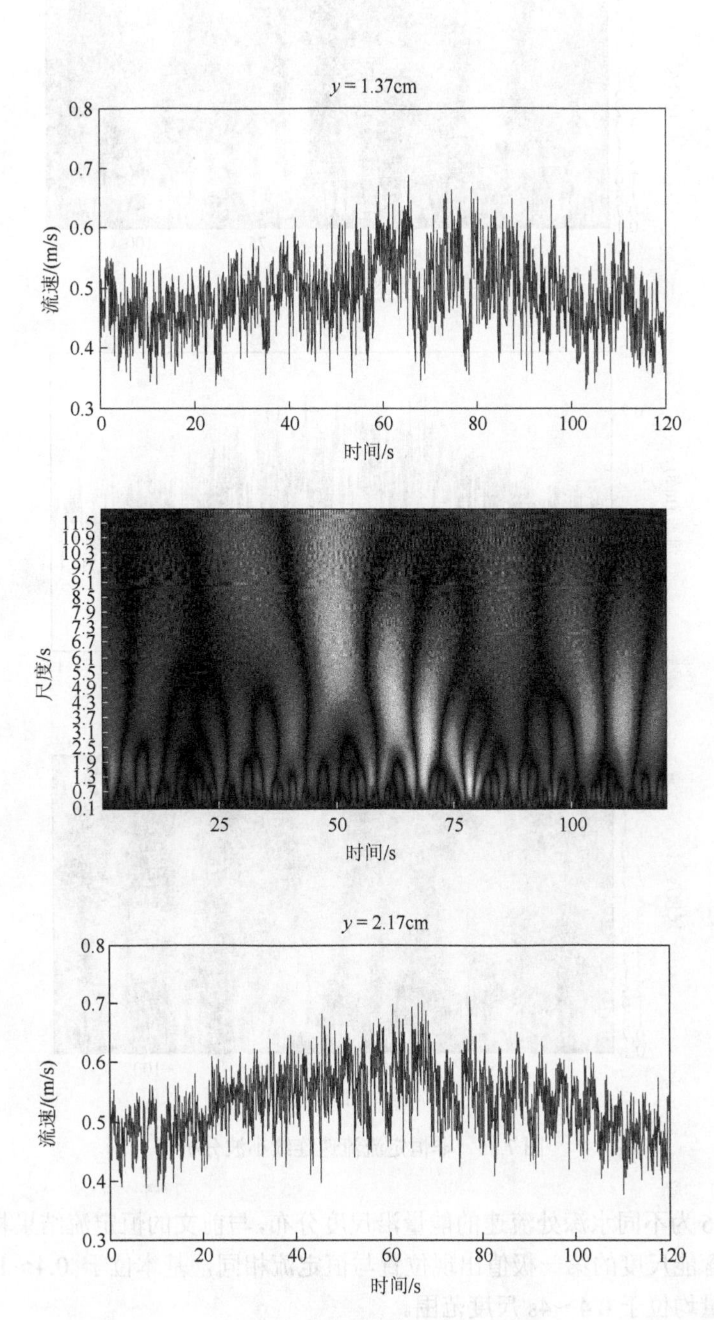
y = 1.37cm
流速/(m/s)
0.8
0.7
0.6
0.5
0.4
0.3
0
20
40
60
80
100
120
时间/s
尺度/s
11.5
10.9
10.3
9.7
9.1
8.5
7.9
7.3
6.7
6.1
5.5
4.9
4.3
3.7
3.1
2.5
1.9
1.3
0.7
0.1
25
50
75
100
时间/s
y = 2.17cm
流速/(m/s)
时间/s

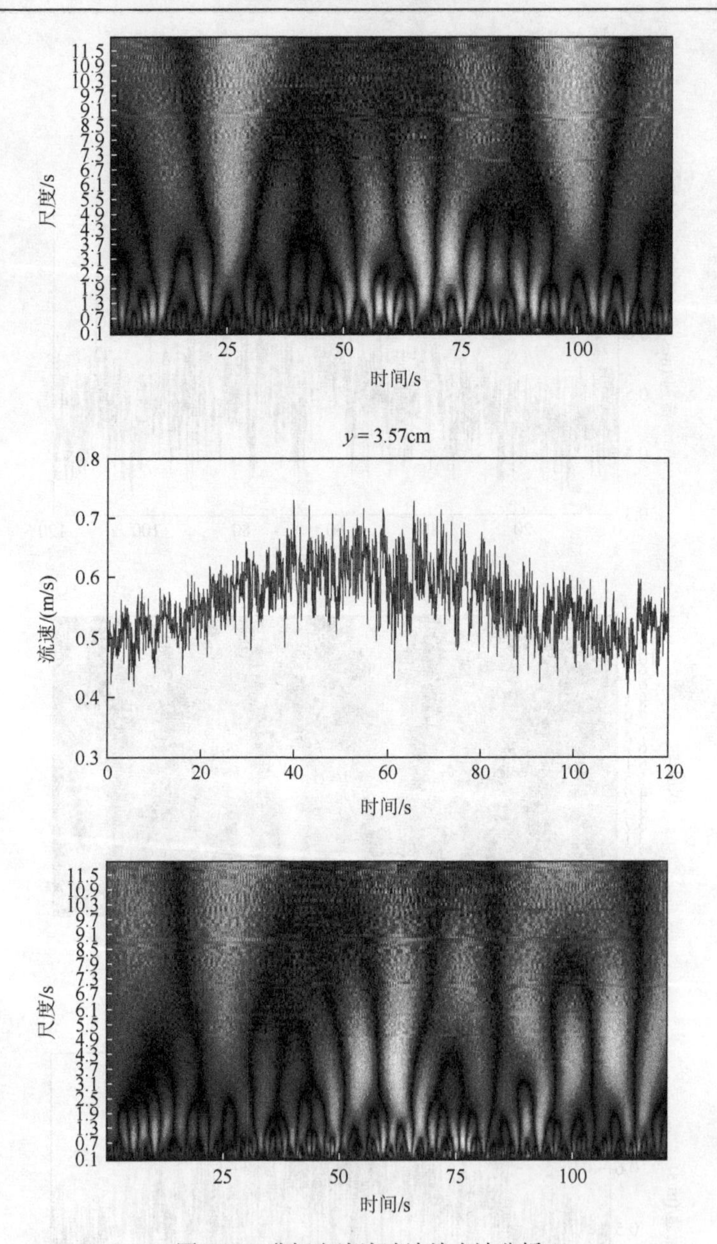

图 7.35　非恒定流流速连续小波分析

图 7.36 为不同水深处流速的能量沿尺度分布，与前文的恒定流结果相比可知，非恒定流含能尺度的第一极值出现位置与恒定流相同，基本位于 0.4～1s 附近，大部分能量均位于 0.4～4s 尺度范围。

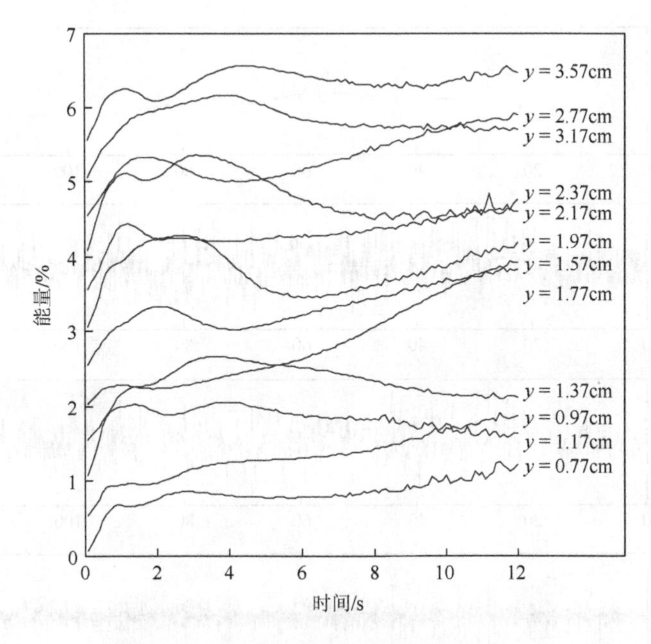

图 7.36　不同水深处流速的能量沿尺度分布

在非恒定流中，流速可视为平均流速 + 脉动流速，其中脉动流速又可分解为相干结构部分及非相干部分：

$$U = \overline{U} + u = \overline{U} + u_{相干} + u_{非相干}$$

图 7.37 为 $y = 0.77\text{cm}$ 处的实测流速的原始流速、脉动流速及采用离散小波变换将脉动流速中的相干结构提取结构，可以看到利用离散小波变换，可成功地将非恒定流中的相干结构提取出来。

图 7.38 为 $y = 0.77\text{cm}$ 处脉动流速、相干结构及非相干部分能谱分布，结果与恒定流相类似，即相关部分与原始脉动流速的低频部分基本重合，而非相干的噪声部分能量则主要集中在高频部分。

图 7.39 及图 7.40 为 $y = 2.37\text{cm}$ 处的流速相干结构提取结果及其各部分能谱分布，限于篇幅，具体计算结果略去。

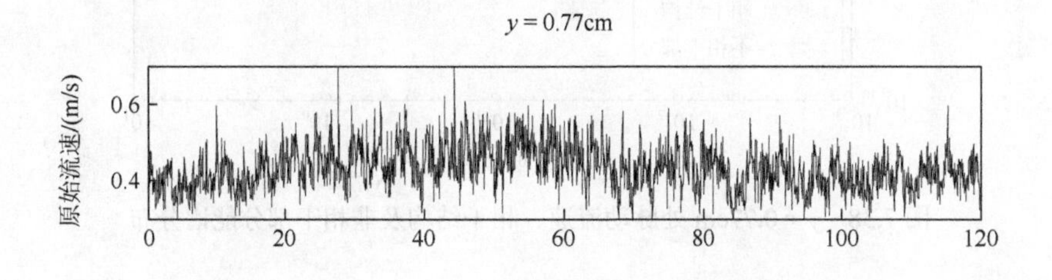

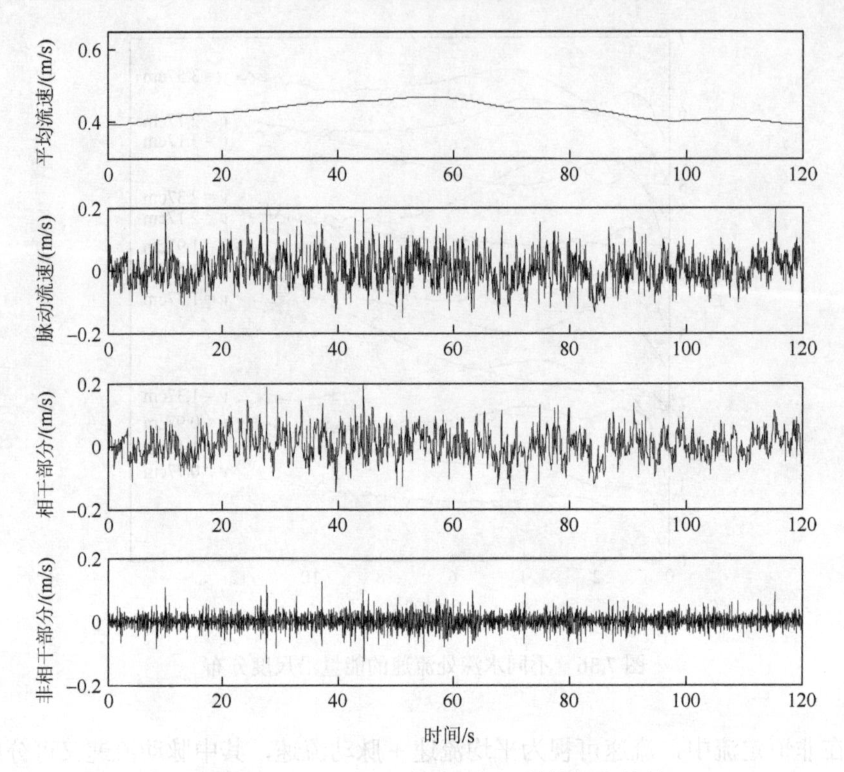

图 7.37　$y=0.77$cm 处的流速相干结构提取结果

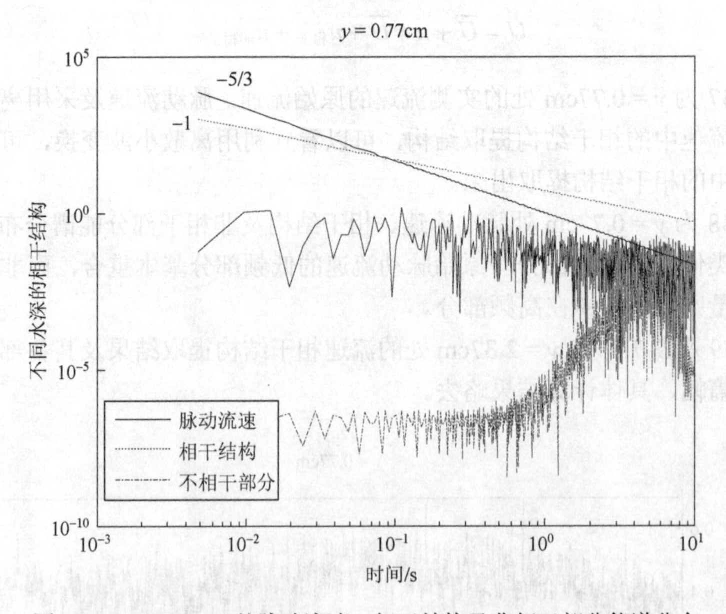

图 7.38　$y=0.77$cm 处脉动流速、相干结构及非相干部分能谱分布

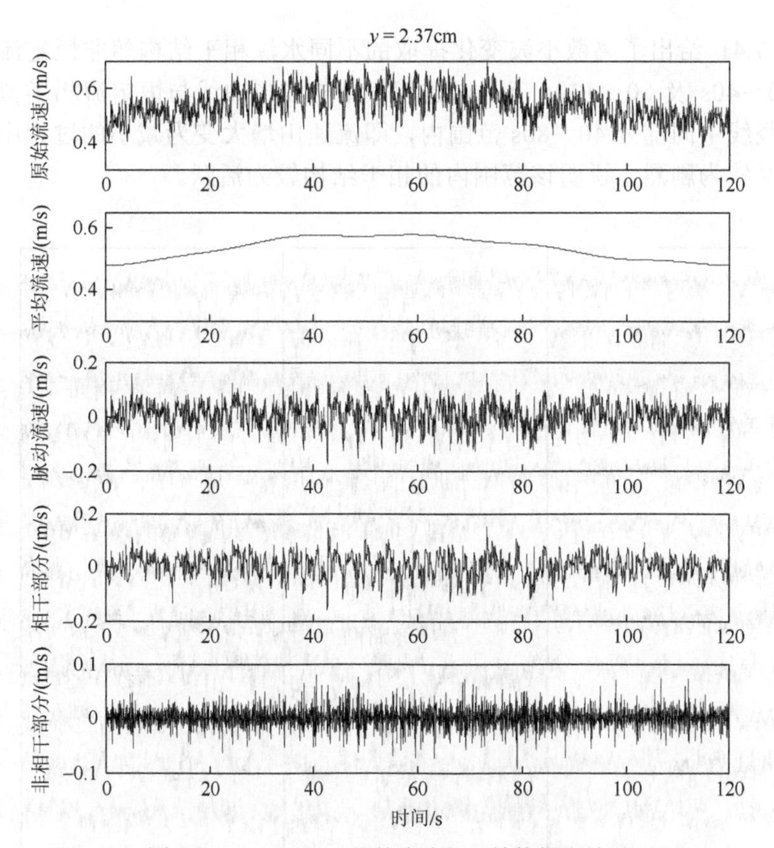

图 7.39　$y = 2.37$cm 处的流速相干结构提取结果

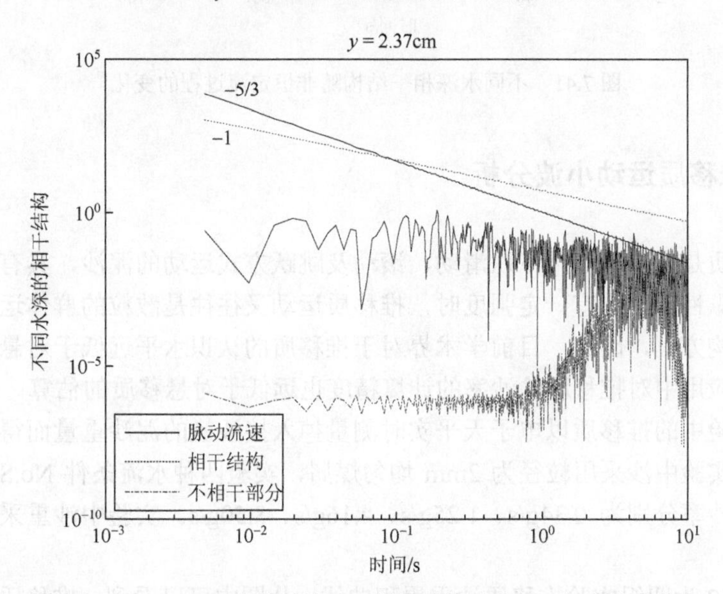

图 7.40　$y = 2.37$cm 处脉动流速、相干结构及非相干部分能谱分布

图 7.41 给出了离散小波变化提取的不同水深相干结构随非恒定流过程的变化。0～40s 及 80～120s 范围内的相干结构波形曲线与恒定流相类似，但在图中两竖线中间部分 40～80s 范围内，即流速由增大变为减小的过程中，曲线变化相对较为剧烈，说明该范围内的相干结构较为活跃。

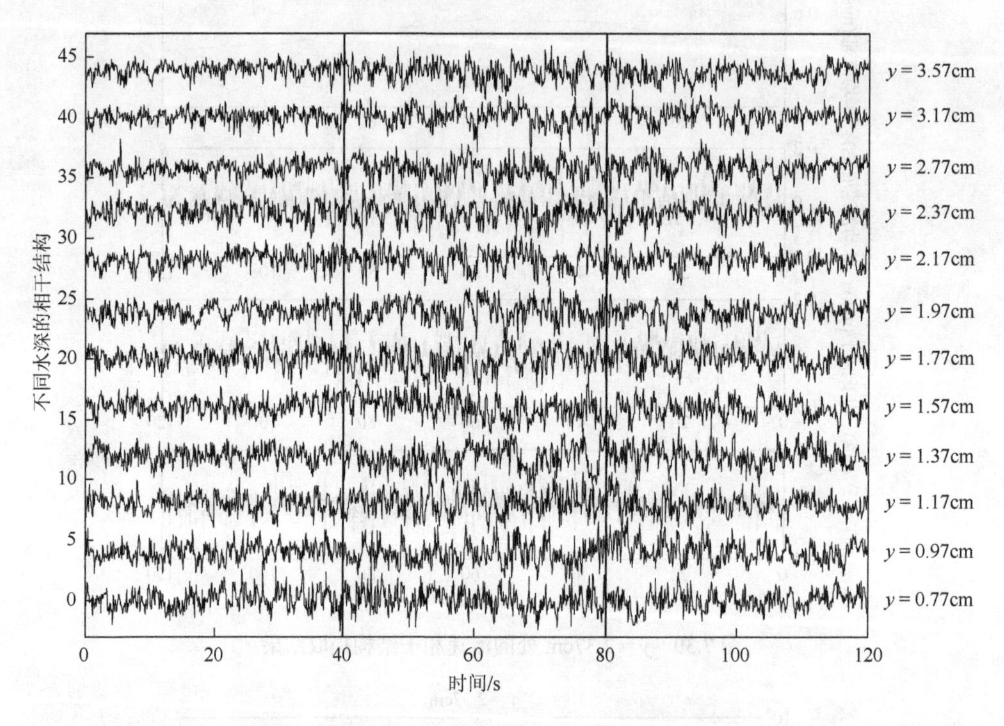

图 7.41　不同水深相干结构随非恒定流过程的变化

7.4.7　推移质运动小波分析

推移质是在水流作用下以滑动、滚动及跳跃方式运动的泥沙，具有很强的随机性和间歇性，当具有一定强度时，推移质运动又往往是散粒的群体运动，难以确定其本构方程，因此，目前学术界对于推移质的认识水平远低于对悬移质的认识，实际应用中对推移质输沙率的计算精度也远低于对悬移质的估算。

本实验中的推移质以电子天平实时测量掉入接沙篮的泥沙重量而得到推移质输沙率，实验中沙采用粒径为 2mm 均匀煤屑，实验四种水流条件 No.S1～No.S4 的平均输沙率分别为 0.34g/s、1.25g/s、4.16g/s、8.50g/s。实验中沙重采样频率约为 10Hz。

图 7.42 为四组实验推移质沙重累积曲线。从图中可以看到，推移质沙重随时

间不断增大，在共3000s时段内的推移质累积曲线基本为直线，表明实验系统在长时间内达到稳定平衡状态，实测的累积输沙率较为可靠。

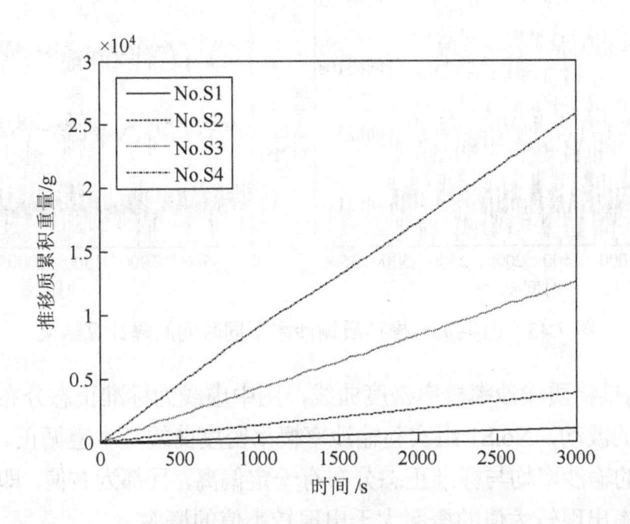

图7.42 四组实验推移质沙重累积曲线

图7.42中各直线的斜率为各组实验的长时间平均输沙率。通过选取不同的时间间隔，分别计算 dw/dt，即可得到瞬时输沙率。图7.43为四组实验推移质输沙率不同时间间隔计算结果。可以看出，瞬时推移质输沙率存在着强烈的脉动，随着 dt 的延长，相当于较长时间平均，推移质脉动强度减弱。

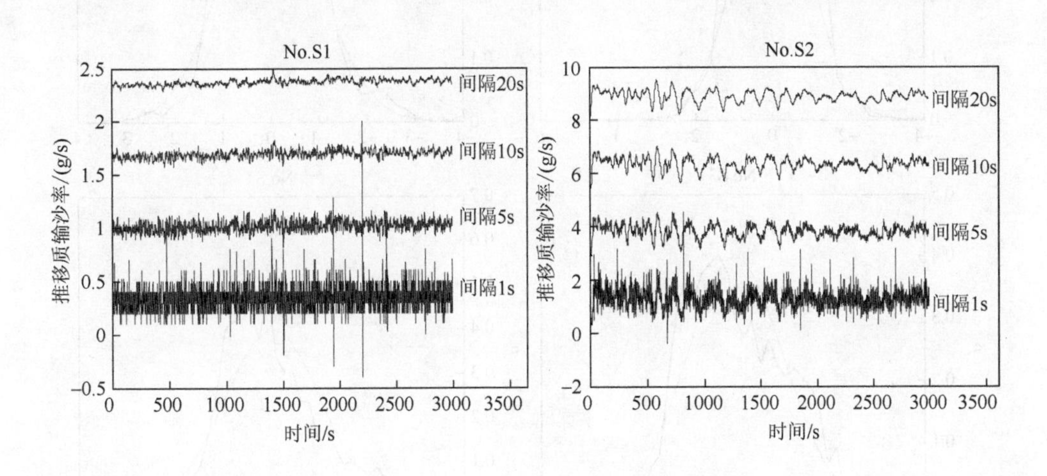

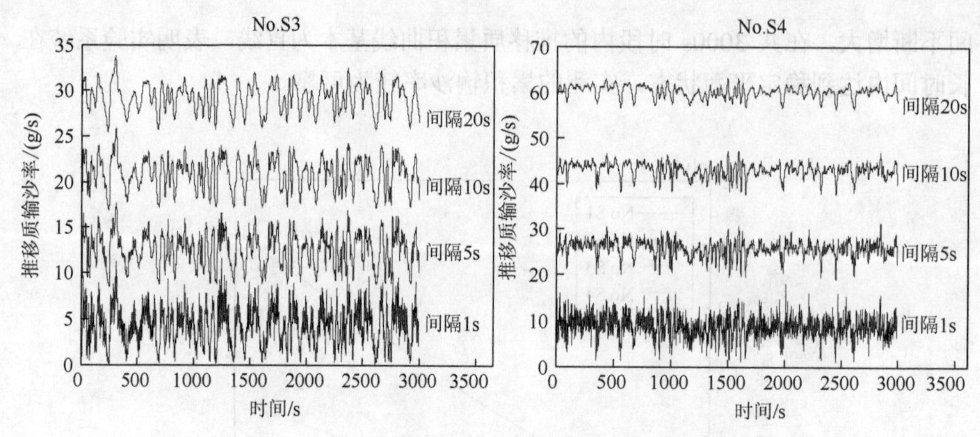

图 7.43　四组实验推移质输沙率不同时间间隔计算结果

图 7.44 为推移质输沙率概率密度曲线，图中虚线为标准正态分布。由图可见，随机存在一定的波动，No.S1 组实验输沙率概率密度曲线基本遵循正态分布；而 No. S2~S4 组实验的输沙率均与标准正态分布有一定偏离，且都为右偏，即与标准正态分布相比，输沙率出现较大值的概率大于出现较小值的概率。

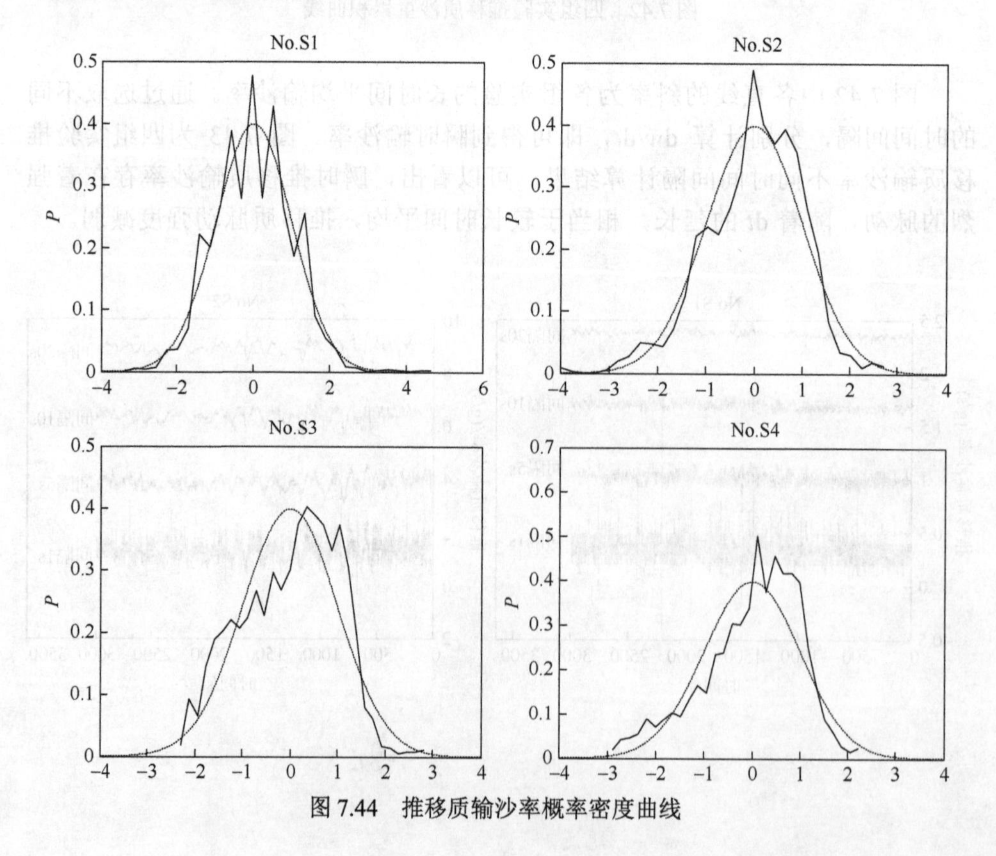

图 7.44　推移质输沙率概率密度曲线

图 7.45 为推移质输沙率小波分析，所采用的小波函数为 Mexican hat 小波。图 7.46 为不同时间尺度的推移质输沙率能量分布。由图可见，No.S1 组实验的推移质输沙率最大尺度分别位于 100s 及 900s 附近；No.S2、No.S3 及 No.S4 组实验的时间尺度在 50s 左右出现一个极值，由图 7.46 可知，其中 No.S3 组实验的极大值远大于其他值。根据以上两图的分析可知，几组实验的推移质均以群体运动的形式向前推进，这是造成推移质输沙率剧烈脉动的重要原因。根据图 7.46 及各组实验的平均输沙率，可以得到四种水流条件下推移质运动团重量分别为 35g、49g、171g 及 263g，即推移质在运动中形成一个重为上述数值的团体向前推进。

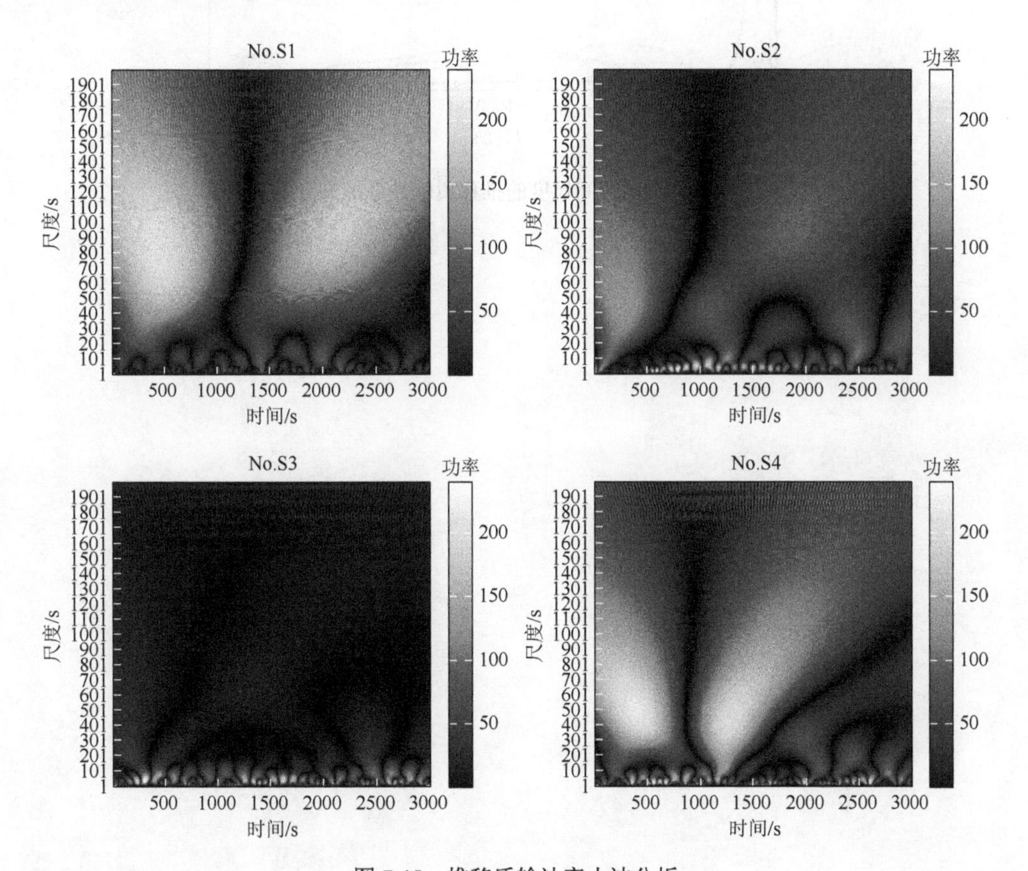

图 7.45 推移质输沙率小波分析

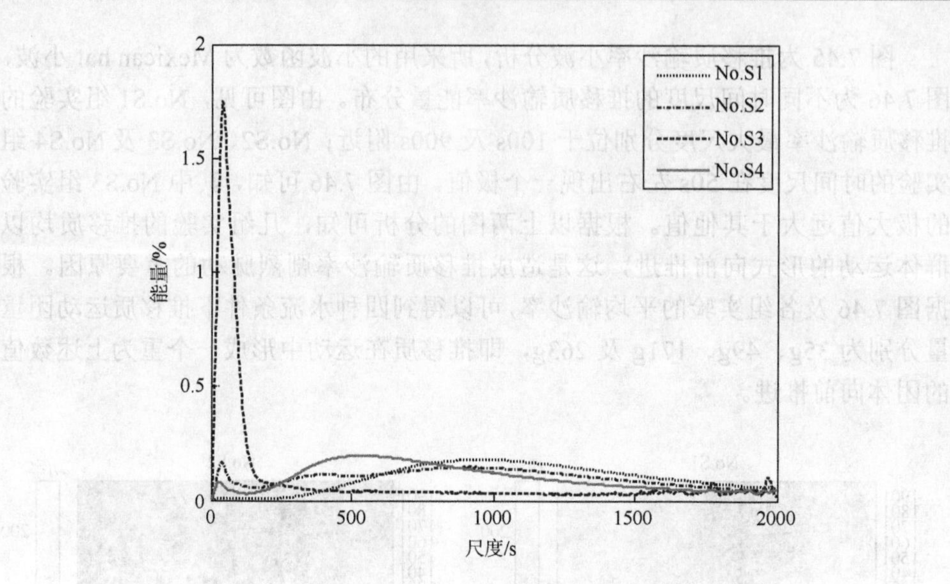

图 7.46　不同时间尺度的推移质输沙率能量分布

第 8 章　本征正交分解

第 6 章介绍了傅里叶变换，它能够从频率域分析信号，在识别信号的周期特征方面具有独到的优点，但是它的缺点在于无法联合分析时域和频域特征，即时域和频域的分析是脱节的，且其缺乏局部分析信号的能力。第 7 章介绍了小波变换，其能进行时频联合分析。但由于小波母函数的尺度和傅里叶频率之间无直接关系，需由具体小波母函数确定，故小波母函数对分析结果的影响很大，使用时要通过不断尝试从而选择合适的最优小波母函数。

以上两章的数据分析方法，都可以归类为“数据投影法”，就是将原始序列投影到特定的函数空间，例如傅里叶变换是投影到正交三角函数空间，而小波变换是投影到各种小波母函数空间。投影法的优点在于，分析者已经提前知道了投影函数的特征，如三角函数的周期性及小波母函数的紧致性；但由于这是一种后验方法，是将原始序列投影到已知的函数空间，投影系数越大，则原始序列与投影函数越相似，它的缺点在于无法从原始序列本身提取其特征，而是依赖于人为设定的投影函数空间。

相比前两者，本征正交分解（proper orthogonal decomposition, POD）方法将信号序列投影到最优函数空间，使得信号序列在该最优函数空间投影的平均能量比其他函数空间（如三角函数及小波母函数空间）都大，而该最优函数空间的解为信号序列的自相关系数矩阵的特征向量空间。POD 方法是一种先验方法，它并不依赖于特定的函数空间，而是依据信号本身的特征，构建最优函数空间。POD 方法可以对信号序列进行模态分解，提取其中的主要含能模态，是一种必不可少的数据分析方法。现今 POD 方法已经被成功地应用在许多工程领域，如信号分析、数据压缩、特征提取等。湍流中应用 POD 方法可以提取其中的相干结构。

8.1　本征正交分解计算方法

8.1.1　经典方法

设 t 时刻点 $\boldsymbol{x}$ 处的脉动流速为 $\boldsymbol{u}(\boldsymbol{x}, t) = (u(\boldsymbol{x}, t), v(\boldsymbol{x}, t))$，对任意一组正交基函数 $\{\varphi_j\}$，$\boldsymbol{u}$ 可以展开为

$$\boldsymbol{u}(x,t)=\sum_{j=1}^{\infty}a_j(t)\varphi_j(x) \tag{8.1}$$

式中，$a_j(t)$为 $\boldsymbol{u}$ 在 $\boldsymbol{\varphi}_j$ 上的投影。为了对模态 $\boldsymbol{\varphi}$ 进行最优化，对展开式进行截断，只取前 N 项。展开式前 N 项重构的 $\boldsymbol{u}_N$ 与真实的 $\boldsymbol{u}$ 存在差异，POD 模态是一组使 N 为任意值时重构值与真实值差异均最小的“最优”基函数。根据变分原理，POD 模态需要满足如下积分方程：

$$\begin{cases}\int_{\Re}R(\boldsymbol{x},\boldsymbol{x}')\boldsymbol{\varphi}(\boldsymbol{x}')\mathrm{d}\,\boldsymbol{x}'=\lambda\boldsymbol{\varphi}(\boldsymbol{x})\\ R(\boldsymbol{x},\boldsymbol{x}')=\langle\boldsymbol{u}(\boldsymbol{x},t)\boldsymbol{u}(\boldsymbol{x}',t)\rangle\end{cases} \tag{8.2}$$

式中，$\Re$ 为所考察的流场范围。上述方程可通过 Fredholm 积分特征方程求解。将求解结果归一化处理后即是 POD 模态。POD 模态满足正交性，因此 $\boldsymbol{u}$ 在 $\boldsymbol{\varphi}$ 所张成的空间中对各阶模态的投影是独立的。式（8.1）中的展开系数与式（8.2）中的特征值 λ 有如下关系：

$$\langle a_i(t)a_j(t)\rangle=\lambda_i\delta_{ij} \tag{8.3}$$

其中，

$$\delta_{ij}=\begin{cases}1 & i=j\\ 0 & i\neq j\end{cases} \tag{8.4}$$

特征值与紊动能之间有如下关系：

$$E=\int_{\Re}\left\langle\sum\nolimits_k u_k(\boldsymbol{x},t)u_k(\boldsymbol{x},t)\right\rangle\mathrm{d}\boldsymbol{x}=\sum\nolimits_i\lambda_i \tag{8.5}$$

由于 λ_i 所对应的 POD 模态相互独立，根据式（8.5）可以认为 λ_i 是对应 POD 模态上的平均紊动能分量，可以根据 λ_i 了解 POD 模态代表的各种结构所占有的紊动能，这对研究湍流大尺度结构具有非常重要的意义。

8.1.2　Snapshot 方法

Sirovich 于 1987 年提出等价的 Snapshot POD 方法[104]，用时间相关系数矩阵代替空间相关系数矩阵，当时间序列个数小于空间点个数时，可大幅度地减小计算量。

令 $\boldsymbol{A}(\boldsymbol{r},t)$ 为测量平面内的二维流速场的时间序列，其中，$\boldsymbol{r}$ 表示二维速度点阵的集合，则平面内矢量总数 $N(\boldsymbol{r})=2N_xN_y$，$N_x$、$N_y$ 分别表示 x、y 方向测点的个数，2 表示有 2 个速度分量；$t(1\leqslant t\leqslant M)$ 表示测量样本个数。当 $M<N(\boldsymbol{r})$ 时，$\boldsymbol{A}(\boldsymbol{r},t)$ 在特征向量空间的 Snapshot POD 分解公式如下：

$$\begin{cases} \boldsymbol{A}(\boldsymbol{r},t) = \sum_{k=1}^{M} a_k(t)\boldsymbol{\Psi}_k(\boldsymbol{r}) \\ a_k(t) = (\boldsymbol{A}(\boldsymbol{r},t), \boldsymbol{\Psi}_k(\boldsymbol{r})) \end{cases} \tag{8.6}$$

式中，$\boldsymbol{\Psi}_k(\boldsymbol{r})$ 为 $\boldsymbol{A}(\boldsymbol{r},t)$ 的时间相关系数矩阵的特征向量；$a_k(t)$ 为速度场序列 $\boldsymbol{A}(\boldsymbol{r},t)$ 在 $\boldsymbol{\Psi}_k(\boldsymbol{r})$ 上的投影系数；$\sum_t a_k(t)^2$ 为在 $\boldsymbol{\Psi}_k(\boldsymbol{r})$ 上投影能量的总和。

$\boldsymbol{\Psi}_k(\boldsymbol{r})$ 的计算公式如下：

$$\begin{cases} \boldsymbol{C}_s(t,t') = \iint_S \boldsymbol{A}(\boldsymbol{r},t)\boldsymbol{A}(\boldsymbol{r},t')\mathrm{d}\boldsymbol{r} \\ [\boldsymbol{\Phi}, \boldsymbol{\Lambda}] = \mathrm{eigen}(\boldsymbol{C}_s) \\ \boldsymbol{\Psi} = (\boldsymbol{A} \cdot \boldsymbol{\Phi}) \cdot \boldsymbol{\Lambda}^{-1/2} \end{cases} \tag{8.7}$$

式中，$\boldsymbol{C}_s$ 为 $\boldsymbol{A}(\boldsymbol{r},t)$ 的时间相关系数矩阵；eigen 表示对 $\boldsymbol{C}_s$ 矩阵计算特征值对角阵 $\boldsymbol{\Lambda}$ 及特征向量矩阵 $\boldsymbol{\Phi}$；对角阵 $\boldsymbol{\Lambda}$ 中的特征值 $\lambda_k(1 \leqslant k \leqslant M)$ 按从大到小排列，代表了速度场序列在对应特征向量（第 k 阶模态）上投影能量的大小。

流场总能量、投影系数及特征值的相关关系为

$$E = (\boldsymbol{A}(\boldsymbol{r},t), \boldsymbol{A}(\boldsymbol{r},t)) = \sum_{k=1}^{M}\sum_t a_k(t)^2 = \sum_{k=1}^{M} \lambda_k \tag{8.8}$$

令 $E_k = \lambda_k / E$ 为第 k 阶模态的含能比例。

8.1.3 MATLAB 代码

由于 MATLAB 程序强大的矩阵处理能力，用 MATLAB 编写 POD 分析程序极为简单，仅十几行代码，下面详细介绍 POD 程序代码，以便读者使用。

值得注意的是，对于式（8.6）中的 $\boldsymbol{A}(\boldsymbol{r},t)$ 矩阵，它表示了一个测量点、测量面或者测量体内的变量值随时间的变化过程。对于一维序列，即变量在单点的时间变化过程，用 POD 分析之前，必须先判定序列中的最大周期，再将原始序列按最大周期划分成若干小段，各段间可以重叠也可以不相交，最后将各小段按时间序列重新组成矩阵 $\boldsymbol{A}$ 即可。对于二维、三维及更高维序列，处理相对简单，只需将每个时刻的测量数据拉成一列时间顺序存进矩阵 $\boldsymbol{A}$ 即可。

MATLAB 环境下的 POD 程序代码如下：

```
%按上文内容，将测量变量（一维或多维）按时间顺序创建成矩阵 A
A=[每个时刻变量值，时间顺序];
% POD 具体计算步骤
R=A'* A;% 计算矩阵 A 的自相关矩阵 R
[eV,D]=eig(R),%计算矩阵 R 的特征向量矩阵 eV 和特征值矩阵 D
```

```
[L,I]=sort(diag(D));%按特征值递减顺序对特征值矩阵进行排序
for i=1:length(D)%遍历所有特征值,按递减顺序重新储存
  eValue(length(D)+1-i)=L(i);%按递减顺序存储特征值
  eVec(:,length(D)+1-i) =eV(:,I(i));%按递减顺序存储特征向量
menergy=eValue/sum(eValue);%计算各阶模态的含能比例计算 POD 的
前十阶模态
for i=1:10
  tmp=A*eVec(:,i);%计算各阶模态
  phi(:,i)=tmp/norm(tmp);%归一化各阶模态
end;
```

8.2 本征正交分解实践应用

8.2.1 一维径流和输沙序列

1. 研究区域及数据来源

长江，又名扬子江，是中国最长的河流，约 6300km。发源于青藏高原后，流经中国西南、中部及东部，最后注入中国东海。长江上游始于唐古拉山脉，止于宜昌，约 4500km；此段选择了代表性的三个水文测站（朱沱、北碚及武隆），三站水沙之和经常作为三峡水库的入流条件。长江中游始于宜昌，止于湖口，约 1000km；由于宜昌站离三峡大坝仅 30km，所以常用宜昌站水沙资料作为三峡水库出流条件。长江下游始于湖口，止于入海口，约 800km；大通站是长江最下游的水文测站，也是海潮能影响到的最远内陆测站，大通站的水沙条件对长江入海口演变产生重要影响。

洞庭湖（111°19′E～113°34′E，27°39′N～29°51′N）是中国第二大淡水湖，位于湖南省西北部，承接长江中游荆江河段三口（松滋口、太平口及藕池口）的来水来沙，调蓄后通过出口城陵矶排入长江。洞庭湖还有四条支流入汇，分别是澧水、沅江、资水及湘江。鄱阳湖（115°49′E～116°46′E，28°24′N～29°46′N）是中国第一大淡水湖，位于江西省的北部；承接五条支流入汇，分别为修水、赣江、抚河、信江及饶河，调蓄后通过湖口注入长江。鄱阳湖以鸟类栖息地闻名，为数以万计的候鸟在冬季提供栖息地，其湿地已归入国际重要湿地公约（拉姆萨尔公约）。

长江和两湖的年径流和年输沙序列（1956～2013 年）可由泥沙公报获得，共 21 个水文站，数据网址为 http://www.cjw.gov.cn/zwzc/bmgb/。长江共 5 个，其中

上游 3 个（朱沱、北碚、武隆），中游 1 个（宜昌），下游 1 个（大通）；洞庭湖共 10 个，其中四水 4 个（湘潭、桃江、桃源及石门），三口 5 个（松滋口 2 个、太平口 1 个、藕池口 2 个），湖出口 1 个（城陵矶）；鄱阳湖 6 个，其中五河 5 个（外洲、万家埠、李家渡、梅港及虎山），湖出口 1 个（湖口）。

2. POD 模态提取及趋势分析

由于长江和两湖年径流序列的最大周期为 20 年，故本节 POD 计算采用的分段序列长度设为 20 年，各分段间隔为 1 年，总段数为 39。POD 各阶模态的含能比例见图 8.1，为了清晰地显示，仅给出前 15 阶模态，且前三阶模态的具体含能百分数见表 8.1。无论是年径流序列还是年输沙序列，其 POD 模态的含能比例都随着模态阶数的增大而减小，且绝大多数的能量集中在一阶模态。由表 8.1 可知，年径流序列的一阶模态含能在 90%以上，而其他模态含能都小于 1%；年输沙序列的一阶模态含能在 84%以上，而其他数模态含能都小于 3%；由一阶模态含能比例数值的高低推测可知，年径流序列的有序性要高于年输沙序列。

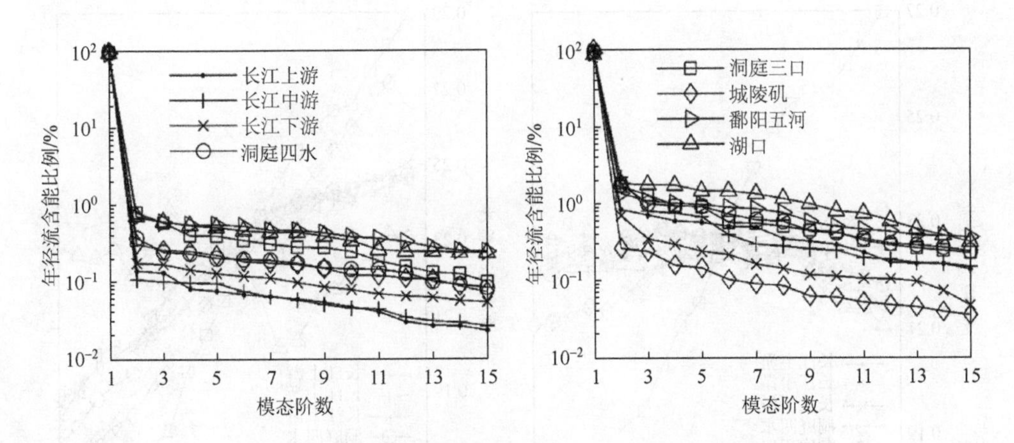

图 8.1　长江和两湖的年径流序列的 POD 模态含能图

表 8.1　POD 各阶模态含能比例

	含能比例/%	长江上游	长江中游	长江下游	洞庭四水	洞庭三口	城陵矶	鄱阳五河	湖口
年径流	一阶	99.1	99.1	98.4	97.3	95.4	97.4	93.1	93.5
	二阶	0.14	0.11	0.17	0.37	0.79	0.31	0.69	0.71
	三阶	0.13	0.1	0.17	0.24	0.59	0.26	0.59	0.6

续表

	含能比例/%	长江上游	长江中游	长江下游	洞庭四水	洞庭三口	城陵矶	鄱阳五河	湖口
年输沙	一阶	94.2	93	97.1	90.7	90.9	98.5	89	84.5
	二阶	0.83	2.16	0.69	1.76	1.64	0.26	1.33	1.79
	三阶	0.7	0.79	0.35	0.99	1.27	0.24	1.07	1.73

由于一阶模态包含了时间序列的绝大多数能量（>84%），一阶模态可以优良近似原始序列，故分析一阶模态即可推得原始序列的趋势。归一化的一阶模态见图 8.2，长江上游、长江中游、洞庭三口及城陵矶存在年径流较为明显的下降趋势；而长江下游、洞庭四水、鄱阳五河及湖口的年径流却存在上升的趋势。对于年输沙序列，除湖口外，其他位置均存在明显的下降趋势。值得指出的是，图 8.2 中的一阶模态的斜率并不代表真实的变化率，必须乘以特征值才能得到真实值。

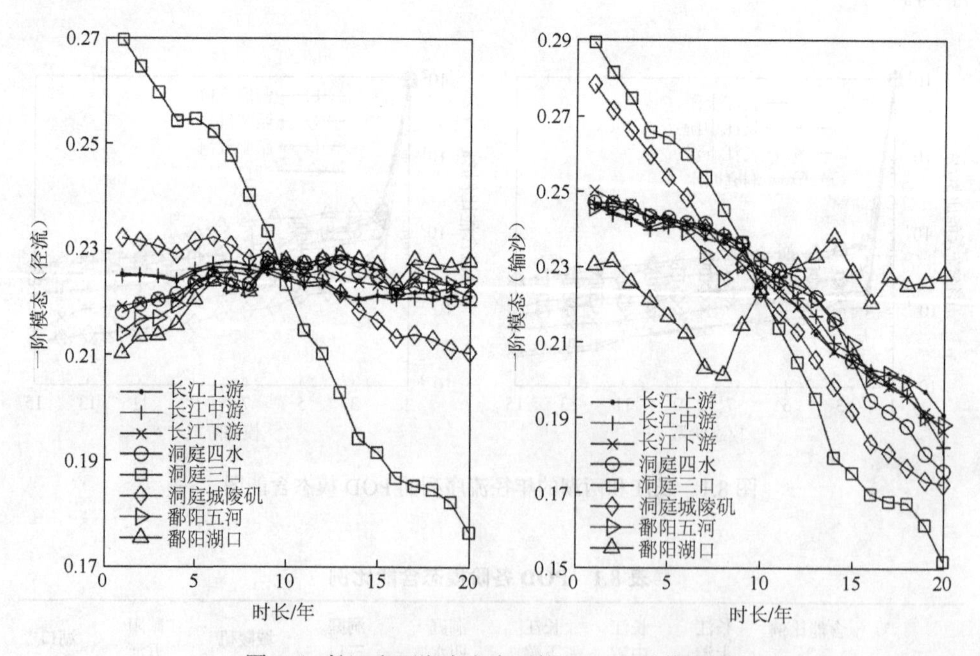

图 8.2　长江和两湖水文序列的 POD 一阶模态图

用最小二乘法拟合出图 8.2 中一阶模态的斜率，结合一阶模态的特征值得出年径流及年输沙序列的年变化率和总变化率。联合图 8.2 及表 8.2 可知，洞庭三口及城陵矶的年径流急剧减少，年递减率分别为−19.7 亿 t/a 及−15.8 亿 t/a，而洞庭四水年径流却以 0.7 亿 t/a 的速率增长；长江中上游径流的年递减率约为 –5 亿 t/a，但长江下游径流以 4.8 亿 t/a 增长；鄱阳湖的五河和湖口都存在径流增加趋势，递增率分别为 2.1 亿 t/a 及 5.3 亿 t/a。

通过年变化率可以计算序列 58 年的总变化率，公式如表 8.2 所示，即 58 年的总变化值除以 58 年的均值。可知，长江的年径流序列在过去的 58 年时间里变化很小，总变化率的绝对值都小于 10%；鄱阳五河的径流变化也在 10%左右，而湖口变化率约 20%；洞庭四水总变化率很小，但城陵矶径流递减了约 30%，而洞庭三口径流递减了近 140%。

结合图 8.2 及表 8.2 可知，长江输沙量的递减率约为–600 万 t/a，远远高于洞庭湖和鄱阳湖的输沙递减率，但洞庭三口的输沙递减率（约–380 万 t/a）相对较大。58 年来，长江上、中、下三游的输沙总变化率可达约–100%，说明来沙条件发生了极为剧烈的变化。与之类似，鄱阳五河的输沙总变化近–90%；洞庭湖的输沙总变化率更为显著，尤其是洞庭三口，其总变化可达近–220%。由此可知，长江流域近半个世纪以来，由气候变化及人类活动导致的泥沙输移量骤减情况甚为显著。

表 8.2　基于 POD 一阶模态计算的长江和两湖年径流及年输沙变化率

		长江			洞庭湖			鄱阳湖	
		上游	中游	下游	四水	三口	城陵矶	五河	湖口
年径流	一阶模态斜率 k	-2.67×10^{-4}	-3.59×10^{-4}	1.21×10^{-4}	8.70×10^{-5}	-5.36×10^{-3}	-1.28×10^{-3}	4.18×10^{-4}	7.97×10^{-4}
	一阶模态特征值 λ_1	1.11×10^{10}	1.43×10^{10}	6.26×10^{10}	2.21×10^{9}	5.27×10^{8}	5.95×10^{9}	9.53×10^{8}	1.74×10^{9}
	年变化率 ψ/(亿 t/a)	–4.5	–6.9	4.8	0.7	–19.7	–15.8	2.1	5.3
	总变化 $\delta=58\psi$/亿 t	–261	–399	280	38	–1144	–915	120	308
	均值 μ/亿 t	3758	4248	8840	1651	824	2759	1080	1457
	总变化率 $\varphi=\delta/\mu$/%	–6.9	–9.4	3.2	2.3	–138.8	–33.2	11.1	21.2
年输沙	一阶模态斜率 k	-3.11×10^{-3}	-3.34×10^{-3}	-3.54×10^{-3}	-3.88×10^{-3}	-7.68×10^{-3}	-5.90×10^{-3}	-3.12×10^{-3}	/
	一阶模态特征值 λ_1	1.43×10^{4}	1.67×10^{4}	1.26×10^{4}	5.94×10^{1}	9.27×10^{2}	1.06×10^{2}	1.58×10^{1}	/
	年变化率 ψ/(亿 t/a)	–594.3	–691.0	–635.2	–47.9	–374.6	–97.3	–19.8	/

续表

		长江			洞庭湖			鄱阳湖	
		上游	中游	下游	四水	三口	城陵矶	五河	湖口
年输沙	总变化 δ=58ψ/亿 t	−34470	−40080	−36840	−2780	−21725	−5641	−1151	/
	均值 μ/亿 t	40162	40701	37258	2441	10105	3663	1296	/
	总变化率 $\varphi=\delta/\mu$/%	−85.8	−98.5	−98.9	−113.9	−215.0	−154.0	−88.8	/

注：$\psi=k(\lambda_1/N_8)^{0.5}$，其中，$N_8$是 POD 计算的段数；“/”表示不存在明显递增或递减趋势

8.2.2 二维方腔紊流

本例使用与 6.4 节中方腔流相同的数据进行 POD 分析。图 8.3 是带有方腔的槽道流示意图，槽道上游来流在导边处分离，其中绝大部分来流仍以较快的速度向下游水平运动，即槽道主流；在导边处分离的剪切层，往下游运动及发展的过程中可能与方腔底部、下游边墙及随边冲撞，导致这一区域的流态十分复杂。为下文叙述方便，带有方腔的槽道简称“方腔”。

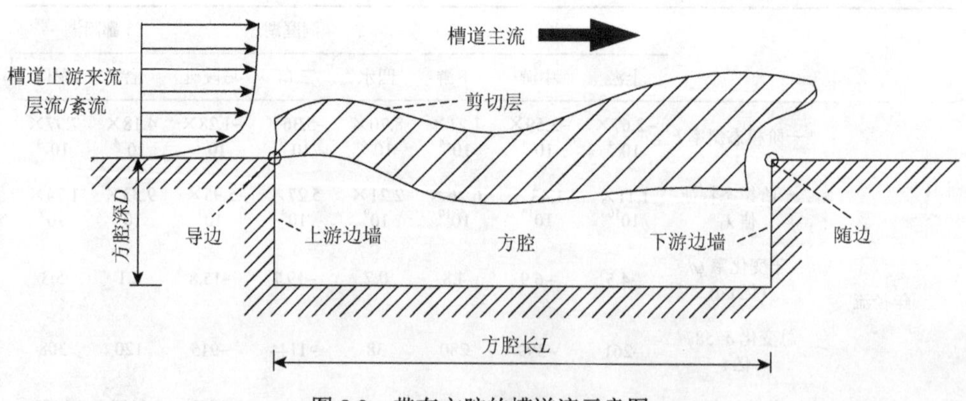

图 8.3　带有方腔的槽道流示意图

图 8.4 给出了 $Re=240$ 与 $Re=4190$ 组次的时均流场，两者的流场结构基本一致。由图可知，由于剪切层在随边冲撞，导致一部分流速较大的流体沿着方腔下游边墙潜入方腔底部，再返回主流区，形成类似的环流结构。此外，方腔的左下角存在一个小环流，大小环流的旋转方向相反，小环流可能由大环流局部上升的流体所诱导产生。对比方腔内的复杂流态，主流区的流线基本水平。

采用 POD 方法提取脉动流场序列中的主要含能模态，各组次的前三阶含能模态的流场见图 8.5，其中矢量代表流速场，等值线为时均雷诺应力场。

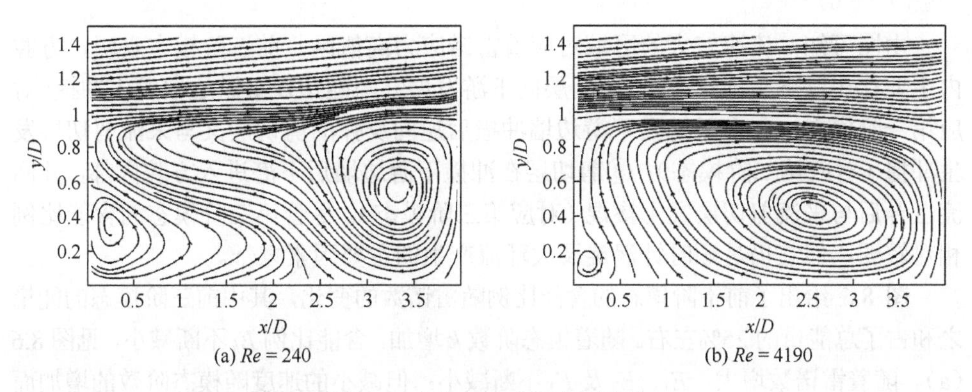

图 8.4　方腔内的时均流速场图

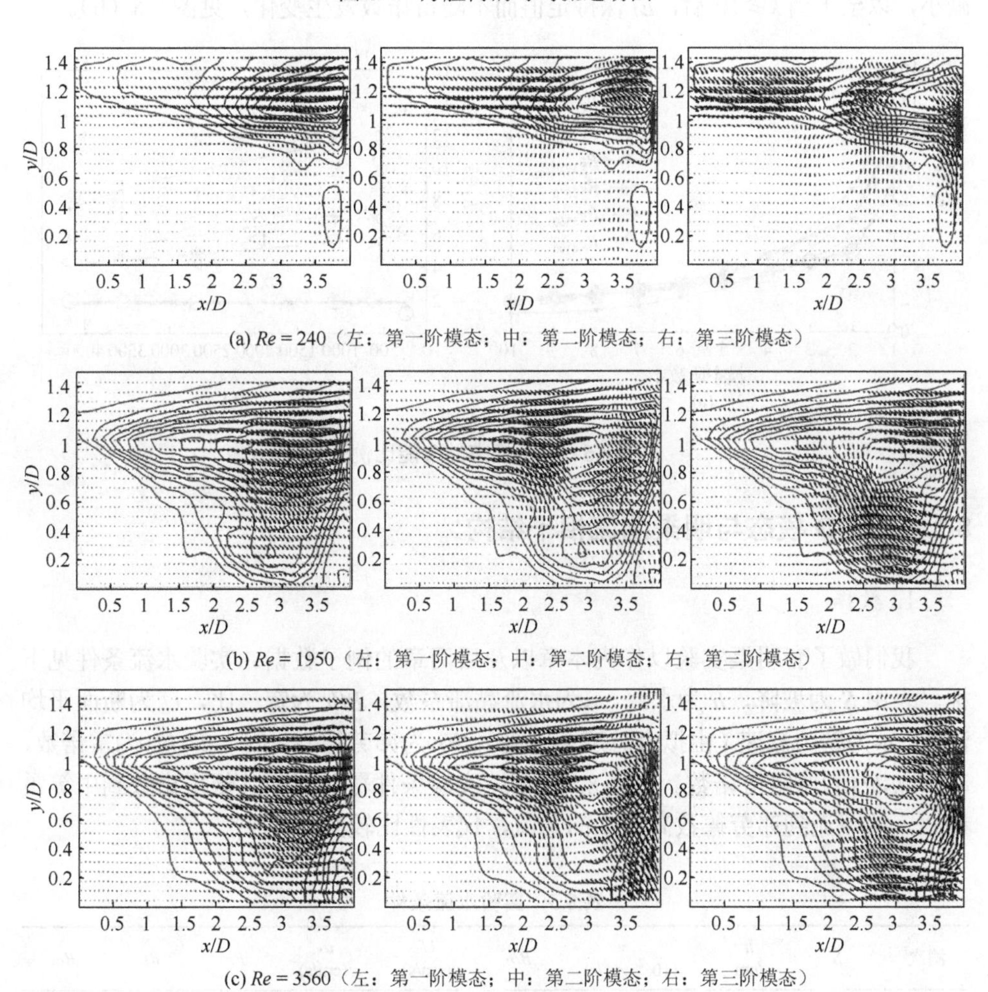

图 8.5　前三阶含能模态的流场图

由图可知，流速较大的区域对应着雷诺应力高值区。前三阶模态表明，方腔内主要存在以下三种流态：①剪切层向下游发展并与随边及下游边墙发生冲撞（对应第一阶模态）；②在随边及下游边墙冲撞后逆向反弹的剪切层又与来流剪切层发生冲撞（对应第二阶模态）；③剪切层在冲撞下游边墙后下潜进入方腔内部，并回流上升后与来流剪切层发生掺混（对应第三阶模态）。尽管第三阶模态的含能比例相对较弱，但它仍是顺时针涡旋及大环流产生的主要因素之一。

图 8.6 给出了前十阶模态的含能比例随雷诺数的变化，其中前三阶模态的能量之和占了总能量的25%左右。随着模态阶数 k 增加，含能比例 E_k 不断减小，见图 8.6（a）。随着雷诺数增大，E_1、E_2 及 E_3 不断减小；但减小的速度随模态阶数的增加而减小，以至于当 $k \geqslant 10$ 后，E_k 保持定值而不随雷诺数发生变化，见图 8.6（b）。

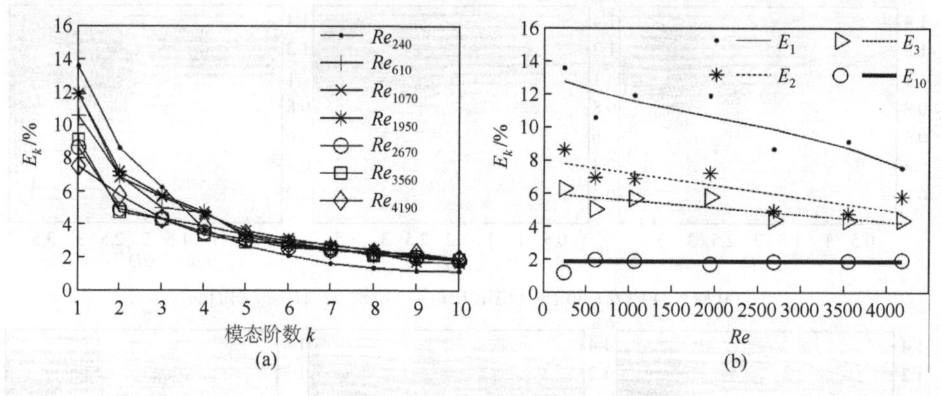

图 8.6 各阶模态的含能比例

8.2.3 POD 模态与明渠湍流相干结构

1. 数据

我们做了套明渠实验以作为本章以及后两章的例子数据。实验水流条件见下标。表中 S 为坡降，h 为水深，ν为水流黏滞系数，B/h 为宽深比，U 为断面平均流速，u_*为摩阻流速（由拟合总应力得到），Fr 为弗劳德数，$Re = U_m h/\nu$为雷诺数，$Re_\tau = u_* h/\nu$为摩阻雷诺数。从表 8.3 可见，实验条件覆盖范围从低雷诺数到中等雷诺数、从缓流到弗劳德数高达 2 的急流，代表性比较充分。

表 8.3 实验水流条件

测次	S	h /cm	ν /(10^{-2} cm^2/s)	B/h	U /(cm/s)	u_* /(cm/s)	Fr	Re	Re_τ
C1	0.0019	2.80	1.11	10.7	38.0	2.25	0.73	9586	560
C2	0.0007	4.43	1.11	6.8	30.7	1.75	0.47	12252	679

续表

测次	S	h /cm	ν /(10^{-2} cm²/s)	B/h	U /(cm/s)	u_* /(cm/s)	Fr	Re	Re_τ
C3	0.0036	2.90	1.06	10.3	58.1	3.29	1.09	15895	880
C3P	0.0036	2.90	1.06	10.3	58.1	3.29	1.09	15895	880
C3S	0.0036	2.90	1.06	10.3	58.1	3.29	1.09	15895	880
C4	0.0036	3.91	1.13	7.7	76.3	3.73	1.23	26401	1235
C5	0.006	3.37	1.12	8.9	90.3	4.39	1.57	27171	1295
C6	0.01	2.88	1.11	10.4	106.5	5.20	2.00	27632	1353
C7	0.001	3.35	0.95	9.0	29.2	1.71	0.51	10296	603

采用北京江宜科技有限公司生产的高频 PIV 系统测量瞬时流场。各测次 PIV 参数见表 8.4。曝光时间综合考虑了粒子拖尾和图片亮度，设定为 150～200μs。为了保证样本的独立性，除 C3P 和 C3S 外，采样频率均为 1Hz，即 1s 得到 1 个流场，采样容量均为 5000 个流场，大样本容量确保统计结果的收敛性。C3P 和 C3S 的水流条件与 C3 相同，采样频率设定为 2500Hz。C3P 为高频全流场数据，主要研究相干结构的时间演化，流场个数为 5596；C3S 为高频垂线流速数据，主要研究明渠紊流的能谱密度特性，流场个数为 36945。为了保证每个测次从相干结构的角度上具有相同的测点分辨率，根据水流条件调整了图像分辨率，使得除 C3S 外，最终以内尺度无量纲化的测点间距均在 8 左右。上标“+”表示以内尺度无量纲化。C3S 的无量纲分辨率约为 4，增加对小尺度脉动的分辨能力以得到更好的能谱密度。

表 8.4　PIV 参数

测次	图像尺寸/像素			曝光时间 /μs	采样频率 /Hz	流场数量	图像分辨率 /(像素/mm)	Δx^+	Δy^+	Δz^+
	x	y	z							
C1	1280	560	—	150	1	5000	21	7.7	7.7	—
C2	1280	704	—	150	1	5000	16	7.9	7.9	—
C3	1280	896	—	150	1	5000	32	7.8	7.8	—
C3P	1280	896	—	150	2500	5596	32	7.8	7.8	—
C3S	128	896	—	150	2500	36945	32	3.9	3.9	—
C4	928	1248	—	150	1	5000	33	8.1	8.1	—
C5	672	1280	—	150	1	5000	39	8.0	8.0	—
C6	448	1280	—	150	1	5000	49	7.6	7.6	—
C7	1920	—	2560	200	1	5000	28	5.1	—	5.1

采用多重网格迭代法分析PIV图片对，C3S最小一级窗口尺寸为4像素×4像素，不重叠，其他均为16像素×16像素，两方向重叠50%。使用高斯窗避免窗口边界对傅里叶变换结果的影响，利用三点高斯插值得到亚像素位移，中值准则剔除错误矢量，并使用距离权重高斯插值插补，最后使用3×3高斯滤波对流场进行去噪。

2. POD 模态分析

图 8.7 是三个测次的本征值谱，即各阶模态对应的λ_i的变化，显示了紊动能在各阶模态上的分布。计算图 8.7 时，为了使得不同测次的结果具有可比性，三个测次流场纵向范围均取为 0.3 倍水深，垂向为全水深。每阶模态能量分数按$P_i = \lambda_i/E \times 100$ 计算。由图可知，随着模态阶数增加，模态包含的平均紊动能急剧减少。一般地，湍流中含能越多的，结构尺度越大，所以低阶模态表示较大尺度的结构，高阶模态表征较小尺度的结构。表 8.5 给出了三个测次前十阶模态分别占有的紊动能分量。由表可知，各测次前四阶模态的能量分数即达到了总紊动能的 50%，说明前四阶模态代表了明渠紊流中的主要含能相干结构。

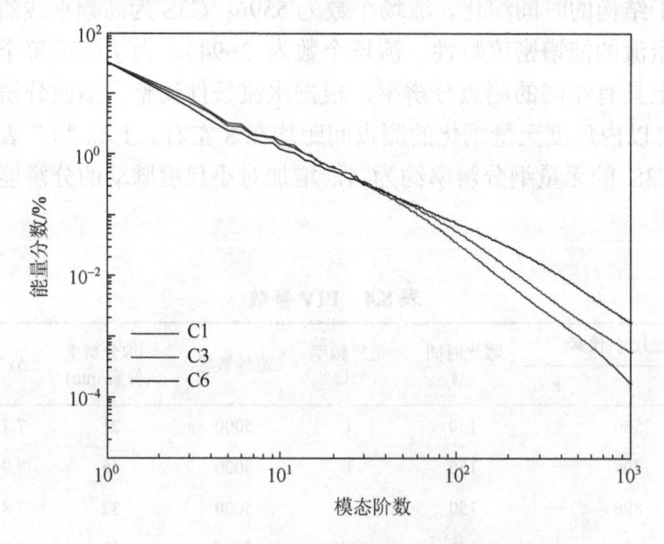

图 8.7　POD 分解的本征值谱（见书后彩图）

表 8.5　湍动能分量在各阶 POD 模态中分布

模态阶数	C1/%	C3/%	C6/%
1	33.45	33.33	33.73
2	14.11	13.09	11.93
3	8.44	7.38	6.10

续表

模态阶数	C1/%	C3/%	C6/%
4	5.07	4.67	3.59
5	3.33	2.97	2.46
6	3.10	2.78	2.27
7	2.16	2.03	1.68
8	2.05	1.95	1.57
9	1.97	1.83	1.54
10	1.66	1.48	1.22

图 8.8 给出了 C3 测次前四阶 POD 模态，计算时共使用了 5000 帧独立流场。为了满足数据维数小于独立样本数的要求，对流场纵垂向均进行了隔两点采样。其他测次所得模态结构与 C3 测次类似，因此这里主要讨论 C3 测次的结果。图 8.8（a）为一阶模态，整个流场呈斜向下方流动，由于 POD 分析建立在脉动流场基础上，所以一阶模态实际上表征了全水深的 Q4 事件。一阶模态中没有出现别的结构，说明 Q4 事件的尺度远大于测量窗口的尺度。二阶模态的最大特征是出现了一条倾斜带，之上是 Q2 事件，之下是 Q4 事件，由流动的

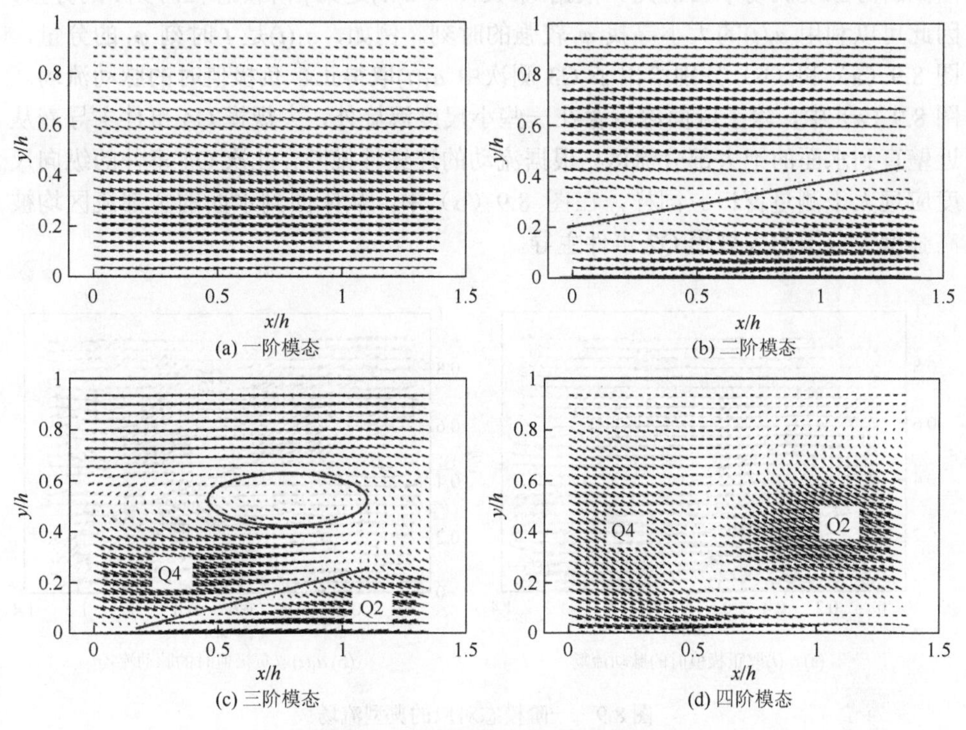

图 8.8　C3 测次前四阶 POD 模态

连续性可知，在测量窗口前后还应有一段倾斜带，整个倾斜带的尺度与 h 大致同量级。三阶模态的结构比较复杂，底部出现了与二阶模态类似的倾斜结构，其上为一横向涡。从倾斜带判断，二阶与三阶模态应该存在一定关系。四阶模态大致分为左右两部分，分别是 Q4 和 Q2 事件。下面的小节将分别讨论超大尺度结构和大尺度结构，从中可以看到，一阶模态和二阶、三阶模态分别是超大尺度结构和大尺度结构在观察窗口中留下的特征流场。

3. 大规模 Q2/Q4 事件

图 8.8（a）中，一阶模态 $\boldsymbol{\varphi}_1$ 在全水深均呈现 Q4 事件，没有别的结构出现，这意味着 $\boldsymbol{\varphi}_1$ 代表的相干结构的纵向尺度远大于测量窗口（约 1.5h）。另外，根据式（8.1），各阶模态 $\boldsymbol{\varphi}_j$ 需要与对应的系数 $a_j(t)$相乘，$a_j(t)$可正可负。因此，当 $a_j(t)$ 出现负值时，模态 $\boldsymbol{\varphi}_j$ 中的 u、v 皆反向。对于 $\boldsymbol{\varphi}_1$ 来讲，当 $a_1(t)$为负时，全流场成为斜向后上方流动，即 Q2 事件。并且，从表 8.5 可以看到，不同测次 $\boldsymbol{\varphi}_1$ 包含的紊动能分数均大于 30%，代表了含能极高的相干结构。综合来看，$\boldsymbol{\varphi}_1$ 反映的是明渠紊流中的大规模 Q2/Q4 事件。

POD 模态表征的是各种结构的统计形式，在实际流动中的具体表现形式要回到瞬时脉动流场中去研究。根据式（8.1），$a_j(t)$是第 j 阶模态在时刻 t 的分量，因此可以利用 $a_j(t)$的大小寻找 $\boldsymbol{\varphi}_j$ 较强的时刻。例如，$a_1(t)$是 t 时刻 $\boldsymbol{\varphi}_1$ 的分量，图 8.9（a）和（b）分别给出了 C3 测次中 $a_1(t)$取得正、负极值时的脉动流场。图 8.9（a）中，除了床面附近存在一些小尺度涡旋外，大规模 Q4 事件主导着从近壁直到水面的绝大部分流区，根据流动的连续性推断，此次 Q4 事件的纵向尺度应远大于测量窗口。同样，在图 8.9（b）中，从床面到水面的全部流区均被高强度大范围的大规模 Q2 事件主导。

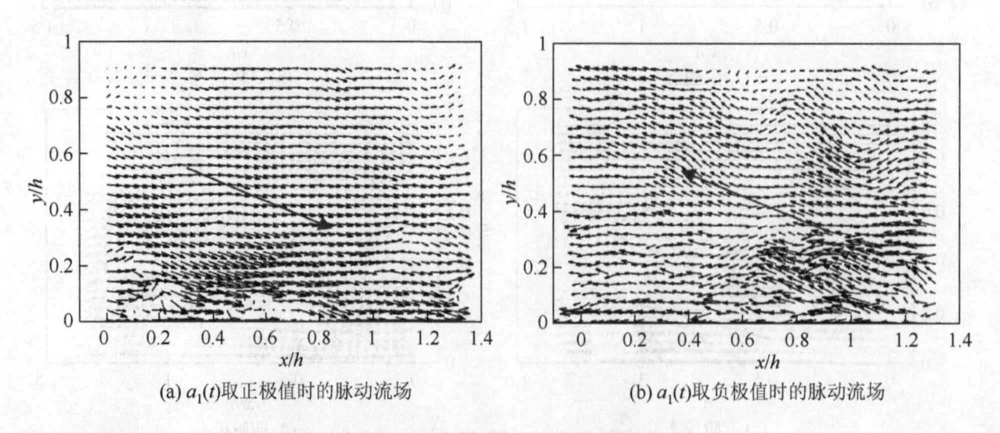

(a) $a_1(t)$取正极值时的脉动流场　　(b) $a_1(t)$取负极值时的脉动流场

图 8.9　一阶模态对应的典型流场

超大尺度流向涡与大规模 Q2/Q4 事件的关系如图 8.10 所示。图 8.10（a）、（b）、（c）和（d）分别是对 $a_1 \geqslant 10$、$0 \leqslant a_1 < 10$、$-10 \leqslant a_1 < 0$ 和 $a_1 \leqslant -10$ 的脉动流场的条件平均，分别对应图中从上游到下游的 4 个 PIV 测量平面。超大尺度流向涡沿横向并列，当测量平面位于超大尺度流向涡向上旋转一侧时，出现大规模 Q2 事

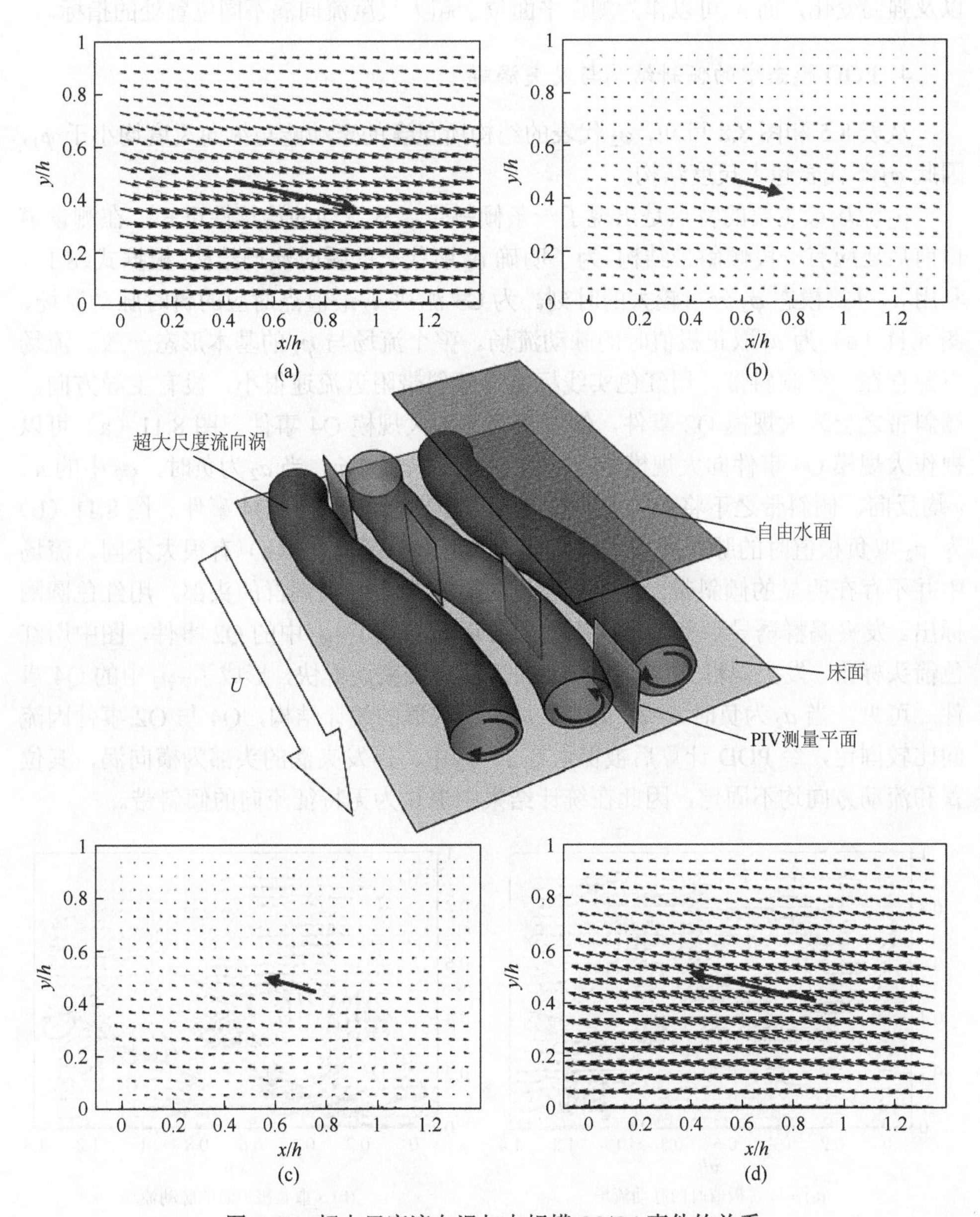

图 8.10　超大尺度流向涡与大规模 Q2/Q4 事件的关系

件，当位于向下旋转一侧时，出现大规模 Q4 事件。位于流向涡不同部位时，Q2 和 Q4 的强度有所变化，刚好位于两流向涡之间时，两流向涡诱导产生同样方向的流动，因此 Q2 与 Q4 相对较强，位于流向涡中部时，Q2 和 Q4 相对较弱。流向涡会在 z 方向上缓慢摆动，因此会不断穿过固定的测量平面，造成 Q2、Q4 的交替以及强弱变化，而 a_1 可以作为测量平面位于超大尺度流向涡不同位置处的指标。

4. POD 模态中的倾斜结构与发夹涡群

从表 8.5 和图 8.8 可知，$\boldsymbol{\varphi}_2$ 代表的结构所包含的紊动能与纵向尺度均小于 $\boldsymbol{\varphi}_1$，因此 $\boldsymbol{\varphi}_2$ 不代表超大尺度结构。

$\boldsymbol{\varphi}_2$ 流场最主要的特点是出现了一条倾斜带，从流动的连续性可知，在测量窗口前后还应有一段倾斜带结构。为了明确 $\boldsymbol{\varphi}_2$ 所代表的瞬时流场结构，根据式(8.1)，利用 a_2 寻找模态 $\boldsymbol{\varphi}_2$ 分量较大的时刻。为 C3 测次 a_2 最值点对应的瞬时脉动流场，图 8.11（a）为 a_2 取正极值时的脉动流场。整个流场与 $\boldsymbol{\varphi}_2$ 的基本形态一致。流场下部存在一条倾斜带，用红色实线标出，倾斜带附近流速很小，没有主导方向。倾斜带之上为大规模 Q2 事件，倾斜带之下为大规模 Q4 事件。图 8.11（a）可以视作大规模 Q4 事件向大规模 Q2 事件转变的过渡流场。当 a_2 为负时，$\boldsymbol{\varphi}_2$ 中的 u、v 均反向，倾斜带之下将变为 Q2 事件，倾斜带之上将变为 Q4 事件。图 8.11（b）为 a_2 取负极值时的脉动流场。整个流场的形态与图 8.11（a）有很大不同。流场中并不存在明显的倾斜带，而是在相同位置出现了发夹涡群的头部，用红色圆圈标出。发夹涡群诱导下部流体向斜后上方运动形成了 $-\boldsymbol{\varphi}_2$ 中的 Q2 事件，图中用红色箭头标出。发夹涡群上部流区运动的速度较发夹涡群快，形成了 $-\boldsymbol{\varphi}_2$ 中的 Q4 事件。可见，当 a_2 为负时，$-\boldsymbol{\varphi}_2$ 实际上是发夹涡群的统计结构，Q4 与 Q2 事件因流向比较固定，经 POD 计算后被保留在了 $-\boldsymbol{\varphi}_2$ 中，而发夹涡的头部为横向涡，其位置和流动方向均不固定，因此在统计结果中退化为无特征流向的倾斜带。

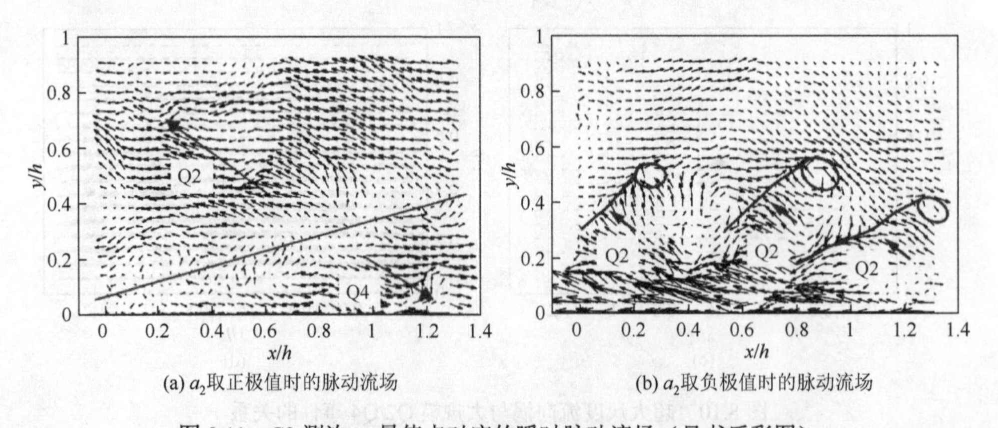

(a) a_2 取正极值时的脉动流场　　(b) a_2 取负极值时的脉动流场

图 8.11　C3 测次 a_2 最值点对应的瞬时脉动流场（见书后彩图）

值得注意的是，$\boldsymbol{\varphi}_3$ 中也出现了倾斜带结构，且其倾斜角度与 $\boldsymbol{\varphi}_2$ 类似，位置较 $\boldsymbol{\varphi}_2$ 中的倾斜带低。相似的结构显示二者存在一定关系。利用时间滑动相关研究二者之间的关系。由于仅当 a_2 为负值时 $\boldsymbol{\varphi}_2$ 代表发夹涡群结构，因此对 $a_2(t)$做如下处理：

$$a_{N,2}(t)=\begin{cases}0 & a_2(t)>0\\ a_2(t) & a_2(t)\leqslant 0\end{cases} \tag{8.9}$$

使用处理后的序列与 a_3 做时间滑动相关：

$$C_{23}(\Delta t)=\frac{\sum_t a_{N,2}(t)a_3(t+\Delta t)}{\sqrt{\sum_t a_{N,2}(t)^2\sum_t a_3(t+\Delta t)^2}} \tag{8.10}$$

图 8.12 为 C_{23} 随 Δt 的变化图。其中，纵坐标为相关系数 C_{23}，横坐标使用泰勒冻结假定将 Δt 乘以断面平均流速 U，转化为空间尺度，并用水深 h 无量纲化。从图中可见，在 $\Delta tU/h=0.56$ 与 -1.2 处出现了正负两个峰值点，峰值点的相关系数均大于 0.4，说明相关性较强。这两个峰值点揭示出，在 $-\boldsymbol{\varphi}_2$ 出现在测量窗口之前与之后，从统计意义上讲会分别出现 $-\boldsymbol{\varphi}_3$ 与 $\boldsymbol{\varphi}_3$。根据图 8.13 的结果，对 $-\boldsymbol{\varphi}_2$ 与 $\boldsymbol{\varphi}_3$ 进行空间拼接。首先固定 $-\boldsymbol{\varphi}_2$，在其下游作出 $-\boldsymbol{\varphi}_3$，并使得 $-\boldsymbol{\varphi}_3$ 与 $-\boldsymbol{\varphi}_2$ 中心线间距离为 $1.2h$，之后在 $-\boldsymbol{\varphi}_2$ 上游作出 $\boldsymbol{\varphi}_3$，并使得 $\boldsymbol{\varphi}_3$ 与 $-\boldsymbol{\varphi}_2$ 中心线间距离为 $0.56h$，为了保证结构的连续性，对模态间的相对位置做了微调，拼接结果见图 8.13。

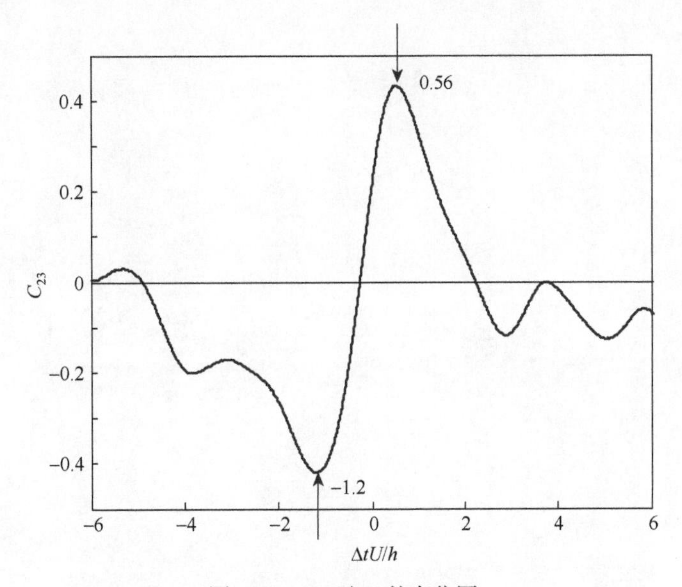

图 8.12　C_{23} 随 Δt 的变化图

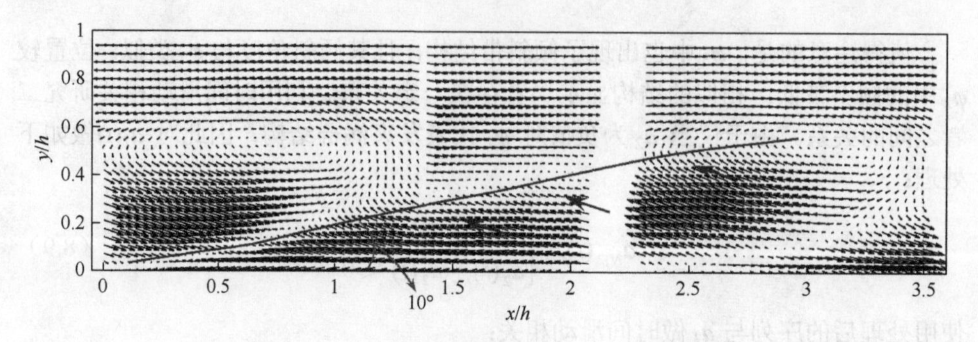

图 8.13　根据 C_{23} 的峰值对 $-\varphi_2$ 和 $\pm\varphi_3$ 拼接结果

图 8.13 最显著的特征即为倾斜带，倾斜带下方为 Q2 事件。根据上文分析，倾斜带的实质是发夹涡群的头部，而倾斜带下方的 Q2 事件由发夹涡群的输运作用产生。因此，倾斜带的纵向尺度即是发夹涡群的特征尺度。从图 8.13 可以看出，倾斜带长度大致在 $3h$ 左右。由于 POD 模态是反复出现的相干结构的统计平均，发夹涡群出现位置不总是精确位于某一处，而是会或左或右变化，所以统计平均流场中所得结构会大于瞬时流场中的结构。结合瞬时流场等动量区的分析，明渠紊流中发夹涡群的实际尺度应该在 h～$3h$。倾斜带与床面夹角约为 10°，实际发夹涡头部连线与床面大致成 10°～30°角，POD 模态中倾角偏小也是由统计平均所致。

综合可知，与其他类型壁面湍流类似，明渠紊流中也存在着发夹涡群结构。发夹涡群结构的特征尺度为 h～$3h$，是外区两种主导相干结构之一，并诱发产生了等动量区与 POD 模态倾斜结构等大尺度相干现象。

第9章 涡旋识别

上面各章介绍的方法本质上是具有普遍性质的数据分析手段，并不是湍流数据分析所特有。本章介绍的涡旋识别方法是湍流中的特有数据分析方法。

到目前为止，我们并没有详细定义涡旋（vortex）、涡（eddy）、相干结构（coherent structures）等术语，大多数文献中也常常混用这些词汇。但是本章中的“涡旋”有其特定的含义，与涡、相干结构等有所区别，因此，首先厘清这几个词汇的具体含义。然而，学术界对这几个概念均没有非常明确的定义，我们根据 Marusic 和 Adrian 的分析大致给出以下描述[105]。

相干结构：流场中有组织的运动区域，在该区域内至少有一个变量（如流速、密度、温度等）与其自身或者其他变量间在远大于流动最小尺度的时间及空间间隔内存在极大的相关性，作为构成流动的基础，虽然随机但是具有典型的可识别的时空拓扑结构，并在流动中反复出现，对湍流平均流场的各种统计特征有重要影响，它们可以是旋转结构也可以不是。

涡：具有旋转运动的相干结构。

涡旋：在三维流场中携带涡量的细长的涡丝（vortex filament）或涡管（vortex tube），在垂直于涡管轴向的切面上，其诱导流场具有典型的旋转运动。

从以上描述可以看到，相干结构是一切湍流中有组织的流动结构的总称，涡是相干结构的子集，而涡旋又是涡的子集。本章中主要讨论的即涡旋。按照如上区分，涡旋将是携带湍流中涡量的主要结构之一，而相干结构则不一定携带涡量。例如，分别在大尺度和小尺度上重构湍流场后，会发现大尺度相干结构几乎不携带涡量，涡量主要集中在小尺度结构中[106]。因此，涡旋也是涡动力学研究的主要课题。然而，目前并没有一个关于涡旋的确切定义，这导致我们无法根据定义从流场中识别涡旋。不过，Robinson 于 1991 年提出过一个唯象定义被广为引用：“涡量高度集中的涡核区域，在随涡核中心移动的参考系上，若将涡核区的瞬时流线投影至垂直于涡核的平面，会得到典型的圆环或螺旋形状”。目前大多数涡旋识别方法均与此定义的内涵相符。这个定义对涡旋识别有三点指导意义：其一为涡旋识别方法应该主要识别涡核，因为涡量只集中在涡核中；其二为涡旋识别方法应该满足伽利略不变性[107]；其三为必要时候，需要对流场进行一定的分解才能看到涡旋。

由于涡旋核心区域集中了涡量，因此研究者最早尝试使用涡量识别涡旋。但是随后发现涡量存在明显的缺点，它不能区分旋转运动和纯剪切，在这两种情况下，均能得到较大的涡量。在 9.1.2 节我们可以看到涡量同时包含对涡旋造成的“宏观旋转”和剪切造成的“微观旋转”的度量。因此，在剪切较强的流动情形下涡量判据会失效，如射流、明渠湍流床面附近等。涡量判据被放弃后，研究者开始寻找其他涡旋指标量，目前常用的指标量大致可以分为基于速度梯度张量的各种指标量、基于模式识别方法、基于局部流线几何特征的方法以及非局部分析的方法。本章首先集中介绍常用涡旋识别方法的原理，之后给出应用涡旋识别方法研究明渠涡旋特征的实例。

9.1 常用涡旋识别方法

9.1.1 基于速度梯度张量的指标量

基于瞬时速度梯度张量 $\nabla\tilde{\boldsymbol{u}}$ 的各类方法是目前最常用的涡旋指标量。它们都是单点局部分析方法并且满足伽利略不变性。这些指标量主要是各种 $\nabla\tilde{\boldsymbol{u}}$ 的不变量或者不变量的组合，这种张量不变量分析的基础是临界点理论。临界点理论是一种利用偏微分方程组分析局部流动特性的技术，即使我们不知道当地 N-S 方程的具体解[108]。临界点理论只能在流速为 0 的地方应用，但是在实际分析时，可以应用伽利略变换减去待分析点的局部速度，使得待分析点在新坐标系下的流速为 0，成为临界点。因此，通过伽利略变换，流场中的任何点均可以被视为临界点[109]。基于该理论，流动的局部拓扑性质是速度梯度张量 $\nabla\tilde{\boldsymbol{u}}$ 或其特征值确定的，速度梯度张量 $\nabla\tilde{\boldsymbol{u}}$ 的特征方程为

$$\begin{cases}\lambda^3+P\lambda^2+Q\lambda+R=0\\P=-A_{ii}\\Q=\dfrac{1}{2}(A_{ii}A_{jj}-A_{ij}A_{ji})\\R=-\det\boldsymbol{A}\end{cases}\tag{9.1}$$

式中，$\boldsymbol{A}$ 为速度梯度张量 $\nabla\tilde{\boldsymbol{u}}$：

$$\boldsymbol{A}=\nabla\tilde{\boldsymbol{u}}=\begin{pmatrix}\dfrac{\partial\tilde{u}}{\partial x}&\dfrac{\partial\tilde{v}}{\partial x}&\dfrac{\partial\tilde{w}}{\partial x}\\\dfrac{\partial\tilde{u}}{\partial y}&\dfrac{\partial\tilde{v}}{\partial y}&\dfrac{\partial\tilde{w}}{\partial y}\\\dfrac{\partial\tilde{u}}{\partial z}&\dfrac{\partial\tilde{v}}{\partial z}&\dfrac{\partial\tilde{w}}{\partial z}\end{pmatrix}\tag{9.2}$$

P、Q 和 R 是 $\boldsymbol{A}$ 的三个不变量。为了更加清晰地表达物理意义，$\boldsymbol{A}$ 可以被分解为对称张量 $\boldsymbol{S}$ 和反对称张量 $\boldsymbol{\Omega}$：

$$\boldsymbol{S}=\frac{1}{2}(\boldsymbol{A}+\boldsymbol{A}^{\mathrm{T}})$$
$$\boldsymbol{\Omega}=\frac{1}{2}(\boldsymbol{A}-\boldsymbol{A}^{\mathrm{T}}) \tag{9.3}$$

式中，上标 T 表示转置；$\boldsymbol{S}$ 为流体微团的应变率；$\boldsymbol{\Omega}$与流体微团的旋转角速度矢量的分量相对应，称为旋转张量。实际上$\boldsymbol{\Omega}$与涡量$\boldsymbol{\omega}$存在如下关系：

$$\boldsymbol{\Omega}=\boldsymbol{E}\times\boldsymbol{\omega} \tag{9.4}$$

式中，$\boldsymbol{E}$ 为单位张量。用 $\boldsymbol{S}$ 和 $\boldsymbol{E}$ 表示特征值 Q 即得

$$Q=\frac{1}{2}(\Omega_{ij}\Omega_{ij}-S_{ij}S_{ij}) \tag{9.5}$$

Hunt 等[110]提出 Q 判据，即 $Q>0$ 时压强较周围流体低的区域认为存在涡旋。从式（9.5）可以看到，当 $Q>0$ 时，旋转张量$\boldsymbol{\Omega}$主导了流动，Q 可以看做平衡应变率之后剩余的旋转率。

Perry 等[109, 111]提出涡旋的定义为："涡旋核心区是流场中涡量足够强使得旋转率张量占主导地位的区域，即变形率张量有复特征值的区域。"根据这个定义，方程式（9.1）在涡旋核心区具有复数解。对于不可压缩流动（$P=0$），方程式（9.1）的判别式为

$$\varDelta=\left(\frac{R}{2}\right)^2+\left(\frac{Q}{3}\right)^3 \tag{9.6}$$

当$\varDelta<0$ 时，方程式（9.1）有三个实根，当$\varDelta>0$ 时，方程式（9.1）有一个实根和两个共轭复根。因此，$Q>0$ 判据是$\varDelta>0$ 判据的充分非必要条件。

Jeong 和 Hussain[112]提出λ_2 判据：$\boldsymbol{S}^2+\boldsymbol{\Omega}^2$ 存在两个负特征值的区域即为涡旋的核心区。这一判据是基于提取局部压强最小区域的原理推导得到的。由于 $\boldsymbol{S}^2+\boldsymbol{\Omega}^2$ 是对称张量，只存在实数特征值，如果第二特征值λ_2 为负，则存在两个负特征根，所以这个判据等价于$\lambda_2<0$。Q 实际上可以通过 $\boldsymbol{S}^2+\boldsymbol{\Omega}^2$ 的特征值表示：

$$\begin{aligned}Q&=\frac{1}{2}(\Omega_{ij}\Omega_{ij}-S_{ij}S_{ij})\\&=\frac{1}{2}\mathrm{tr}(\boldsymbol{\Omega}\cdot\boldsymbol{\Omega}^{\mathrm{T}}-\boldsymbol{S}\cdot\boldsymbol{S}^{\mathrm{T}})\\&=\frac{1}{2}\mathrm{tr}(\boldsymbol{S}^2+\boldsymbol{\Omega}^2)\\&=\frac{1}{2}(\lambda_1+\lambda_2+\lambda_3)\end{aligned} \tag{9.7}$$

由于每一个特征值均对应一个特征向量，所以 Q 判据实际是上度量所有方向上旋转运动与应变率的关系，而λ_2 判据只度量特定方向。

Zhou 等[47]提出了旋转强度判据(λ_{ci})。当 $\boldsymbol{A}$ 存在复特征值时，存在三个相互正交的特征方向 $\boldsymbol{V}_r$、$\boldsymbol{V}_{cr}$、$\boldsymbol{V}_{ci}$，这三个特征方向构成了一个局部坐标系 (x_1', x_2', x_3')，在这个局部坐标系中，临界点附近的瞬时流线可以近似为

$$\begin{cases} x_1' = C_r e^{\lambda_r t} \\ x_2' = e^{\lambda_{cr} t}\left[C_c^1 \cos(\lambda_{ci} t) + C_c^2 \sin(\lambda_{ci} t)\right] \\ x_3' = e^{\lambda_{cr} t}\left[C_c^2 \cos(\lambda_{ci} t) - C_c^1 \sin(\lambda_{ci} t)\right] \end{cases} \tag{9.8}$$

式中，C_c^1 和 C_c^2 为积分常数。在 $\boldsymbol{V}_r$ 方向上的拉伸或压缩由 λ_r 决定，而($\boldsymbol{V}_{cr}$, $\boldsymbol{V}_{ci}$)平面上的旋转运动速率由 λ_{ci} 决定。因此，λ_{ci} 越大的区域说明旋转运动越强，而 λ_{ci} 越弱的区域则在涡旋外。

以上判据皆是在三维条件下推导的，现有的大多 PIV 系统只能同时测得明渠湍流某个二维平面上的流场，利用 PIV 数据一般只能计算出速度梯度张量在测量平面内的四个分量，因此，不能直接将基于三维流速梯度张量推导出的三维涡识别方法应用于二维涡的识别。

平面二维流场中的速度梯度矩阵为

$$\boldsymbol{A} = \nabla \tilde{\boldsymbol{u}} = \begin{bmatrix} \dfrac{\partial \tilde{u}}{\partial x} & \dfrac{\partial \tilde{u}}{\partial y} \\ \dfrac{\partial \tilde{v}}{\partial x} & \dfrac{\partial \tilde{v}}{\partial y} \end{bmatrix} \tag{9.9}$$

相应地，该速度梯度矩阵的特征方程为

$$\lambda^2 + P\lambda + R = 0 \tag{9.10}$$

其中，

$$\begin{aligned} P &= -\mathrm{tr}\boldsymbol{A} = -\frac{\partial \tilde{u}}{\partial x} - \frac{\partial \tilde{v}}{\partial y} \\ R &= \det \boldsymbol{A} = \frac{\partial \tilde{u}}{\partial x}\frac{\partial \tilde{v}}{\partial y} - \frac{\partial \tilde{u}}{\partial y}\frac{\partial \tilde{v}}{\partial x} \end{aligned} \tag{9.11}$$

式中，P 为速度梯度矩阵的第一不变量；R 为速度梯度矩阵的第二不变量。式(9.10)的判别式为

$$\Delta = P^2 - 4R \tag{9.12}$$

当 $\Delta<0$ 时，速度梯度矩阵具有两个共轭复特征值 $\lambda_{cr} \pm \lambda_{ci}\mathrm{i}$ 及对应的复特征向量 $\boldsymbol{V}_{cr} \pm \boldsymbol{V}_{ci}\mathrm{i}$。在这种条件下，速度梯度矩阵可以分解为

$$\boldsymbol{A} = [\boldsymbol{V}_{cr} \quad \boldsymbol{V}_{ci}] \begin{bmatrix} \lambda_{cr} & \lambda_{ci} \\ -\lambda_{ci} & \lambda_{cr} \end{bmatrix} [\boldsymbol{V}_{cr} \quad \boldsymbol{V}_{ci}]^{-1} \tag{9.13}$$

根据临界点理论[111]，在跟随临界点迁移但不旋转的局部坐标系(x, y)下，临界点附近任一点的运动轨迹的一阶展开式为

$$\frac{\mathrm{d}x}{\mathrm{d}t}=\boldsymbol{A}\cdot x \tag{9.14}$$

将式（9.13）代入式（9.14）并整理简化后可得

$$\frac{\mathrm{d}x'}{\mathrm{d}t}=\begin{bmatrix}\lambda_{\mathrm{cr}} & \lambda_{\mathrm{ci}}\\ -\lambda_{\mathrm{ci}} & \lambda_{\mathrm{cr}}\end{bmatrix}\cdot x' \tag{9.15}$$

其中，

$$x'=[\boldsymbol{V}_{\mathrm{cr}}\quad \boldsymbol{V}_{\mathrm{ci}}]^{-1}\cdot x \tag{9.16}$$

流线方程为

$$\begin{aligned} x_1' &= \exp(\lambda_{\mathrm{cr}}t)[C_1\cos(\lambda_{\mathrm{ci}}t)+C_2\sin(\lambda_{\mathrm{ci}}t)] \\ x_2' &= \exp(\lambda_{\mathrm{cr}}t)[C_2\cos(\lambda_{\mathrm{ci}}t)-C_1\sin(\lambda_{\mathrm{ci}}t)] \end{aligned} \tag{9.17}$$

式中，C_1 和 C_2 为积分常数。式（9.17）表示的流线的几何形状如图 9.1 所示，图中形状表明，若流体中某点的二维速度梯度矩阵具有共轭复特征值，则该点周围的流体微团随时间螺旋运动且环绕中心一圈所需的时间为 $2\pi/\lambda_{\mathrm{ci}}$ 。

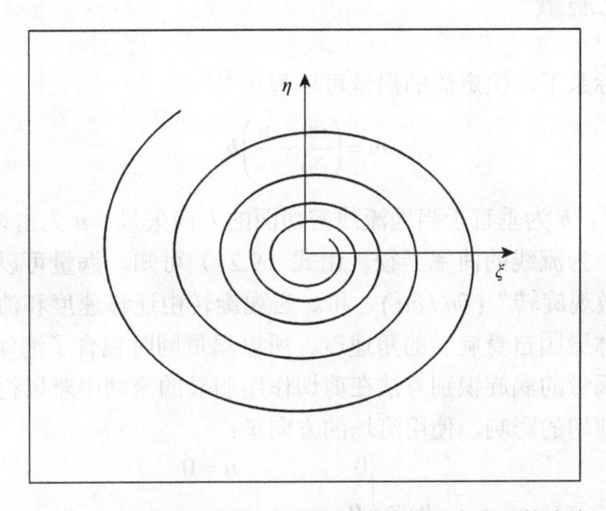

图 9.1 速度梯度矩阵具有复特征值的临界点附近的流线

上述推导结果表明，平面二维流场中的速度梯度矩阵具有共轭复特征值时对应的流动拓扑结构与三维流场一致。因此，可以将Δ方法和 λ_{ci} 方法直接应用于平面二维流场，并定义$\Delta<0$ 和 $\lambda_{\mathrm{ci}}>0$ 的区域为涡。另外，由于特征不变量的数量不同，二维速度梯度矩阵的第二不变量 R 与三维流速梯度张量的第二不变量 Q 具有不同的物理含义，应用于三维流场中的 Q 方法不能直接应用于二维流场。为了与三维流场中的 Q 方法的物理含义保持一致，定义二维流场中的变量 Q 为

$$Q=\frac{1}{2}(\boldsymbol{\Omega}^2-\boldsymbol{S}^2) \tag{9.18}$$

在上述定义的基础上，二维流动中的 Q 方法定义涡为 $Q>0$ 的区域。

为了推导二维流场中的 λ_2 准则，对二维不可压缩流动的 N-S 方程求梯度得

$$\frac{\mathrm{d}\nabla\tilde{\boldsymbol{u}}}{\mathrm{d}t}+\nabla((\tilde{\boldsymbol{u}}\cdot\nabla)\tilde{\boldsymbol{u}})=-\frac{1}{\rho}\nabla(\nabla p)+\nu\nabla^2(\nabla\tilde{\boldsymbol{u}}) \tag{9.19}$$

式（9.19）中 $\nabla(\nabla p)$ 称为压力的海塞矩阵。式（9.19）的反对称部分即为涡量输运方程，而对称部分则可以表示为

$$\frac{\mathrm{d}\boldsymbol{S}}{\mathrm{d}t}-\nu\nabla^2\boldsymbol{S}+\boldsymbol{S}^2+\boldsymbol{\Omega}^2=-\frac{1}{\rho}\nabla(\nabla p) \tag{9.20}$$

λ_2 方法在忽略非恒定应变和黏性作用的基础上，定义涡核为流动中具有压力最小值的区域。设二维情况下 $\boldsymbol{S}^2+\boldsymbol{\Omega}^2$ 的两个特征值为 $\lambda_2>\lambda_1$，则二维流场中的 λ_2 方法定义 $\lambda_2<0$ 的区域为涡。由于实测的二维流场不能严格满足二维流动的要求，上述基于二维速度梯度矩阵推导的 λ_2 方法只是三维流场中的 λ_2 方法的一种近似。

9.1.2 结构化涡量

在自然坐标系下，恒定流的涡量可以写作[113]

$$\boldsymbol{\omega}=\left(\frac{\partial u}{\partial\boldsymbol{n}}+\frac{u}{r}\right)\boldsymbol{b} \tag{9.21}$$

式中，u 为速率；$\boldsymbol{b}$ 为垂直于当地流线密切面的方向矢量；$\boldsymbol{n}$ 为密切面内垂直于 $\boldsymbol{b}$ 的方向矢量；r 为流线的曲率半径。由式（9.21）可知，涡量可以看做“宏观旋转”(u/r)与“微观旋转”$(\partial u/\partial\boldsymbol{n})$之和。宏观旋转由迁移速度和流线曲率决定，微观旋转是流体微团自身旋转的角速度。所以涡量同时包含了流体中涡旋和剪切的信息，基于涡量的涡旋识别方法在剪切作用明显的流动中难以得到合理结果。

为了消除剪切的影响，使用流场的方向场：

$$\boldsymbol{u}_{\mathrm{d}}=\begin{cases}0 & \boldsymbol{u}=0\\ \dfrac{\boldsymbol{u}}{|\boldsymbol{u}|} & \boldsymbol{u}\neq 0\end{cases} \tag{9.22}$$

方向场仅仅包含流速矢量的方向信息。计算方向场的涡量：

$$\boldsymbol{\omega}_{\mathrm{s}}=\left(\frac{\partial u_{\mathrm{d}}}{\partial n}+u_{\mathrm{d}}/r\right)\boldsymbol{b}=(0+1/r)\boldsymbol{b}=\frac{1}{r}\boldsymbol{b}=\kappa\boldsymbol{b} \tag{9.23}$$

式中，κ为流线曲率。由于方向场中流速处处相等，所以涡量中的剪切项为 0，仅剩下与流线曲率有关的“宏观旋转”。为了方便叙述，将方向场的涡量称为结构化涡量ω_{s}。需要指出的是，虽然式（9.21）和式（9.23）仅在定常流动中成立，但若假设每帧瞬时流场均来自对应的定常流动，则可将其拓展应用于非定常流的瞬时流场中。

下面通过三种典型流动来验证ω_s在涡识别中的有效性。同时计算了常用的λ_{ci}作为对比。在二维流动中，ω_s和λ_{ci}分别为

$$\omega_s = \frac{\partial v_s}{\partial x} - \frac{\partial u_s}{\partial y} \tag{9.24}$$

$$\lambda_{ci} = \begin{cases} \sqrt{Q - P^2/4} & 4Q - P^2 > 0 \\ 0 & 4Q - P^2 \leqslant 0 \end{cases} \tag{9.25}$$

式中，u_s、v_s为方向场中流速的x、y分量，P和Q分别为

$$\begin{aligned} P &= -\left(\frac{\partial u}{\partial x} + \frac{\partial v}{\partial y}\right) \\ Q &= \frac{\partial u}{\partial x}\frac{\partial v}{\partial y} - \frac{\partial u}{\partial y}\frac{\partial v}{\partial x} \end{aligned} \tag{9.26}$$

第一个例子是纯剪切流动，测试指示量能否克服剪切对涡旋识别的干扰。纯剪切流动的流场如下：

$$\begin{cases} u(x,y) = sy + C \\ v(x,y) = 0 \end{cases} \tag{9.27}$$

式中，s和C均为常数。将式（9.27）代入式（9.24）和式（9.25）即可得到，在纯剪切运动中ω_s和λ_{ci}均处处为0。所以ω_s和λ_{ci}均能有效克服剪切对涡旋识别的干扰。

第二个例子是Oseen涡，测试指示量对涡旋的敏感程度。Oseen涡的定义为[62]

$$\boldsymbol{u}(r,\theta) = \frac{\Gamma}{2\pi r}\left(1 - \mathrm{e}^{-\frac{r^2}{2\sigma^2}}\right)\boldsymbol{e}_\theta \tag{9.28}$$

式中，$\boldsymbol{e}_\theta$为极坐标中的切向单位矢量；Γ为环量；σ为半径。将式（9.28）代入式（9.24）和式（9.25）得到

$$\omega_s = \frac{1}{\sqrt{x^2 + y^2}} = \frac{1}{r} \tag{9.29}$$

$$\lambda_{ci} = \frac{|\Gamma|}{2\pi\sigma r^2}\sqrt{\frac{r^2 + 2\sigma^2}{\exp\left(\frac{r^2}{2\sigma^2}\right)} - \frac{r^2 + \sigma^2}{\exp\left(\frac{r^2}{\sigma^2}\right)} - \sigma^2} \quad 当\ r < r_0 \tag{9.30}$$

其中，r_0满足如下方程：

$$\frac{r_0^2 + 2\sigma^2}{\exp\left(\frac{r_0^2}{2\sigma^2}\right)} = \frac{r_0^2 + \sigma^2}{\exp\left(\frac{r_0^2}{\sigma^2}\right)} + \sigma^2 \tag{9.31}$$

在涡旋中心，λ_{ci}为

$$\lambda_{ci,0} = \lim_{x\to 0, y\to 0} \lambda_{ci} = \frac{|\Gamma|}{4\pi\sigma^2} = \frac{|\omega_0|}{2} \tag{9.32}$$

式中，ω_0为涡旋中心的涡量。

图 9.2 画出了$\Gamma = 50\pi$、$\sigma = 5$ 时 Oseen 涡的ω_s和λ_{ci}分布。由图可知，在涡旋中心，λ_{ci}取得了最大值，ω_s趋向于正无穷。由于$\lim\limits_{r\to 0}\omega_s = +\infty$，同时$\lim\limits_{r\to 0}(1/\omega_s) = 0$，所以涡旋中心是$\omega_s$的一个极点。从图 9.2 可以看到，两种方法都能准确定位涡旋的中心位置。

另外，由式（9.32）可知，λ_{ci}与涡旋中心的涡量成正比，所以直接基于λ_{ci}的方法必然会优先识别强度较大的涡旋。而从式（9.29）可见，ω_s与Γ和σ均无关系，仅与到涡旋中心的距离有关，所以对于不同强度的 Oseen 涡，ω_s将给出相同的结果。

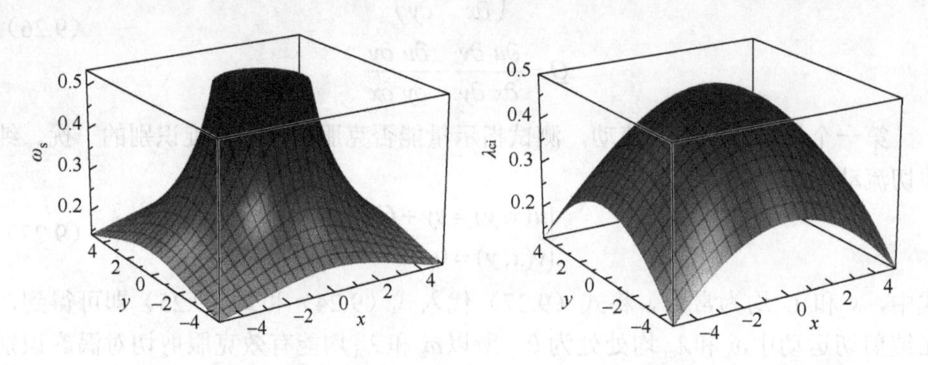

图 9.2　Oseen 涡的ω_s和λ_{ci}分布（$\Gamma = 50\pi$，$\sigma = 5$）

第三个例子为应变流（straining flow）。应变流的流场为

$$\begin{cases} u(x,y) = x \\ v(x,y) = -y \end{cases} \tag{9.33}$$

图 9.3（a）是应变流的流场。从图中可见，应变流的中心为一鞍点，流场中没有涡旋。将式（9.33）代入式（9.25）易得，λ_{ci}在应变流中处处为 0，所得结果与实际情况相符。应变流的ω_s为

$$\omega_s = \frac{\partial v_s}{\partial x} - \frac{\partial u_s}{\partial y} = \frac{2xy}{(x^2 + y^2)^{1.5}} \tag{9.34}$$

图 9.3（b）即为应变流的ω_s场。在流场中心出现了奇点。当从 x 和 y 轴趋近于中心时，$\omega_s = 0$；当从 $y = x$ 和 $y = -x$ 趋近时，ω_s分别趋向正负无穷。因为$\lim\limits_{r\to 0}\omega_s$和$\lim\limits_{r\to 0}(1/\omega_s)$均不存在，所以应变流中心对于$\omega_s$是一本质奇点。应变流中心的$\omega_s$与 Oseen 涡中心的$\omega_s$完全不同。可以从奇点的种类区分涡旋和应变流。

综合上述三种典型情况，可以看到结构化涡量能够很好地识别出涡旋并排除其他因素的干扰。根据上述对比，ω_s方法判断标准应为

$$\left|\lim_{r\to 0}\omega_{\mathrm{s}}\right| \geqslant T \quad 或 \quad \left|\lim_{r\to 0}\omega_{\mathrm{s}}\right| = \infty \tag{9.35}$$

式中，T 为一合理阈值。在离散条件下情况会更加简单。在本质奇点处，由于奇点附近的曲率方向不同，所以$\omega_{\mathrm{s}}=0$，而ω_{s} 会在极点处取得极大值，不会出现ω_{s}趋于无穷的情况，所以只需给定一合理阈值 T 即可。

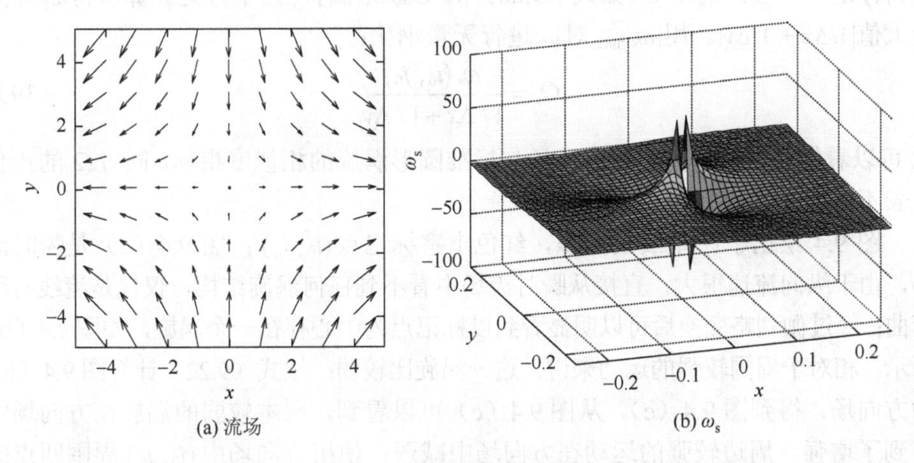

图 9.3 应变流的流场及其ω_{s}

在明渠湍流这类壁面流动中，直接使用固定于床面的坐标系下的瞬时流场进行涡旋分析比较困难，因为在这一坐标系下，极大的平均流速掩蔽了涡旋引起的脉动速度，流线曲率非常小。为了更好地识别涡旋，一般需要对流场进行分解[107]。根据 Robinson 的定义，流场分解方法应为伽利略分解，坐标系的迁移速度应该为涡核的运动速度。因此在涡旋识别时使用了伽利略变换。计算离散流场中点(i_0, j_0)处的ω_{s}的步骤如下。

（1）计算局部平均迁移速度$\overline{\boldsymbol{u}}(i_0, j_0)$：

$$\overline{\boldsymbol{u}}(i_0, j_0) = \frac{1}{9}\sum_{m=i_0-1}^{i_0+1}\sum_{n=j_0-1}^{j_0+1}\boldsymbol{u}(m,n) \tag{9.36}$$

如果点(i_0, j_0)处于涡核内，则$\overline{\boldsymbol{u}}(i_0, j_0)$可以视作涡旋的迁移速度。

（2）对流场做伽利略分解：

$$\boldsymbol{u}_{\mathrm{Gal}} = \boldsymbol{u} - \overline{\boldsymbol{u}}(i_0, j_0) \tag{9.37}$$

如果点(i_0, j_0)附近存在涡旋，则流场 $\boldsymbol{u}_{\mathrm{Gal}}$ 就是在跟随涡核运动的坐标系中观察到的流场，根据 Robinson 定义，在$\boldsymbol{u}_{\mathrm{Gal}}$中点$(i_0, j_0)$附近的流线将接近于圆形或椭圆。

（3）根据式（9.22）计算$\boldsymbol{u}_{\mathrm{Gal}}$的方向场$\boldsymbol{u}_{\mathrm{d}}$。

（4）使用中心差分方法计算点(i_0, j_0)处方向场$\boldsymbol{u}_{\mathrm{d}}$的涡量，即原流场的结构化涡量$\omega_{\mathrm{s}}$：

$$\omega_{\mathrm{s}}(i_0, j_0) = \frac{v_{\mathrm{d}}(i_0+1, j_0) - v_{\mathrm{d}}(i_0-1, j_0)}{2\Delta x} - \frac{u_{\mathrm{d}}(i_0, j_0+1) - u_{\mathrm{d}}(i_0, j_0-1)}{2\Delta y} \tag{9.38}$$

这一步骤也可采用一阶差分等其他计算方法。由式（9.38）可知，当使用中心差分方法计算时，离散条件下得到的ω_{s}存在全局最大值，$|\omega_{\mathrm{s}}|_{\max} = 1/\Delta x + 1/\Delta y$。若$(i_0, j_0)$是一正圆涡的中心[如式（9.28）的 Ossen 涡]，则中心处计算所得ω_{s}即为最大值$|1/\Delta x + 1/\Delta y|$。用$|\omega_{\mathrm{s}}|_{\max}$对$\omega_{\mathrm{s}}$进行无量纲化：

$$\Omega_{\mathrm{s}} = \frac{\omega_{\mathrm{s}}(i_0, j_0)}{1/\Delta x + 1/\Delta y} \tag{9.39}$$

Ω_{s}可以看做是点(i_0, j_0)附近的流场与标准圆形涡旋的相似度指标。同时Ω_{s}的正负代表不同旋向的涡旋。

图 9.4 绘出了计算Ω_{s}的步骤，红色十字标记点(i_0, j_0)：图 9.4（a）是瞬时流场，由于纵向流速很大，直接从瞬时流场中看不到任何涡旋结构，仅仅是流线有所弯曲；经过伽利略变换后可以明显看到以标记点为中心存在一个涡旋，如图 9.4（b）所示，相对于周围较强的运动来讲，这一涡旋比较弱；按式（9.22）计算图 9.4（b）的方向场，得到图 9.4（c），从图 9.4（c）可以看到，原本较弱的涡旋在方向场中得到了增强，周边较强的运动在方向场中减弱；使用方向场中(i_0, j_0)周围四点的数据根据式（9.38）得到该点的结构化涡量，如图 9.4（d）所示。

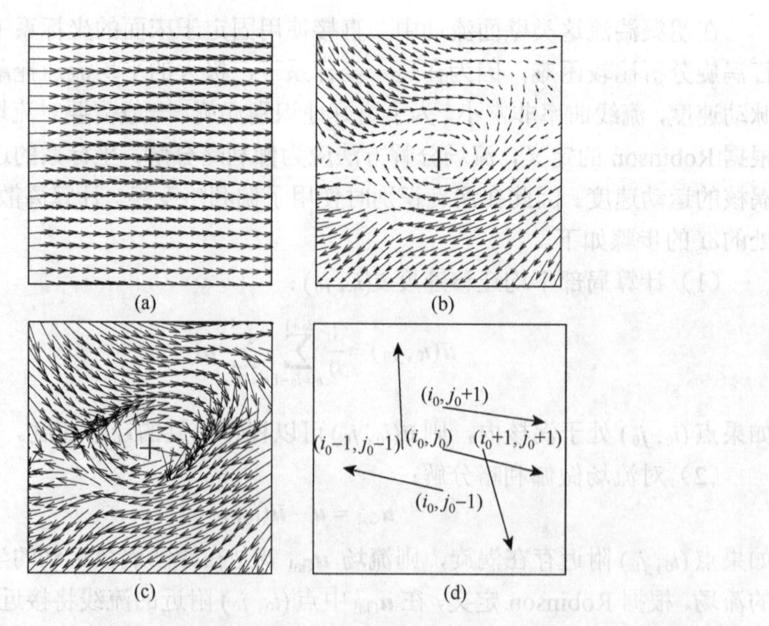

图 9.4 计算Ω_{s}的步骤（见书后彩图）

在每一测点重复上述过程，得到Ω_{s}场。如果流场中存在正圆涡，根据式(9.29)，

$|\Omega_s(i_0, j_0)|$将与点(i_0, j_0)距涡旋中心的距离成反比。如果存在其他形式的涡旋，$|\Omega_s(i_0, j_0)|$也会随点(i_0, j_0)距涡旋中心的距离增大而减小。如果点(i_0, j_0)附近没有涡旋，则流线将近乎平直，$|\Omega_s(i_0, j_0)|$接近于 0。所以，可以将$|\Omega_s(i_0, j_0)|$作为点(i_0, j_0)附近是否存在涡旋的指示量。图 9.5 为一典型流场的Ω_s等值线图。为了同时显示流场中的涡旋，图中画出对瞬时流场大涡分解[107]后的脉动流场。图中给出了六个$|\Omega_s(i_0, j_0)|$高值区域的放大图，仔细观察放大图可见，Ω_s的极值区域与涡旋核心吻合良好，说明Ω_s在实验所得的流场数据中是一种良好的涡旋指示量。

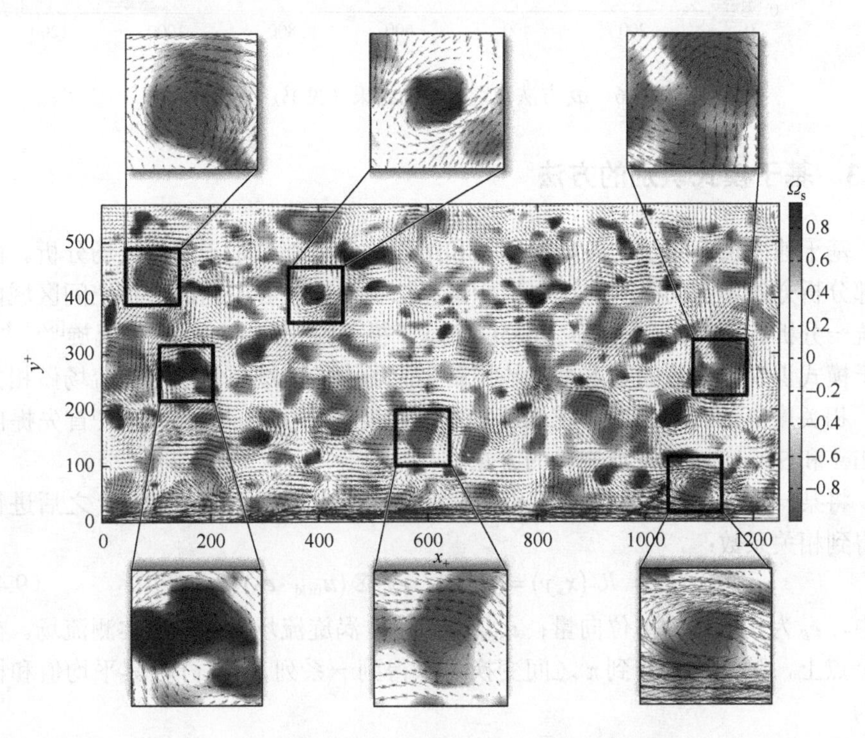

图 9.5 典型流场的Ω_s场以及大涡分解后的脉动流场

得到Ω_s场后，首先找到其中所有二维极值点作为涡旋中心的候选点，然后用下述条件筛选候选点，符合条件的认为是涡旋的中心点：

$$|\Omega_s| \geqslant \alpha \tag{9.40}$$

式中，α为一合理阈值，一般建议值为 0.8。图 9.6 为识别图 9.5 所示流场中的结果。为了清晰地显示出涡旋结构，绘出了仅伽利略变换后每个涡旋周围的流场。其中蓝色矢量为旋转方向与时均剪切同向的涡旋，称为顺向涡，红色为方向相反的涡旋，称为逆向涡。仔细观察每个涡旋周围的流场，可以发现识别出的结构全部是准确的横向涡。

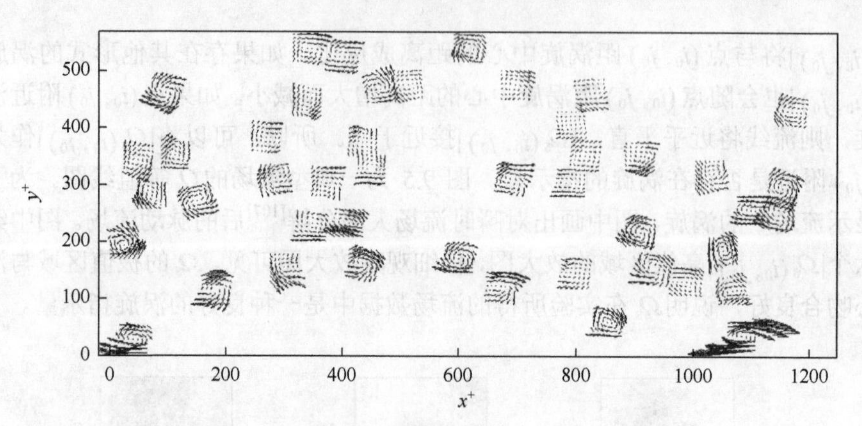

图 9.6 ω_s 方法识别涡旋的结果（见书后彩图）

9.1.3 基于模式识别的方法

基于速度梯度张量的各种指标量和结构化涡量都是基于局部流场分析。由于局部分析方法本身的限制，这些指标量无法在涡旋核心占据的整个空间区域内进行统一分析。因此，一些研究者发展了基于模式识别的方法来识别涡旋[62, 114-116]。基于模式识别的方法的基本思想是将真实流场中的区域与标准涡旋流场做相关分析，相关度高的区域说明存在涡旋。本节主要介绍由 Scarano 等[115]首先提出、Carlier 和 Stanislas [62]发展完善的方法。

将某一点(x,y)附近实际流场和标准涡旋流场投影到不同角度上，之后进行卷积得到相关系数：

$$R_\theta(x,y) = (\boldsymbol{u}_{\text{standard}} \cdot \boldsymbol{e}_\theta) \otimes (\boldsymbol{u}_{\text{field}} \cdot \boldsymbol{e}_\theta) \tag{9.41}$$

式中，$\boldsymbol{e}_\theta$为θ方向的单位向量；$\boldsymbol{u}_{\text{standard}}$为标准涡旋流场；$\boldsymbol{u}_{\text{field}}$为实测流场。在每一个点上，随着$\theta$从 0 到$\pi$之间变换可以得到一系列$R_\theta(x,y)$，其平均值和标准差为

$$\begin{aligned} \overline{R}(x,y) &= \langle R_\theta(x,y) \rangle \\ R'(x,y) &= \sqrt{\langle (R_\theta - \overline{R})^2 \rangle} \end{aligned} \tag{9.42}$$

因此，高$\overline{R}(x,y)$值表示实际流场与标准涡旋场相似度高，而低$R'(x,y)$值表示涡旋形状各向差异较小。可以使用这两个值组合出新涡旋指标量。

Scarano：

$$R^*(x,y) = \frac{\overline{R}}{1 + cR'} \tag{9.43}$$

Carlier：

$$Pr^*(x,y) = \frac{\overline{R}}{1 + (R' / \overline{R})^2} \tag{9.44}$$

式中，c 为各向同性约束强度，通常设置为 3。高斯衰减涡常常被用作选标准流场：

$$\boldsymbol{u}(r,\theta)=\mathrm{e}^{-\frac{r^2}{\sigma^2}}\boldsymbol{e}_\theta \tag{9.45}$$

$$r=\sqrt{x^2+y^2}$$

式中，r 为点到涡旋中心的距离；σ 为涡旋衰减半径参数。图 9.7 为经典的 Oseen 涡流场与对应的 Pr^* 场。Oseen 涡的流场为

$$\boldsymbol{u}(r,\theta)=\frac{\Gamma}{2\pi r}\left(1-\mathrm{e}^{-\frac{r^2}{2\beta^2}}\right)\boldsymbol{e}_\theta \tag{9.46}$$

$$r=\sqrt{x^2+y^2}$$

计算 Pr^* 时 $\sigma=1.5$。可见 Pr^* 较好地反映了涡旋核心的位置。图 9.8 为实测流场中的 $|Pr^*|$ 场，可见在涡旋处 $|Pr^*|$ 均能得到较大值。

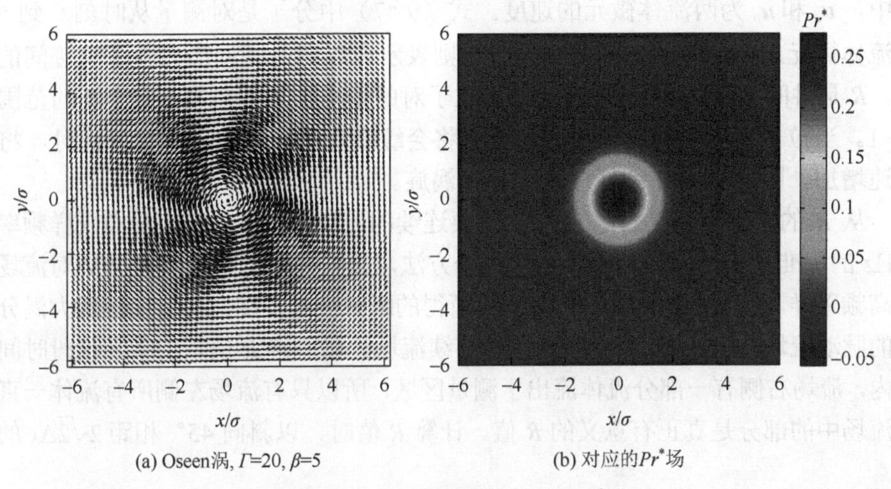

(a) Oseen涡, Γ=20, β=5 (b) 对应的 Pr^* 场

图 9.7 Oseen 涡流场及对应的 Pr^* 场

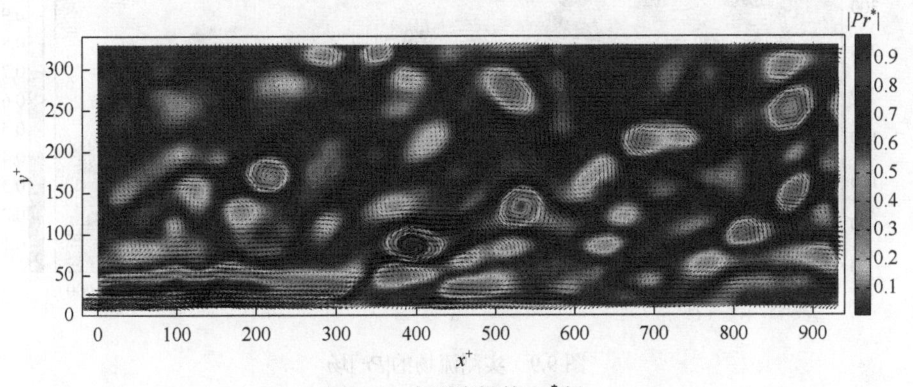

图 9.8 实测流场的 $|Pr^*|$ 场

其中流场为大涡分解所得脉动流场，计算 Pr^* 场时 $\sigma=3\Delta x$

9.1.4　非局部分析指标量

湍流中涡旋运动具有高度的空间和时间相干性。从相干这一观点出发，Cucitore 等[117]引入了一个直观的概念，即一个涡旋结构内不同位置的流体微元虽然以完全不同的轨迹运动，但是它们的相对距离变化很小。基于这个概念，Cucitore 等[117]提出了一个满足伽利略不变性的非局部分析指标量。为了量化的涡旋结构内部流体微元之间的相对距离的变化，引入如下比率：

$$R(x,t)=\frac{\left|\int_0^t \boldsymbol{u}_a(\tau)\mathrm{d}\tau-\int_0^t \boldsymbol{u}_b(\tau)\mathrm{d}\tau\right|}{\int_0^t\left|\boldsymbol{u}_a(\tau)-\boldsymbol{u}_b(\tau)\right|\mathrm{d}\tau} \tag{9.47}$$

式中，$\boldsymbol{u}_a$ 和 $\boldsymbol{u}_b$ 为两流体微元的速度。式（9.47）中分子是对测量从时刻 0 到 t 之间流体微元之间相对距离的演化，分母则表示在相同时间间隔内粒子轨迹间的差异。R 是时间 t 和位置 x 的函数，x 为粒子对的中点位置的位置矢量。R 的范围在 0～1。当粒子对位于涡旋内部时，分子将会缓慢变化，而位于涡旋外部时，将会迅速增加。因此，低 R 的区域表示存在涡旋。

从 R 的定义可以看到，计算 R 需要连续的流场序列。因此，最高采样频率为 15Hz 的标准 PIV 所得数据很难应用这一方法，需要采用时间分辨率 PIV 对流场进行高频采样。图 9.9 是时间分辨率 PIV 所得的瞬时流场，图中矢量为使用大涡分解后的脉动流场。等值色图为使用后 50 连续流场计算所得 R 值。由于在这段时间间隔内，流场右侧有一部分流体流出了测量区域，所以只有流场左侧所有流体一直处于流场中的部分是真正有意义的 R 值。计算 R 值时，以斜向 45° 相距 $2\sqrt{2}\Delta x$ 的两

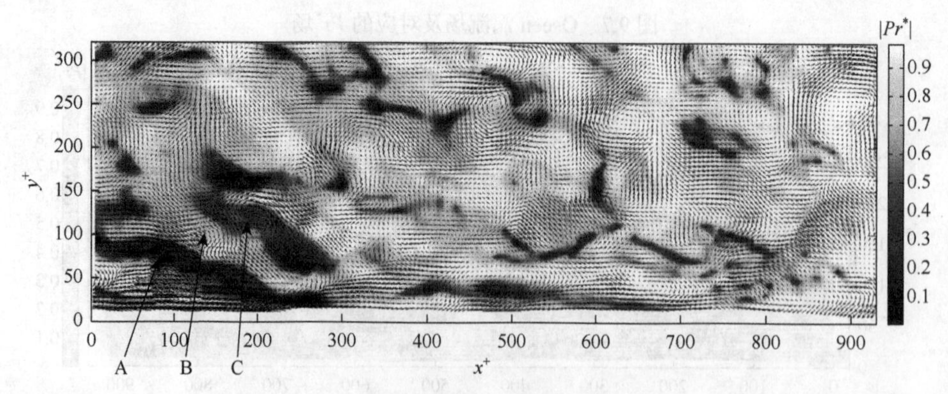

图 9.9　实测流场的$|Pr^*|$场

其中流场为大涡分解所得脉动流场，计算 Pr^*场时 $\sigma=3\Delta x$

点为微元对，跟踪微元的流动按照式（9.46）进行计算。图 9.9 中 R 值按照流场中的最大值进行了无量纲化。从图中可以看到，在部分涡旋区域，R 确实出现了最大值，如涡旋 A 和 C，但是在另外一些涡旋位置，R 并没有有效识别，如涡旋 B。这是由于涡旋 B 在随后的流动中很快消失掉。图 9.9 计算 R 的时间间隔远大于涡旋 B 真实存在的时间。因此，计算 R 时时间间隔不宜过长，但是时间太短很难从实测数据中得到有区分度的 R。综合来看，需要平衡二者给出一个合理的取值。基于这些应用上的不便，这一方法使用并不普遍。

9.2 明渠涡旋数密度特征

根据旋转轴向不同，可将明渠湍流中的涡旋结构大致分为准流向涡与横向涡。下文为表述方便，“准流向涡”用“流向涡”代替。一般认为，流向涡与横向涡均是空间中复杂缠绕折叠后在不同切面的具体表现形式。PIV 测量一般布置在 x-y 平面。因此，PIV 测量流场中的涡旋一般为横向涡。本节使用 PIV 测量流场数据，结合横向涡旋数密度特征说明涡旋识别方法的应用。

使用 8.2.3 节的实验数据进行分析。利用 9.1.2 节中的结构化涡量法处理 PIV 所得瞬时流场，识别出每个涡旋的位置。之后统计涡密度。由于从 x-y 方向看，横向涡存在两种旋转方向，一般将与平均剪切方向相同的涡旋定义为顺向涡，相反为逆向涡。将 PIV 测量窗口沿垂向按Δy 进行划分，统计中心落在高度为Δy、宽度为 L（PIV 测量窗口宽度）的区域涡旋总个数 $N_{\mathrm{p(r)}}(y/h)$，下标 p 表示顺向涡，r 表示逆向涡。按照式（9.48）计算涡旋密度$\varPi_{\mathrm{p(r)}}(y/h)$[118]：

$$\varPi_{\mathrm{p(r)}}(y/h)=\frac{N_{\mathrm{p(r)}}(y/h)}{\dfrac{\Delta y}{h}\dfrac{L}{h}} \tag{9.48}$$

图 9.10（a）为$\varPi_{\mathrm{p}}$沿 y/h 的分布。随着 y/h 增大，$\varPi_{\mathrm{p}}$单调递减，这与湍流边界层和槽道流中的结果类似[118]。$\varPi_{\mathrm{p}}$单调递减可以归因于顺向涡间的流向间距随 y/h 增大而增加，同时一些较弱的涡旋在向上发展过程中被耗散掉，一些涡旋会相互合并。在任一固定的 y/h 处，$\varPi_{\mathrm{p}}$随雷诺数增大而逐渐增加。$\varPi_{\mathrm{p}}$与雷诺数的这种关系不难理解，因为涡旋的大小由 y_*度量[62]。随着雷诺数增大，y_*逐渐减小，所以涡旋的实际大小也逐渐减小，相等面积的测量窗口能够容纳的涡旋个数也就逐渐增加，涡旋密度增大。

图 9.10（b）为$\varPi_{\mathrm{r}}$沿 y/h 的分布。与$\varPi_{\mathrm{p}}$不同的是，在 y/h＜0.2 时$\varPi_{\mathrm{r}}$呈上升趋势，之后缓慢下降。这一趋势与 Roussinova 等[39]的实验结果一致。Roussinova 等并没有直接讨论涡旋密度，而是绘出了顺逆旋转区的面积，其中逆向旋转的面积

随 y/h 逐渐增大。Π_r 与雷诺数的关系与 Π_p 类似，在任一固定的 y/h 处，Π_r 随着雷诺数逐渐增加。

对于固定的 y/h，$\Pi_{p(r)}$ 随雷诺数增加，可用式（9.49）描述这种关系[118]：

$$\Pi_{p(r)} \propto Re_\tau^n \tag{9.49}$$

按式（9.49）将所有数据归一化后可得 $\Pi_p \sim Re_\tau^{1.5}$ 和 $\Pi_r \sim Re_\tau^{1.95}$，如图 9.11 所示。逆向涡的指数 n 比顺向涡高，说明逆向涡密度对雷诺数比顺向涡密度敏感。在湍流边界层和槽道流中也有类似结论，如 Wu 等报道的指数为 $\Pi_p \sim Re_\tau^{1.17}$ 和 $\Pi_r \sim Re_\tau^{1.5}$。不同流动形态的指数不尽相同，目前尚无很好的物理解释。

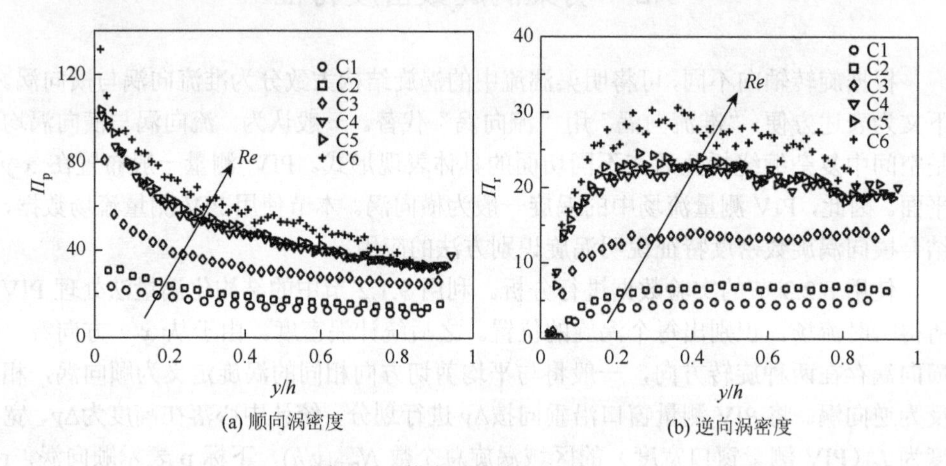

图 9.10 横向涡密度沿垂线分布

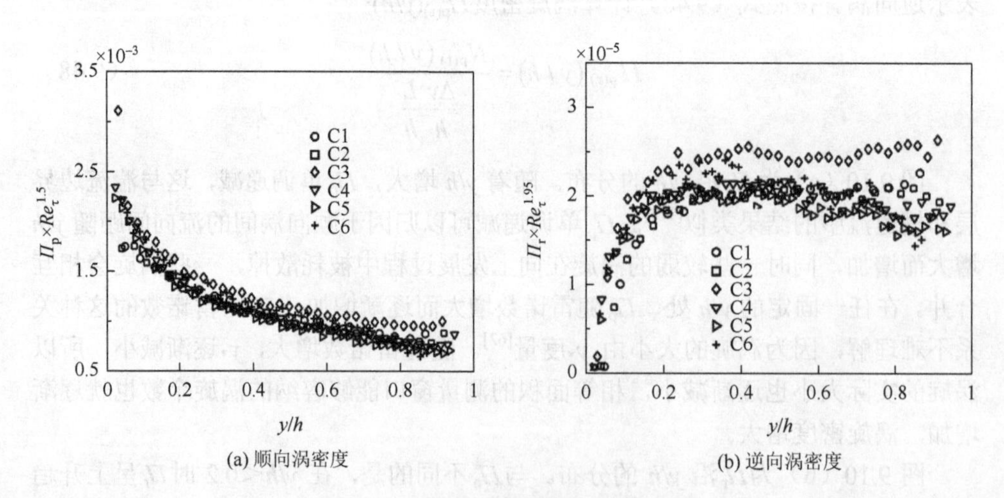

图 9.11 横向涡密度与雷诺数的关系

(a) $\Pi_p \sim Re_\tau^{1.5}$；(b) $\Pi_r \sim Re_\tau^{1.95}$

明渠湍流逆向涡密度沿垂线的分布趋势与其他壁面湍流有较大差异，Wu 和 Christensen[118]的结果显示湍流边界层的Π_r在 $y/h = 0.15$～0.2 达到最大值，之后急剧下降，槽道流的结果也有一类似的急剧下降阶段。而从图 9.11（b）可以看到明渠湍流中逆向涡的密度并没有显著下降。

为了进一步研究涡旋密度随 y 的变化，将 C3($Re_\tau = 880$)与湍流边界层 $Re_\tau = 1200$ 测次的结果进行对比。为了避免雷诺数等其他因素的影响，使用对数区中部 $y/h = 0.2$ 处的涡旋密度对整个涡旋密度曲线进行无量纲化：

$$\pi_{p(r)}(y) = \frac{\Pi_{p(r)}(y)}{\Pi_{p(r)}(y/h = 0.2)} \tag{9.50}$$

之所以选择 $y/h = 0.2$ 处的值作为无量纲化指标，主要是由于在不同的壁面湍流中，内区均是黏性起主导作用，从前文可以看到，在此区域不同类型的壁面湍流各种紊动统计参数均基本一致，所以有理由认为不同类型壁面湍流在这一区域的涡旋密度特征也应类似。图 9.12 为对比结果。从图 9.12（a）与（b）中可以看到两种流动在 $y/h = 0.2$ 的区域涡旋密度吻合良好，证明了选择 $y/h = 0.2$ 处的涡旋密度作为无量纲化单位的合理性。进入外区后，明渠湍流的顺逆向涡密度均要显著高于湍流边界层。将二者相同 y/h 处的$\pi(y)$相减，得到密度的差值，如图 9.12（c）所示。从图中可以看到，明渠湍流顺逆向涡旋密度在 $y/h = 0.4$ 后均显著大于湍流边界层，顺逆向涡各自的增量基本相同，并且增量随 y 的增加线性增长，在水面附近达到最大值。这种随 y 增长的趋势说明明渠湍流中增多的涡旋与水面有密切关系。

目前有两种可能的机制来解释这种涡旋密度的增多。一种是从床面发展而来的涡旋在接近水面的过程中会破碎成小涡[84, 119]。另一种是水面起到类似于一个较弱床面的作用，能够产生涡旋，如 Roussinova 等[39]发现存在腿部伸向水面的发夹涡，类比床面产生发夹涡的机制，这一形态说明涡旋产生自水面。

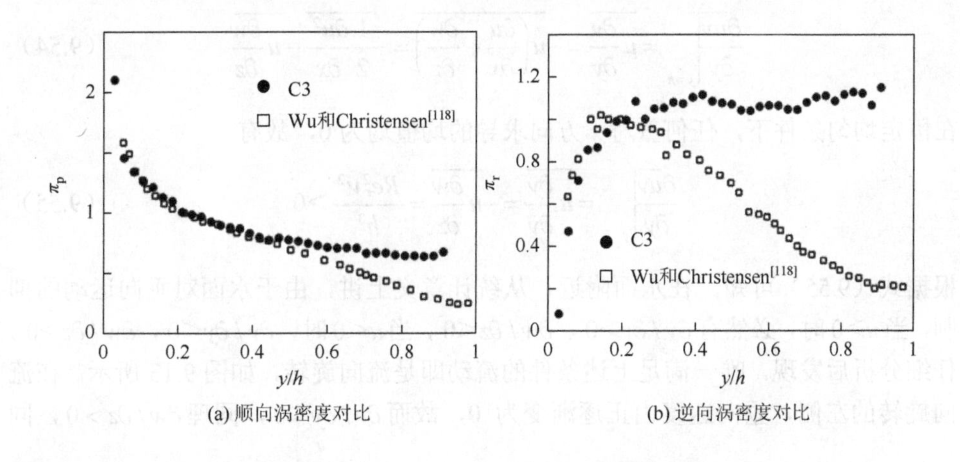

(a) 顺向涡密度对比　　(b) 逆向涡密度对比

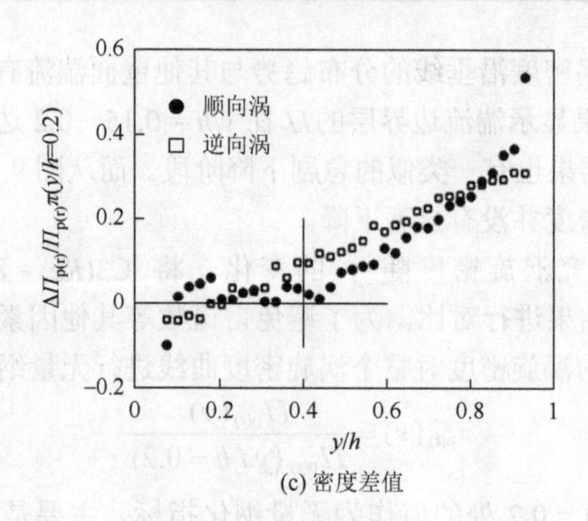

(c) 密度差值

图 9.12　明渠湍流与湍流边界层涡旋密度对比

下面从雷诺应力出发分析水面与涡旋的可能相互关系。根据式（2.16），在明渠湍流的外区和水面区，平均流速的梯度很小，雷诺应力满足：

$$-\overline{uv}=u_*^2\left(1-\frac{y}{h}\right)\tag{9.51}$$

从图 4.6（d）以及其他文献的实测数据可知，这一式子直到水面均成立，所以有

$$\frac{\partial\overline{uv}}{\partial y}=\overline{u\frac{\partial v}{\partial y}}+\overline{v\frac{\partial u}{\partial y}}=\frac{u_*^2}{h}=\frac{Re_\tau^2\nu^2}{h^3}\tag{9.52}$$

当水面绝对平静，不存在任何波动时，水面处的垂向速度恒为 0，则有

$$\left.\frac{\partial\overline{uv}}{\partial y}\right|_{y=h}=\overline{u\frac{\partial v}{\partial y}}\tag{9.53}$$

根据无压缩流动的连续方程，式（9.53）可化为

$$\left.\frac{\partial\overline{uv}}{\partial y}\right|_{y=h}=\overline{u\frac{\partial v}{\partial y}}=-\overline{u\left(\frac{\partial u}{\partial x}+\frac{\partial w}{\partial z}\right)}=-\frac{1}{2}\frac{\overline{\partial u^2}}{\partial x}-\overline{u\frac{\partial w}{\partial z}}\tag{9.54}$$

在恒定均匀条件下，任何量对 x 方向求导的均值均为 0，故有

$$\left.\frac{\partial\overline{uv}}{\partial y}\right|_{y=h}=\overline{u\frac{\partial v}{\partial y}}=-\overline{u\frac{\partial w}{\partial z}}=\frac{Re_\tau^2\nu^2}{h^3}>0\tag{9.55}$$

根据式（9.55）可知，在水面附近，从统计意义上讲，由于水面对垂向运动的抑制，当 $u>0$ 时，必然有 $\partial v/\partial y>0$、$\partial w/\partial z<0$，当 $u<0$ 时，$\partial v/\partial y<0$，$\partial w/\partial z>0$。仔细分析后发现，唯一满足上述条件的流动即是流向旋转，如图 9.13 所示。在流向旋转的左侧，垂向速度由正逐渐变为 0，故而 $\partial v/\partial y<0$，同理 $\partial w/\partial z>0$，同

时，由于流向旋转将下部流区低速流体输运至水面，所以脉动流速$u<0$。同样，在流向旋转的右侧，满足$u>0$，$\partial v/\partial y>0$，$\partial w/\partial z<0$。

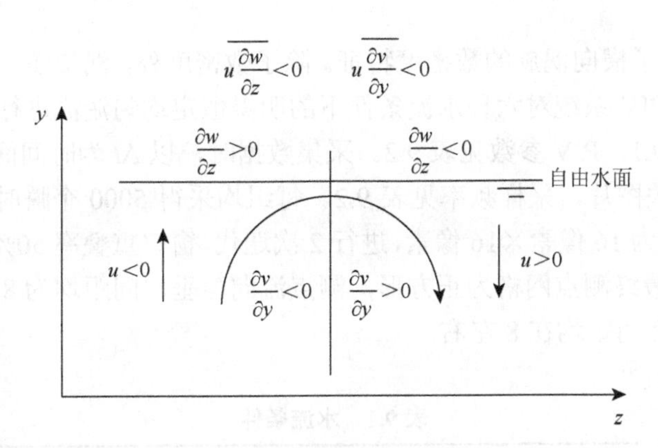

图 9.13 水面附近的湍流特性

根据上述分析，由于水面对垂向运动的抑制，直接导致了水面附近产生流向旋转。可以预见，当垂向运动的尺度和强度均较大时，水面的抑制作用会产生同样尺度的流向旋转。强度不够的部分流向旋转将会很快消散掉，但是部分可能会形成完整的小尺度流向涡，流向涡在向水面以下发展过程中弯曲折叠，最终可能成为x-y平面的横向涡。

另外，图 9.13 直接解释了水面附近湍动能重分配的具体机制。如 4.2 节中的讨论，湍动能重分配指明渠湍流水面附近垂向紊动强度急剧减弱，同时纵垂向紊动强度增加的现象。从图 9.13 可以看到，由于水面对垂向紊动的抑制作用直接导致了水面下的流向旋转，流向旋转本身即是一个将垂向脉动转化为纵向和横向脉动的过程。因此，水面附近的垂向紊动强度本质上是通过不同尺度的流向旋转转化成了纵向和横向紊动强度。Komori 等通过分析 DNS 数据发现压强脉动与紊动能重分配的密切关系[120]，事实上，水面通过抑制垂向运动产生了不同尺度的涡旋，涡旋中心压强低于外围，所以水面产生的不同尺度的涡旋运动导致了压强脉动。

从式（9.55）还可以看到，水面这种流向旋转产生机制的强度与摩阻雷诺数的平方成正比，与水深的三次方成反比。因此，在相同水深下，这种机制将随雷诺数增加而增强，在相同雷诺数下，将随水深增加而减弱。分析式（9.55）的推导过程，明确的数量关系仅在水面绝对平静的条件下成立。实际情况中，水面有高低起伏，水面处的垂向脉动流速不全为 0，此时式（9.52）中包含v的项不能忽略，但是实测紊动强度曲线表明，水面处v的量级小于u，所以以上分析的定性结果是正确的，定量结果具有一定的参考价值。

9.3 明渠涡旋尺度与环量特征

9.2 节分析了横向涡旋的数密度特征。除了数密度外，涡旋还有尺度和强度特征。采用高频 PIV 系统对六种水流条件下的明渠恒定均匀湍流进行了测量，实验水流条件见表 9.1，PIV 参数见表 9.2。采集数据时，以 Δt 为时间间隔两次曝光，得到一对互相关图片，采样频率见表 9.2。每组均采得 5000 个瞬时流场。PIV 计算时，最小窗口为 16 像素×16 像素，进行 2 次迭代。窗口重叠率 50%，满足 Nyquist 采样定理[14]。最终测点网格为正方形，测点流向与垂向间距均为 8 像素，用内尺度无量纲的测点间距均在 8 左右。

表 9.1 水流条件

测次	J	h/cm	u_*/(cm/s)	Re	Fr	Re_τ	符号
G1	0.0007	3.8	1.67	9813.3	0.47	575.0	○
G2	0.0007	4.4	1.76	12289.4	0.47	704.5	□
G3	0.0019	2.7	2.26	9568.0	0.74	563.3	△
G4	0.0036	2.1	2.93	9804.3	1.08	581.7	◊
G5	0.0036	2.5	3.10	12868.2	1.05	759.1	+
G6	0.0036	2.9	3.28	15930.2	1.09	899.3	*

表 9.2 PIV 参数

测次	拍摄范围 /(cm×cm)	频率 /Hz	分辨率 /(μm/像素)	$\Delta x^+=\Delta y^+$	Δt^+
G1	8.55×3.66	3	67.0	8.02	0.46
G2	7.97×4.31	3	62.3	7.93	0.43
G3	6.11×2.62	3	47.7	7.76	0.42
G4	4.75×1.98	3	37.1	8.22	0.49
G5	4.27×2.42	3	33.3	7.82	0.43
G6	4.01×2.78	3	31.4	7.78	0.41

本节采用旋转强度法提取涡旋中心位置。提取涡旋时，首先计算整个流场的 Ω_{ci} 与 λ_r，然后寻找 Ω_{ci} 中的极值点作为涡旋的候选点，最后将满足条件的极值点挑选出作为涡旋的中心点。

由于湍流运动的复杂性，目前尚无统一的方法确定涡旋范围。根据原理可大致将目前的涡旋尺度提取方法分为两类：一类是将涡核附近流场与模式涡旋拟合，得到与实际涡旋最接近的模式涡旋，用拟合涡旋的参数表征实际涡旋[62, 116]。另一类是使用涡旋指示量的等值线代表涡旋的范围[64, 121]。第一类方法得到的并不是真实涡旋的尺度。第二类方法需要选取阈值以确定等值线，阈值选取带有一定的主观性。

本节根据涡旋自身特征，使用一种简洁客观的方法提取涡旋的尺度信息。图 9.14 是实测流场中的一个涡旋，绘出的是这个涡旋伽利略变换后的流场。伽利略变换定义如下：

$$(\boldsymbol{u}_{\text{vortex}},\boldsymbol{v}_{\text{vortex}})=(\boldsymbol{u},\boldsymbol{v})-(\boldsymbol{u}_{\text{center}},\boldsymbol{v}_{\text{center}}) \tag{9.56}$$

式中，$(\boldsymbol{u},\boldsymbol{v})$为原始流场中的流速矢量；$(\boldsymbol{u}_{\text{center}},\boldsymbol{v}_{\text{center}})$为对应涡旋中心点的速度矢量；$(\boldsymbol{u}_{\text{vortex}},\boldsymbol{v}_{\text{vortex}})$为伽利略变换后的流速矢量。从图 9.14 可以看到完整的涡旋结构。

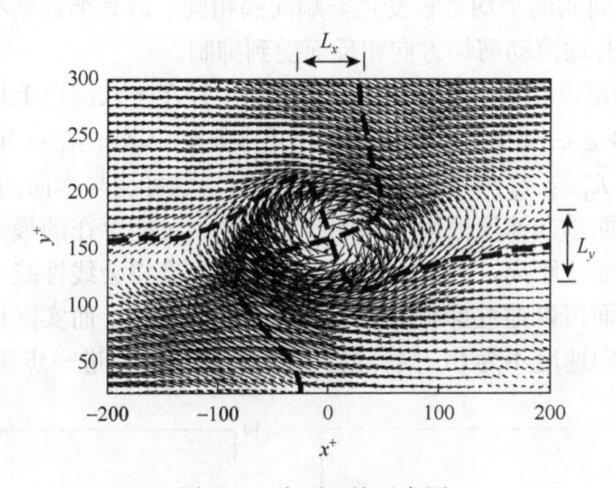

图 9.14 实测涡旋示意图

由式（9.56）可知，伽利略变换后涡旋中心速度为 0。一方面，由于涡旋的涡量主要集中在涡核部分，涡旋中心附近会保持较大的速度梯度以产生涡量，因此从中心向外速率增大。另一方面，单个涡旋的影响范围有限，较远处速率下降。因此从涡旋中心向外，速率先从 0 增大到最大值后减小，可以根据速率最大位置定义涡旋的尺度。图 9.14 给出了过涡旋中心的水平线上 v 的速度剖面与过中心的垂线上 u 的速度剖面，在中心两侧均出现了显著的峰值点。将水平线上 v 的两个峰值点间距离定义为 L_x，垂线上 u 的两个峰值点间距离定义为 L_y，根据 L_x 和 L_y 定义涡旋半径为

$$R=\frac{\sqrt{L_xL_y}}{2} \tag{9.57}$$

对提取出的每个涡旋进行相同计算，得到每个涡旋的半径。

图 9.15 为六组实验的正逆向涡旋的平均半径。可以看到，六组实验的数据均较好地重合。说明涡旋的无量纲尺度仅与涡旋所在的无量纲位置有关，与 Reynolds 数、Froude 数、水深、比降等其他因素均无关系。这与各向同性涡旋的特征相符。湍流中与外边界尺度相当的大涡将受到外边界尺度、雷诺数等的影响呈各向异性。随涡旋尺度减小，将逐渐趋于各向同性。

在壁面附近，正逆向涡旋的平均半径均随 y 增大，在 $y/h = 0.05$ 处，顺向涡的平均半径 $R^+_{,\mathrm{P}}$ 约为 26，至对数区的上边界 $y/h = 0.3$ 处，$R^+_{,\mathrm{P}}$ 增至约 29.5，从此处直至半水深，涡旋平均半径基本保持恒定。这一趋势与前人在槽道和边界层中的研究结果一致[62-64, 116]。需要指出的是，不同研究者因为使用不同方法，得到的平均半径数值略有差异，如 Carlier 等[62]得到对数区的涡旋半径在 20～26，与本书相当，而 Pirozzoli 等[63]与 Gao 等[64]均得到对数区的涡旋半径在 15 左右。另外，从图 9.15 看到，逆向涡的平均半径变化与顺向涡相同，但其半径略小于顺向涡，这是由于逆向涡与时均流动剪切方向相反而受到抑制。

从图 9.15 还可以看到，顺逆向涡旋的平均半径在半水深以上均有略微减小的趋势，在 $y/h > 0.8$ 之后减小速度加快。例如，在 $y/h = 0.5$ 处，$R^+_{,\mathrm{P}} \approx 30$，而 $R^+_{,\mathrm{R}} \approx 25.5$，到 $y/h = 0.9$ 处，$R^+_{,\mathrm{P}}$ 与 $R^+_{,\mathrm{R}}$ 分别减小到 27.5 与 24。这可能与水面的抑制作用有关。理想条件下，水面垂向速度恒为 0，此时水面之下可能存在的最大圆形涡旋半径等于其中心到水面的距离，因此水面附近的涡旋尺度将会线性减小直至 0。从以上分析可知，水面可以通过抑制垂向速度影响涡旋尺度，而实际情况下水面存在上下波动，其垂向速度不为 0，具体的抑制作用机理尚需进一步研究。

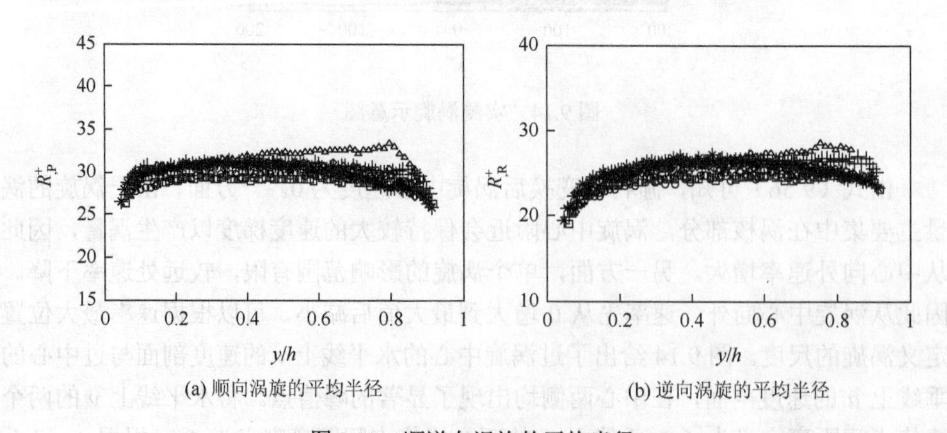

(a) 顺向涡旋的平均半径　　(b) 逆向涡旋的平均半径

图 9.15　顺逆向涡旋的平均半径

环量是涡动力学中的重要物理量。由于湍流中复杂的流场与涡旋之间相互作用，常用的确定涡旋范围的方法带有主观参数，要确定单一涡旋的具有可比性的环量比较困难。本书以涡旋的固有尺度 L_x 与 L_y 确定环量的计算范围。以取得 L_x 时的水平线上 v 的两个峰值点作为左右边界，类似地得到上下边界，做出包围涡旋核心区的矩形周线 C，在 C 上按逆时针方向计算环量：

$$\Gamma = \oint_C \boldsymbol{u}\mathrm{d}\boldsymbol{r} \tag{9.58}$$

式中，$\boldsymbol{u} = (u, v)$为瞬时速度矢量。由 Stokes 环量定理，Γ与 C 所包含面积内的涡量积分相等，所以Γ是对 C 内涡旋总强度的度量。

图 9.16 给出了测次 G1 在三个不同位置处顺向涡环量的概率密度曲线。$y/h = 0.08$ 处有大量高环量的涡旋，且概率密度曲线的峰值点靠右。随着 y/h 增大，概率密度迅速向左集中，高环量涡旋的出现概率显著减小，曲线峰值点向左移动。这与 Gao 等[64]使用高精度直接数值模拟数据得到的趋势完全吻合。

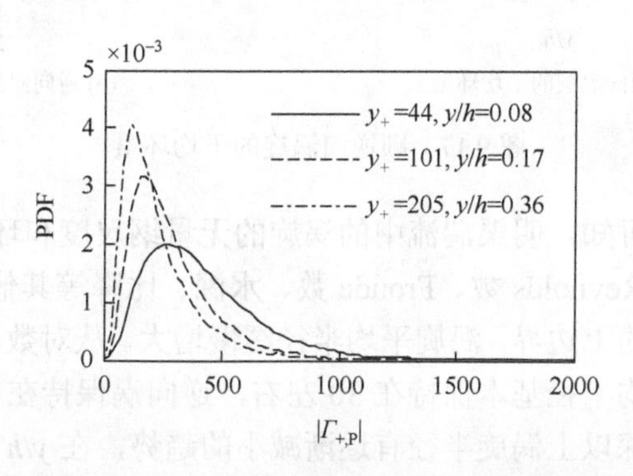

图 9.16 G1 测次不同位置处顺向涡环量的概率密度（PDF）

图 9.17 给出了六个测次的Γ沿 y/h 的变化趋势。需要指出的是，图中去除了受边界影响的点。顺向涡的旋向为顺时针方向，与环量积分方向相反，故其环量为负值。同理负向涡的环量为正值。图 9.17（a）为顺向涡旋的平均环量，可以看到顺向涡的平均环量在测量范围内一直呈减小趋势，在对数区内（$y/h<0.3$）的减小速率远大于外区。由于环量是涡旋总强度的度量，结合图 9.17 与前文对涡旋平均半径的讨论，在对数区存在大量较外区涡旋略小但更强的涡旋，在涡旋向外发展过程中，其强度急剧下降。根据 Kelvin 环量守恒定理与黏性流体中的涡量输运方程，涡量将由于黏性存在而耗散，因此黏性流体中单一涡旋在自身发展过程中环量总是减小。出对数区后，黏性作用减弱，环量的减小速率放慢。

逆向涡的平均环量在全水深均远小于顺向涡，因此其涡旋强度小于顺向涡，可见时均剪切对逆向涡旋的尺度与强度均有抑制作用。需要特别指出的是，在对数区的上边界逆向涡的平均环量最大，与顺向涡类似，外区的平均环量逐渐减小。但是，对数区内逆向涡的平均环量有增大的趋势，说明逆向涡的涡旋强度在黏性起控制作用的内区没有耗散反而增加，这一方面说明逐渐变小的时均梯度对逆向涡的抑制减弱，另一方面也可能暗示逆向涡旋不是一种独立的流动现象，而是与顺向涡不能分离。对数区中涡管的发展过程使得涡管本身急剧弯曲与折叠，顺向涡与逆向涡可能都是其在不同位置的截面[122]。

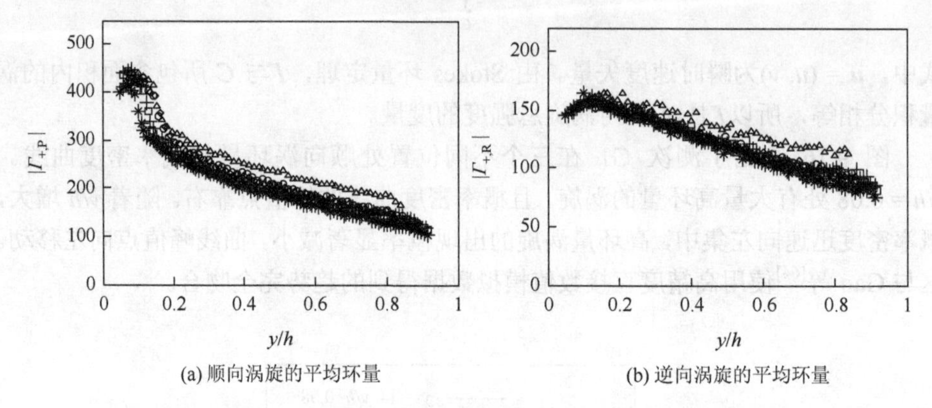

(a) 顺向涡旋的平均环量　(b) 逆向涡旋的平均环量

图 9.17　顺逆向涡旋的平均环量

总结分析结果可知，明渠湍流中的涡旋的无量纲尺度和环量仅与涡旋所在无量纲位置有关，与 Reynolds 数、Froude 数、水深、比降等其他因素均无关系。从壁面附近至对数区的上边界，涡旋平均半径缓慢增大。从对数区上边界至半水深，顺向涡的无量纲平均半径基本保持在 30 左右，逆向涡保持在 25 左右。由于水面的抑制作用，半水深以上涡旋半径有逐渐减小的趋势，在 $y/h>0.8$ 之后减小速度加快。由于黏性对涡量的耗散作用，从壁面至水面涡旋的平均环量主要呈减小趋势，在对数区以内（$y/h<3$），顺向涡旋环量的减小速率大于外区。受时均剪切作用的抑制，逆向涡的平均尺度与强度在全水深均小于顺向涡。

第10章 综合分析实例

以上各章分别介绍了目前明渠湍流数据分析中经常使用的一些方法。每一种方法所得结果有其基本物理意义，因此皆能够在一定程度上揭示复杂数据中存在的联系。但是，在分析复杂问题时，单独使用一种方法常常很难全方位多角度的剖析问题。因此，目前的大多数高水平明渠湍流研究均在不同程度上运用多种分析方法才能得到学术共同体认可的结果。本章从两个具体例子入手，介绍如何基于尺度分解和尺度关联的湍流数据分析基本思想，运用各种方法对所得数据进行分析。

10.1 问题背景

受实验条件和认识水平的限制，湍流研究前期主要将湍流脉动视为完全随机的过程，每种尺度的涡旋均占据了湍流的整个时空。然而，Kline 等[12]于 1967 年在壁面湍流黏性底层与缓冲区中发现了条带结构和猝发现象后，研究者逐渐认识到湍流实际上并不是完全随机的现象，而是存在高度组织的结构。现代的湍流观点认为，相干结构控制了湍流中的各种重要过程，如湍动的产生与发展、湍动能的传递、泥沙的起动与输运等。

正如 2.8.2 节中的介绍，明渠湍流相干结构研究已经从现象研究进入到建立解释模型的阶段。如图 2.15 所示，研究者按照流向尺度将相干结构分为基础结构、大尺度结构和超大尺度结构，并为每一种结构建立了相干结构模型。因此，明渠湍流中的相干结构研究框架如图 10.1 所示，基础结构、大尺度和超大尺度结构的解释

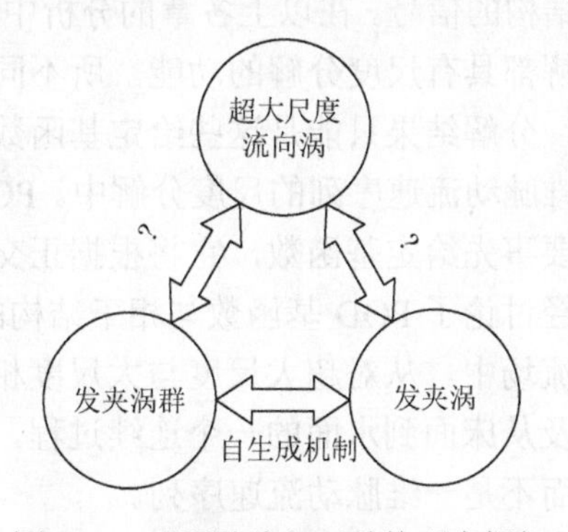

图 10.1 明渠湍流相干结构研究框架

模型分别为发夹涡、发夹涡群和超大尺度流向涡。而对于三者的相互关系，目前仅有发夹涡与发夹涡群之间建立了自生成机制，其他超大尺度与大尺度、超大尺度与小尺度之间的相互关系尚不清晰。因此，集中研究这两种关系就成为完善明渠湍流相干结构研究框架的关键。

10.2 超大尺度结构与大尺度结构间的相互关系

10.2.1 分析思路

根据 2.8.2 节的介绍，目前对超大尺度结构与大尺度结构之间的关系主要存在三种观点。第一种观点认为[31]，不同尺度的涡旋具有各自不同的产生和维持机制，超大尺度流向涡与发夹涡群的关系仅仅是在超大尺度流向涡向上旋转一侧，发夹涡群将被更多地带至水面，形成大尺度结构。这种论点不认可各种尺度相干结构间存在密切关系的观点。若这一观点成立，则超大尺度流向涡的生成和维持机制将成为主要问题。第二种观点认为[59]，发夹涡群诱发了超大尺度结构的流向旋转运动。发夹涡群本身会诱发很强的 Q2(u<0, v>0)事件，处于流动连续性要求，在床面附近水流将会向发夹涡群流动，而在距发夹涡一定距离的地方必然有 Q4(u>0, v<0)事件与 Q2 事件互补。整合起来即是流向旋转运动。这一观点能够解释超大尺度结构中流向旋转的形成。但是，发夹涡群的尺度仅为水深量级，超大尺度流向涡的流向长度一般都在 10 倍水深量级，较小的结构如何持续维持尺度比自身大得多的结构将成为这一观点的关键问题。第三种观点是前两种观点的折中，认为这两种观点描述的机制可能都存在[60]。

因此，对这一问题的分析必然围绕上述三种观点进行。由于需要同时分析超大尺度结构与大尺度结构，数据分析的第一步必然是对数据进行尺度分解，得到代表超大尺度与大尺度结构的信号。在以上各章的分析中我们知道，傅里叶变换、小波变换和本征正交分解都具有尺度分解的功能。所不同的是，傅里叶变换和小波变换需要给定基函数，分解结果只能是这些给定基函数的线性组合。并且，这两种方法主要用在对一维脉动流速序列的尺度分解中。POD 分解本质上是一种自适应的分解方法，不需要事先给定基函数，它将根据正交和最优的原则得到一系列基函数，第 8 章中已经讨论了 POD 基函数与相干结构的关系。并且 POD 方法经常应用于二维与三维流场中。从对超大尺度与大尺度相互关系的三种观点可以看到，这种关系必然涉及从床面到水面的一个连续过程，所以最理想的数据集应该是二维或三维流场，而不是一维脉动流速序列。

因此，使用 PIV 对 x-y 平面的流场进行测量，即表 8.3 中的 C3 和 C3P 测次。

由于 C3 测次的流场相互独立，不易分析结构的时间演化，因此增加了 C3P 测次。与 C3 测次相比，除了采样频率增加到 2500Hz 以外，其他参数均没有变化。这就使得 C3 测次通过 POD 分析所得模态，均可直接应用于 C3P 测次。

如果有可能，我们总是希望首先从对流场的直接观察中得到一些定性的结果。由于超大尺度结构的流向尺度一般在 10 倍水深量级，而 PIV 测量窗口一般只是水深尺度，因此直接从 PIV 测量流场中不可能获得完整的超大尺度结构。但是根据泰勒冻结假定，我们可以假设超大尺度结构的演变速度相对于平均流速来讲很小，即在整个超大尺度结构从头到尾流经固定测量窗口的时间间隔内，结构本身没有发生太大变化。因此我们可以通过 C3P 测量的流场时间序列通过泰勒冻结假定反推出超大尺度结构的空间信息，从而直观分析超大尺度结构与大尺度结构的关系。

直观分析之后需要进行定量分析，定量分析首先需要确定每种现象的代表物理量，之后分析物理量之间的关系。两变量之间关系的经典分析方法即为相关分析。通过 8.1.2 节的分析，Snapshot 法所得一阶 POD 模态与超大尺度结构密切相关，当 a_1 大于 0 时，测量平面位于超大尺度流向涡向下旋转一侧，而当 a_1 小于 0 时，测量平面位于超大尺度流向涡向上旋转一侧。因此，可以将 a_1 作为 POD 分解出超大尺度结构后的指标量。二阶 POD 模态与大尺度结构密切相关，但是由于 POD 分解出的模态相互独立，因此直接分析 a_1 与 a_2 会发现两者的相关系数为 0。故而需要从别的角度来重新寻找大尺度结构的代表参数。由于大尺度结构是发夹涡群，发夹涡群由发夹涡组成，而发夹涡在 x-y 平面的表现为横向涡，因此，研究大尺度与超大尺度结构间关系最直接的途径是研究 a_1 与横向涡数量间的关系。

按照以上思路，我们对 C3 和 C3P 的数据进行了分析，结果在 10.2.2 节中详细阐述。

10.2.2　分析结果

首先尝试对流场进行直接观察。可以基于泰勒冻结假定对 C3P 的脉动流场进行拼接，得到一个纵向尺度很长的流场，观察超大尺度结构的变化情况。为了在观察时能够更加明确流场的每一部分在超大尺度结构中的位置，也根据 POD 分解 C3 所得一阶模态分析了 C3P，得到 a_1 随时间变化的过程（图 10.2）。图 10.2 同时绘出了几个特征时刻的脉动流场图。从图中可以看到，$a_1(t)$随时间正负交替变化。例如，在 $t^+ = 350$（$t^+ = tu_*^2/\nu$）处达到负极值，之后逐渐增加，在 $t^+ = 980$ 时达到正极值。由此可见，超大尺度结构引起的脉动频率很低，$a_1(t)$一次典型的波动时间尺度达到了 $\Delta t^+ = 850$（从 $t^+ = 250$ 到 $t^+ = 1100$）。

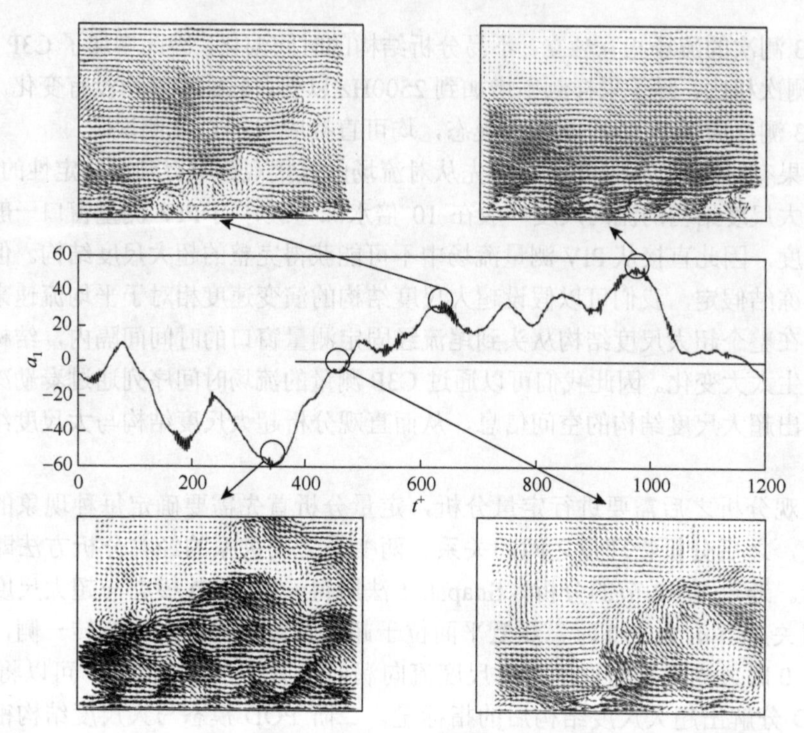

图 10.2　C3P 的一阶模态分量 $a_1(t)$随时间的变化过程与特征时刻的脉动流场图

按照泰勒冻结假定将 $t^+ = 250$ 到 $t^+ = 1150$ 的脉动流场进行拼接，得到图 10.3。流场拼接时的特征流速为 $y/h = 0.5$ 处的时均流速，拼接相邻流场时为了将一些显著的结构拼接良好，对流场位置做了微调。图 10.2 中 $t^+ = 350$、460、500、625、750、850、975 时刻分别对应图中 $x/h = 17.5$、15.0、13.5、11.0、8、5.5、2.5 附近的流场。图中红色粗实线为 $a_1 = 0$ 附近的流场，红色虚线箭头指示了大规模 Q4 事件，红色实线箭头指示了大规模 Q2 事件的流动方向。对比图 10.2 和图 10.3，在 a_1 为正的区域，流动主要由 Q4 事件控制，并且其强度随 a_1 的变化而变化。图 10.2 中每个 a_1 正极值均对应一段较强的 Q4 事件，在图 10.3 中用红色虚线标记。当 a_1 为负时，流动主要由 Q2 事件控制。在图 10.3 中，交替出现的 Q2/Q4 事件的总纵向尺度达到约 20h，这个尺度说明这种 Q2/Q4 交替振荡本身是由超大尺度结构造成的。

从图 10.3 可以看到，Q2 事件的特征与 Q4 事件不同，经常出现在一些倾斜剪切带的下方，在图 10.3 中用红色实线标记了倾斜剪切带。倾斜剪切带与 Q2 事件是发夹涡群的特征。图 10.2 中每个 a_1 负极值均对应一个发夹涡群。由于 Q2 和 Q4 事件分别对应超大尺度流向涡向上和向下旋转一侧，因此对图 10.3 的直观观察可以得到超大尺度流向涡的向上运动部分实际上是由发夹涡群引起的。超大尺度与大尺度结构存在密切的关系。

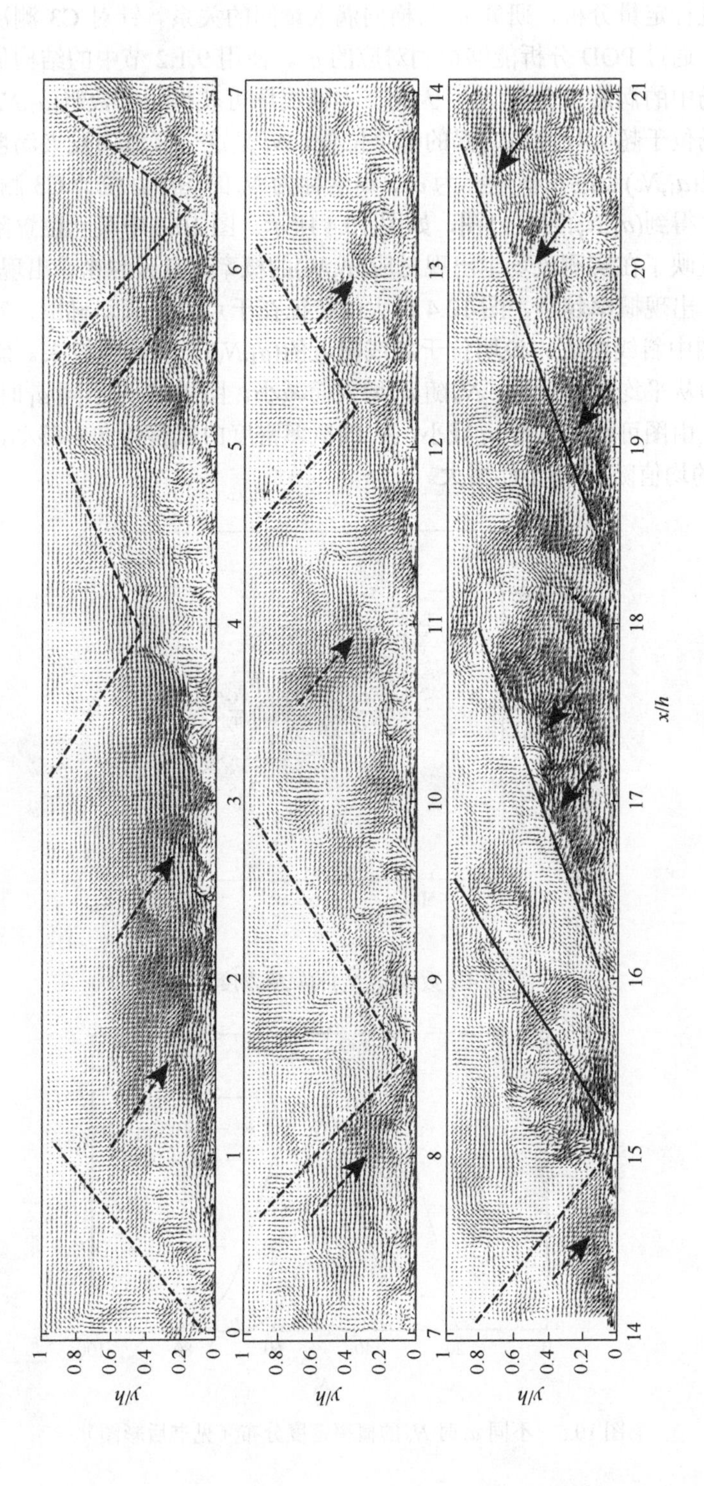

图 10.3　基于泰勒冻结假定拼接的脉动流场（见书后彩图）

下面进行定量分析，研究 a_1 与横向涡数量间的关系。针对 C3 测次中每一帧独立流场，通过 POD 分析能够得到对应的 a_1。使用 9.1.2 节中的结构化涡量法提取本帧流场中的涡旋总个数 N_v，因此在本帧流场可获得一个数组(a_1,N_v)，a_1 指示了本帧流场位于超大尺度流向涡的哪个位置，N_v 是这一区域内发夹涡群密度的度量。将数组(a_1,N_v)点绘在横坐标为 a_1、纵坐标为 N_v 的图中。统计 C3 测次 5000 帧独立流场，得到(a_1,N_v)的点云图，如图 10.4 所示。图 10.4 中某一位置附近点云的疏密程度反映了在实测流场中出现对应(a_1,N_v)的概率，点云越密，出现概率越大，点云越稀，出现概率越小。图 10.4 最大的特征在于点云呈倾斜椭圆，实测数据点均聚集在图中斜线附近。说明位于斜线附近的(a_1,N_v)出现概率较大。斜线的斜率为负值，即从平均意义上讲，N_v 随 a_1 增大而减小。图 10.5 为不同 a_1 时 N_v 的概率密度分布，由图可知，随着 a_1 减小，N_v 的概率密度曲线整体向右移动，由此可以判断，N_v 的均值随 a_1 减小而增大。

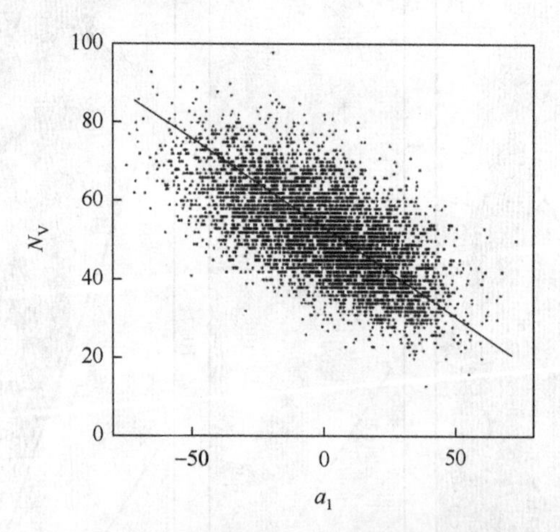

图 10.4　数组(a_1,N_v)的概率密度云图

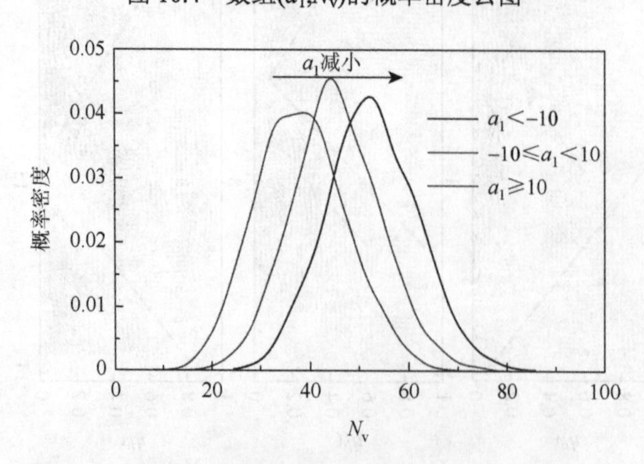

图 10.5　不同 a_1 时 N_v 的概率密度分布（见书后彩图）

由于a_1为负时脉动流场呈现Q2事件，观测窗口位于超大尺度流向涡向上旋转一侧，a_1为正时呈现Q4事件，位于向下旋转一侧，所以图10.4与图10.5的结果表明横向涡出现在超大尺度流向涡向上旋转一侧的概率远大于向下一侧。

已知横向涡的这种选择性分布后，结合图10.3，当a_1为正时，大规模Q4事件连续通过观察窗口，值得注意的是，整个流场中除了床面附近存在一些横向涡外，上部流区的横向涡密度很小；而当a_1转为负时，发夹涡群成为流场中的主导结构，在图中$x/h=16\sim21$的范围内连续出现了两个发夹涡群。在a_1为负的区域，由于发夹涡群连续出现，所以横向涡的密度较大。结合图10.4、图10.5的结果与对图10.3的分析可知，发夹涡群大量集中在超大尺度流向涡向上旋转一侧。

进一步分析图10.3，超大尺度流向涡中的大规模Q4事件是一种简洁的结构，除床面附近的扰动外全流场均呈现出斜向前下方流动。而大规模Q2事件的区域则比较复杂，事实上Q2事件仅是发夹涡群诱导的结果，发夹涡群才是这一区域的控制性结构。也就是说，与向下旋转的Q4对应，超大尺度流向涡的向上旋转运动——大规模Q2事件，事实上是由发夹涡群诱导产生的。发夹涡群具有完善的生成、发展与维持机制，而Q4事件并没有独立的维持机制。所以以上分析表明在超大尺度流向涡中，大规模Q2事件更加本质，大规模Q4事件不能独立于Q2事件单独维持，而Q2事件又是由发夹涡群诱发。这一结果支持Shvidchenko的观点，即发夹涡群诱发的大规模Q2事件是导致流向旋转的原因。图10.6为发夹涡群诱发流向旋转示意图。当发夹涡群发展至水面时，其输运作用将下部的低速流体向上输送，引起了全水深的Q2事件，在图中以红色空心箭头表示。低速流体顶托水面形成水面泡漩，图中以深色椭圆表示。由于受到水面抑制，流体只能向左右分开，同时，底部流体在流动连续性作用下向发夹涡中部运动，水面和底部的流体运动方向如红色实线箭头所示。发夹涡群诱发运动综合起来形成了两侧的流向旋转。从这一结果来看，发夹涡群是产生超大尺度流向涡的原因。但是，正如10.2.1节的分析，这一论断存在一个关键问题，发夹涡群的纵向尺度在$2h\sim3h$，而超大尺度流向涡的尺度大于$3h$，并经常达到10倍甚至20倍h，单从

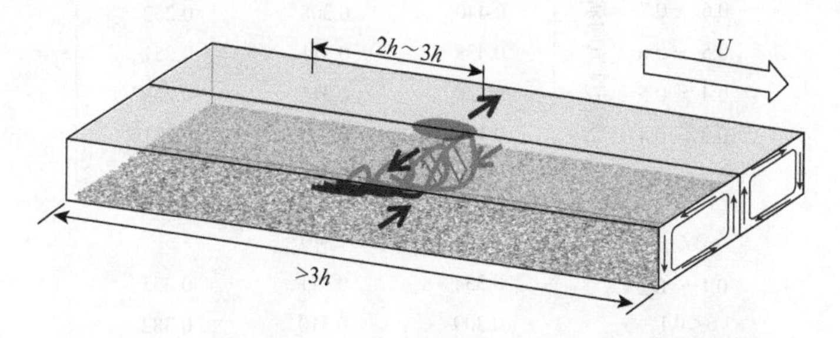

图10.6 发夹涡群诱发流向旋转示意图（见书后彩图）

尺度大小上来看，单个发夹涡群不可能是超大尺度流向涡得以维持的原因。超大尺度流向涡与发夹涡群还应该存在其他相互作用机制。

进一步分析 a_1 与涡旋数量间的关系。图 10.4 和图 10.5 直接计算了整个流场中的涡旋数量，没有区分不同垂向位置的涡旋，于是进一步分流区统计涡旋的比例。按照$\Delta y/h = 0.1$ 将垂向划分为 10 个流区，统计 C3 测次 5000 帧流场中涡旋中心落在各个流区内的顺向涡总数，然后分别统计落在 $a_1 < -10$、$-10 \leqslant a_1 < 10$、$a_1 \geqslant 10$ 的流场中对应垂向流区内的顺向涡的个数，除以顺向涡总数得到顺向涡比例，列在图 10.7 中，表中每一横排顺向涡比例相加等于 1。选择−10 和 10 作为 a_1 的分界点是为了使得落在各区的瞬时流场个数相同，排除流场个数对图 10.7 中顺向涡比例的影响。由于 $a_1 < 0$ 时瞬时流场切在超大尺度流向涡向上一侧，$a_1 > 0$ 时瞬时流场切在超大尺度流向涡向下一侧，图 10.7 中据此画出了超大尺度流向涡的旋转方向。从图中可以看到，在 $y/h > 0.2$ 的流区，顺向涡在 $a_1 < -10$ 的比例高于其他两个区域，而且比例值随 a_1 减小而增加。这一结果与图 10.4 吻合，说明发夹涡群主要集中在超大尺度流向涡向上一侧。进一步分析顺向涡比例沿 y/h 的变化可以发现，随着 y/h 的增加，在 $a_1 < -10$ 的区域顺向涡密度逐渐变大，在 $a_1 > 10$ 的区域顺向涡密度逐渐变小，说明随 y/h 的增加发夹涡群同时存在一个从其他区域向流向涡向上运动的区域聚集的过程。从图 10.7 中可以看到，这一聚集的方向与床面附近流向旋转的方向一致，说明超大尺度流向涡的横向运动和垂向运动对发夹涡群的横向位置变化起到了关键作用。这一结果支持 Tamburrino 的观点，认为由床面而来的相干结构会被流向涡的旋转运动带至水面。图 10.8 为超大尺度流向涡对发夹涡群横向位置的影响。超大尺度流向涡的运动方向在流体区域中用黑色空心箭头表示，床面附近初生的发夹涡在

y/h	$a_1 < -10$	$-10 \leqslant a_1 < 10$	$a_1 \geqslant 10$
>0.9	0.444	0.299	0.257
0.8 ~ 0.9	0.438	0.304	0.258
0.7 ~ 0.8	0.447	0.302	0.251
0.6 ~ 0.7	0.440	0.308	0.252
0.5 ~ 0.6	0.438	0.311	0.251
0.4 ~ 0.5	0.420	0.315	0.265
0.3 ~ 0.4	0.400	0.309	0.291
0.2 ~ 0.3	0.364	0.315	0.320
0.1 ~ 0.2	0.334	0.311	0.355
<0.1	0.309	0.310	0.382

图 10.7　分垂向流区统计不同 a_1 区域的顺向涡比例

向外区发展和向下游迁移的同时受到超大尺度流向涡旋转运动的影响，在 z 方向上发夹涡群逐渐朝流向涡向上旋转一侧移动。最终发夹涡群聚集在超大尺度流向涡向上旋转一侧，这种聚集产生的强 Q2 事件又通过图 10.6 的机制加强了流向旋转。另外，图 10.7 中 $y/h<0.2$ 时不同 a_1 区域涡旋比例的趋势与上部刚好相反，a_1 越大涡旋越多，说明超大尺度流向涡的旋转作用不能抵达床面，其大致下限应该在对数区内。

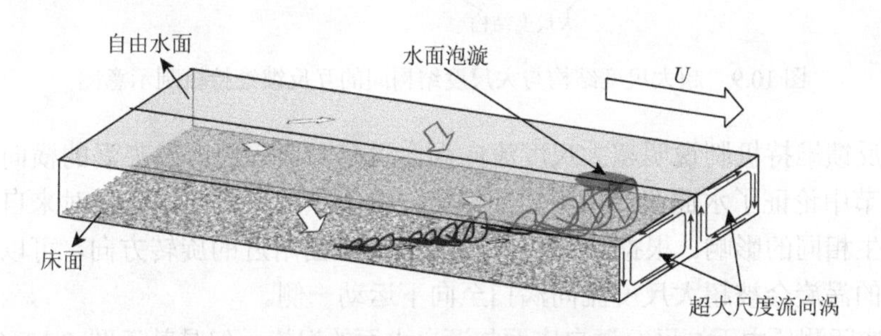

图 10.8　超大尺度流向涡对发夹涡群横向位置的影响

综合以上论述，实验证据支持 AM12 模型中大尺度与超大尺度结构之间的互反馈维持机制。图 10.9 是这一机制的示意图。发夹涡群的输运作用引起了大规模 Q2 事件，在水面的限制和流体连续性的影响下，发夹涡群两侧形成了微弱的流向旋转，这种旋转一旦形成，就会影响床面附近正在发展的发夹涡群，使其在向下游迁移的同时朝流向涡向上旋转一侧运动，最终大量发夹涡群被流向旋转聚集至向上一侧，这些发夹涡群引起的 Q2 事件进一步加强了流向旋转，因此超大尺度流向涡得以维持。

互反馈维持机制能够解释水面泡漩的分布特征。研究者在野外河流与明渠实验中均发现水面泡漩呈线状排列在水面低速流带中，并且其相互间距约为 $2h$。根据图 10.9 的互反馈维持机制，这是由于发夹涡群聚集在超大尺度流向涡向上一侧，顶托水面形成水面泡漩，而向上旋转会将下部低速流体带至水面形成低速流带，因此水面泡漩常出现在低速流带中。另外，发夹涡群的尺度大致在 $2h$～$3h$，所以水面泡漩间出现相同的间距。

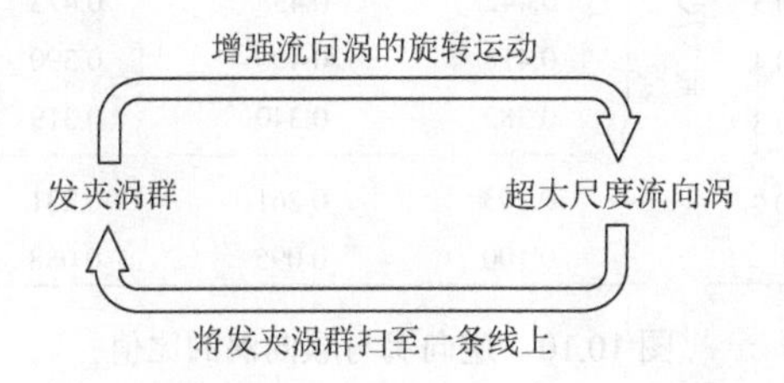

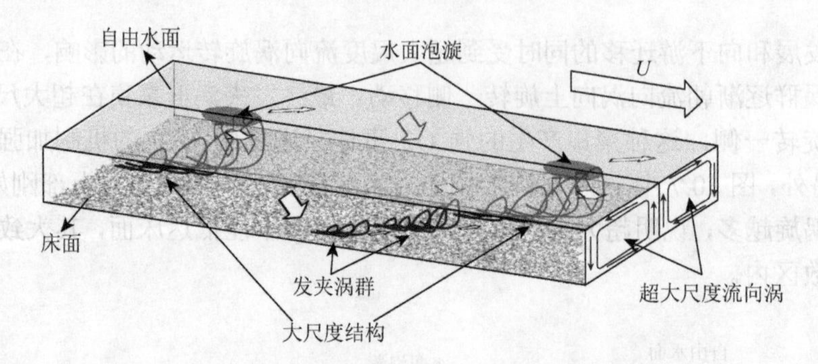

图 10.9　超大尺度结构与大尺度结构间的互反馈维持机制示意图

互反馈维持机制说明超大尺度流向涡会引起源自床面的发夹涡的横向运动。在 9.2 节中论证了水面会产生附加的涡旋，据此预测，流向涡也会对来自水面的涡旋产生相同的影响。根据图 10.9 中流向涡在水面附近的旋转方向，可以推测来自水面的涡旋会被超大尺度流向涡扫至向下运动一侧。

在实际测量中无法区分源自床面与源自水面的涡旋。但是基于图 9.12（c），水面引起的顺逆向涡的数量大致相当，而源自床面的逆向涡数量显著低于顺向涡，因此可用逆向涡对顺向涡的比值来间接反映水面涡旋的含量。图 10.10 统计了 C3 测次中不同 y/h 与不同 a_1 处的逆向涡与顺向涡的比值。从图 10.10 可见，逆向涡的比例随 y/h 增大而增加，与图 9.10 中顺逆向涡旋沿 y/h 的变化趋势相同。另外，在 $y/h>0.5$ 的区域，a_1 越大逆向涡比例越大，说明来自水面的涡旋出现在超大尺度流向涡向下旋转一侧的概率较大。这一结果验证了互反馈维持机制的推论，进一步支持了超大尺度流向涡与大尺度发夹涡群的互反馈维持机制。

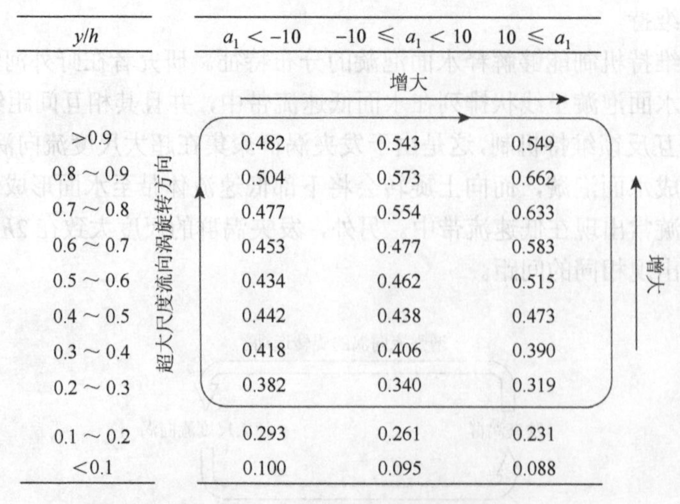

y/h	$a_1<-10$	$-10\leqslant a_1<10$	$10\leqslant a_1$
>0.9	0.482	0.543	0.549
0.8～0.9	0.504	0.573	0.662
0.7～0.8	0.477	0.554	0.633
0.6～0.7	0.453	0.477	0.583
0.5～0.6	0.434	0.462	0.515
0.4～0.5	0.442	0.438	0.473
0.3～0.4	0.418	0.406	0.390
0.2～0.3	0.382	0.340	0.319
0.1～0.2	0.293	0.261	0.231
<0.1	0.100	0.095	0.088

图 10.10　逆向涡与顺向涡的比值

10.3　超大尺度结构对小尺度结构的振幅调制

10.3.1　分析思路

根据图 10.1，超大尺度结构与小尺度结构之间的关系是另外一个尚未解决的问题。对这一问题的研究首先仍然是尺度分解。一般认为小尺度结构的组织形式为发夹涡，在实测流场中的表现形式多种多样，如横向涡、流向涡、Q2 事件、剪切带等。总体上讲，小尺度结构多的地方小尺度紊动会比较剧烈。首先从固定测点的脉动流速时间序列进行分析。

首先仍然是进行尺度分解。对于一维时间序列经常采用傅里叶分析或者小波分析实现尺度分解。这两种变换均可以按照指定频率范围重构原始信号，使得重构信号中只包含指定尺度的脉动。因此，首先可以分解出超大尺度和大尺度脉动信号，然后进行直接观察得到一些定性的结果。图 10.11 为对 C3S 测次 $y^+ = 100$ 处的纵向脉动时间序列经傅里叶分解后的结果。根据图 2.15 的尺度划分，将 3h 和 h 作为尺度划分的界限。蓝色曲线为大于 3h 的分量重构出的信号，代表超大尺度结构引起的脉动。红色曲线为小于 h 的分量重构出的信号，代表小尺度结构引起的脉动。定量分析时分界尺度需要仔细考虑，下一节将会继续讨论。图中用黑色虚线分割出了较大尺度信号正负交替的区域。直观观察可以发现，当超大尺度信号为负时，例如在 $112 < t^+ < 168$ 与 $196 < t^+ < 221$ 的区域，小尺度脉动的振幅显著小于超大尺度信号为正的区域。说明小尺度不是简单叠加在较大尺度信号上，其振幅也受到较大尺度信号的调制。通过简单的滤波滤除较大尺度信号后所获得的小尺度信号中，其振幅中仍然保留着较大尺度信号的信息。这一现象由 Hutchins 和 Marusic 在 2007 年首先报道[123]，壁面湍流中较大尺度信号会对床面附近的小尺度信号产生振幅调制效应。振幅调制是指较大尺度信号的正负会影响小尺度信号的振幅。

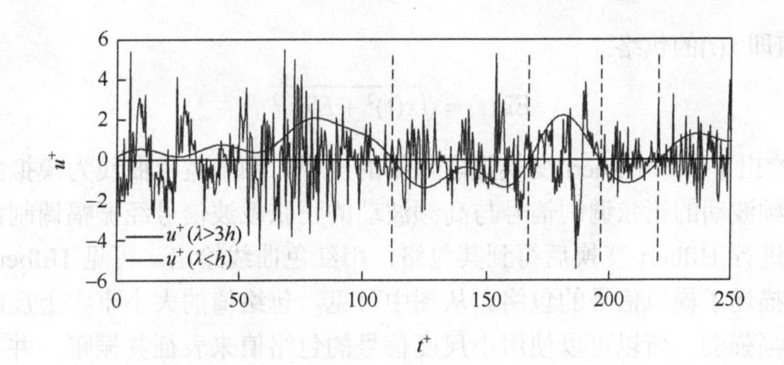

图 10.11　振幅调制示意图（见书后彩图）

为了研究一振幅调制现象，需要使用 Hilbert 变换。Hilbert 变换能够给出脉动信号的包络，代表脉动信号的振幅。这样，通过傅里叶分析分解出超大尺度信号和小尺度信号，再通过 Hilbert 变换得到小尺度信号的振幅，然后通过经典的相关分析研究超大尺度信号和小尺度振幅之间的关系。

10.3.2 分析结果

超大尺度信号对小尺度信号的振幅调制现象由 Hutchins 和 Marusic 在 2007 年首先报道[123]。Hutchins 等使用单点时间序列分析自身大小尺度信号之间的调制，而 Schlatter 和 Örlü[124]通过分析随机模拟数据发现单点的振幅调制与序列的偏度系数有关，这一结果使得振幅调制的真实性存疑。Ganapathisubramani 等[125]通过多点数据分析再一次证明了振幅调制的真实存在性，并且又发现了频率调制现象。Marusic 等[83]根据振幅调制现象，在 *Science* 上发表了根据对数区较大尺度信号预测床面流动行为的预测模型的文章，该模型能够非常准确地预测床面附近的能谱密度分布以及直到 6 阶的流速矩，这一结果首次清晰地建立了预测近壁流动精细行为的模型，成为湍流研究的一个重大进展。先前的研究主要集中在湍流边界层等类型的壁面湍流中，明渠湍流中是否存在类似的机制还未见文献讨论。

Hilbert 变换是研究正负调制的基本工具，其基本公式为[126]

$$H(t)=\frac{1}{\pi}\int_{-\infty}^{\infty}\frac{x(t)}{t-\tau}\mathrm{d}\tau \tag{10.1}$$

式中，$x(t)$为原始信号。变换之后将 $x(t)$作为实部，将 $H(t)$作为虚部即可得到 $x(t)$的解析信号：

$$f(t)=x(t)+iH(t) \tag{10.2}$$

$f(t)$的幅值即 $x(t)$的包络：

$$\mathrm{EL}(t)=\sqrt{x(t)^2+H(t)^2} \tag{10.3}$$

图 10.12 给出了一个 Hilbert 变换提取包络的例子。图中蓝色曲线为模拟的原始信号，由低频波动的正弦调制信号与高频波动的正弦载波信号经振幅调制而成。对模拟信号进行 Hilbert 变换后得到其包络，用红色曲线绘出。可见 Hilbert 变换的结果很好描述了模拟信号的包络。从图中可见，包络值的大小事实上反映了当地信号的振幅强弱。所以可以使用小尺度信号的包络值来表征其振幅，并与较大尺度信号做对比。

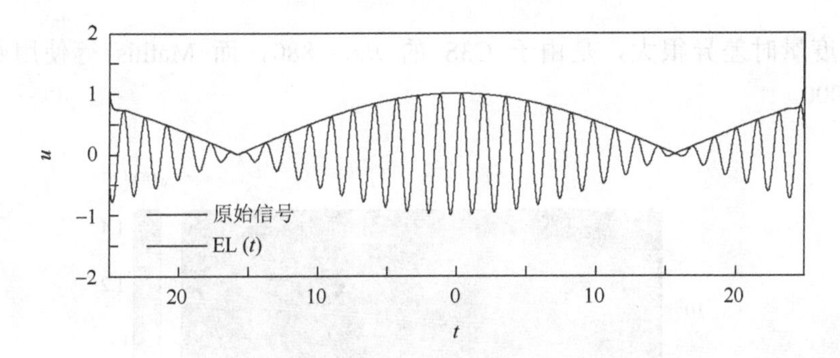

图 10.12　原始信号与 Hilbert 变换结果（见书后彩图）

Mathis 等[126]首先提出了振幅调制效应的分析方法，Bernardini 和 Pirozzoli[127]列出了具体步骤：

（1）获取较大尺度信号，对原始脉动流速序列 $u(t)$进行傅里叶低通滤波，截止波长为$\lambda = h$，得到较大尺度信号 $u_L(t)$；

（2）获得小尺度信号，原始信号减去较大尺度信号即得小尺度信号，$u_S(t) = u(t) - u_L(t)$；

（3）获得小尺度信号的包络，对 $u_S(t)$做 Hilbert 变换，得到 $u_S(t)$的包络 $u_E(t)$；

（4）获得包络中的较大尺度信号，对 $u_E(t)$进行截止波长为$\lambda = h$ 的傅里叶低通滤波，得到 $u_{EL}(t)$；

（5）做 $u_L(t)$与 $u_{EL}(t)$的相关：

$$C_{AM} = \frac{\sum_t u_L(t) u_{EL}(t)}{\sqrt{\sum_t u_L(t)^2 \sum_t u_{EL}(t)^2}} \tag{10.4}$$

若使用单测点数据进行上述步骤计算，所得 C_{AM} 与信号的偏度存在一定关系，所以需要进行多点分析以确认振幅调制现象。多点分析时，步骤（1）中使用某一测点数据计算出较大尺度信号 $u_L(t)$，步骤（2）中需要使用另一测点数据计算出小尺度信号 $u_S(t)$。另外，步骤（1）与步骤（4）中的截止波长在不同流动条件下需要选择不同的值。根据 Mathis 等[126]的论述，截止波长要刚好能够区分预乘谱中缓冲区与对数区的两个峰值。图 10.13 为 C3S 测次的预乘谱，从图中可以看到，对于 C3S，区分两个峰值区域的合理截止波长可选为 10h。这一截止波长远大于 Mathis 等在空气边界层中使用的$\lambda = h$，这是由于缓冲区第一个峰值点的尺度大致在$\lambda^+ = 100$ 左右，对数区第二个峰值点的尺度大致在$\lambda^+ = 10000$～50000，所以合理的区分尺度应为数千倍 y^*。本节使用的截止波长用内尺度无量纲化后为$\lambda^+ = 8800$，Mathis 等使用的截止波长为$\lambda^+ = 8000$。所以二者事实上是等效的。以外尺度度量时差异很大，是由于 C3S 的 $Re_\tau=880$，而 Mathis 等使用数据的 $Re_\tau=7000$。

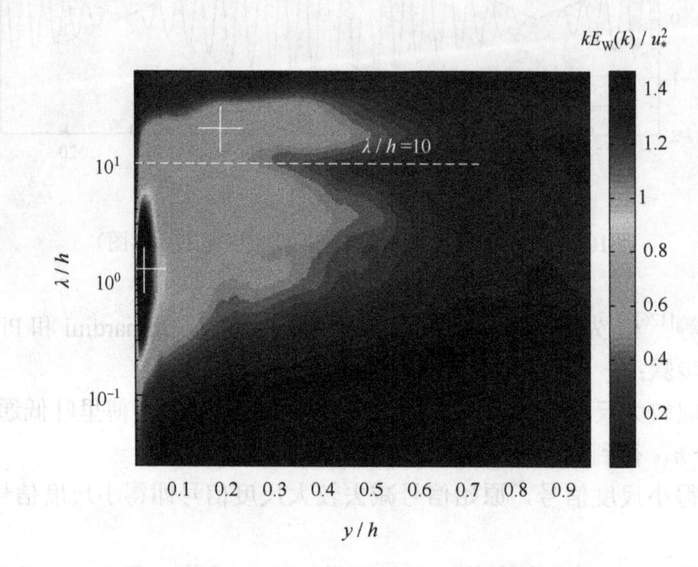

图 10.13　根据预乘谱划分截止波长

对 C3S 测次的数据进行计算，调制相关系数如图 10.14 所示。图中横坐标表示使用了 y_L 处的超大尺度信号，纵坐标表示使用了 y_S 处的较小尺度信号。图 10.14（a）的横纵坐标使用内尺度无量纲化，并用对数坐标表示，以反映近壁的情况。从图中可以看到，在 $y_L^+\approx100$、$y_S^+<50$ 的区域出现了高度正相关，说明 $y^+\approx100$ 处的超大尺度结构对 $y^+<50$ 内的较小尺度信号存在振幅正调制，即对数区超大尺度脉动为正时，内区较小尺度振幅大，超大尺度脉动为负时，较小尺度振幅小。在 $y^+<50$ 内有两个较明显峰值，一个是（$y_L^+\approx100$，$y_S^+\approx15$），另一个是（$y_L^+\approx100$，$y_S^+\approx5$）。这两个峰值的位置说明对数区的超大尺度结构对缓冲区与黏性底层的较小尺度结构都产生了正调制。这一结果与在其他壁面湍流中的报道一致[127]。图 10.14（b）的横纵坐标使用 h 无量纲化，以反映外区的情况。图中黑色斜线为对角线，可以比较清晰地看到，外区的 C_{AM} 以对角线为界分为上下两个区域，对角线之下为微弱的正调制，对角线之上为显著的负调制。对角线之下的区域表示某测点处超大尺度结构对位于其下流区内的较小尺度信号的影响，对角线之上的区域表示该测点处超大尺度结构对其上流区较小尺度信号的影响。综合来看，外区的超大尺度结构主要对测点以上的较小尺度信号产生振幅负调制，即超大尺度脉动为正时，其上流区的较小尺度脉动振幅减小，超大尺度脉动为负时，其上区域的较小尺度脉动振幅增大。对比文献结果[127]可以发现，明

渠湍流外区负调制的显著程度要明显大于其他壁面湍流。例如 Bernardini 和 Pirozzoli[127]的图 4（c）中，与 C3S 测次有相近雷诺数的湍流边界层中，外区负相关的最大值仅为–0.1 左右，而图 10.14（b）中最大负相关能达到–0.5 左右。

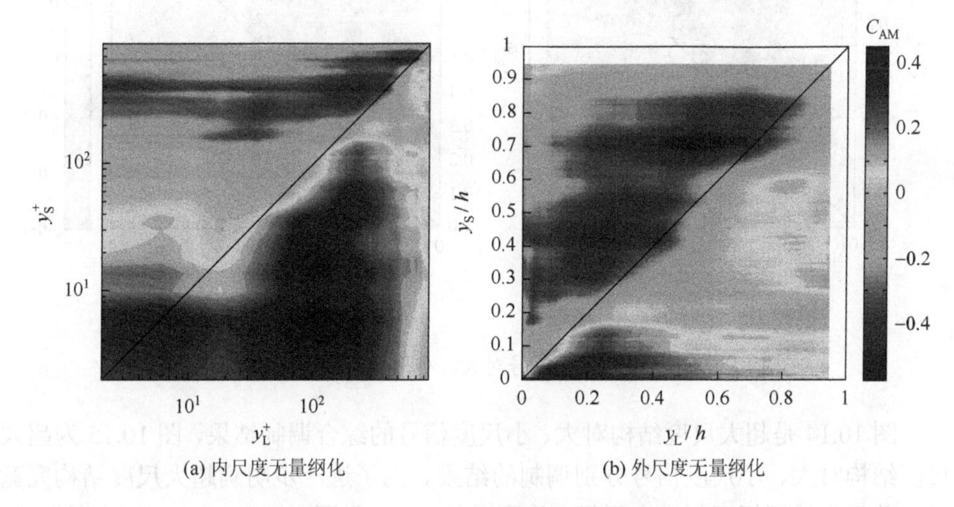

(a) 内尺度无量纲化　(b) 外尺度无量纲化

图 10.14　C3S 测次的调制相关系数

从图 10.13 可见，当以 $10h$ 为截止波长时，能够很好地划分对数区的超大尺度结构与内区小尺度结构。然而在外区，$10h$ 以下的区域同时包含了大尺度和小尺度结构的信息，因此图 10.14 中表现出的外区负调制是超大尺度结构对大尺度与小尺度结构的综合影响。为了分离出对各自的影响，分别将不同尺度的信号滤出与 $10h$ 以上的超大尺度信号进行振幅调制分析。

图 10.15（a）为超大尺度信号与大尺度信号的振幅调制分析结果。实际分析时，获得超大尺度与大尺度信号的具体步骤如下：

（1）获取超大尺度信号，对原始脉动流速序列 $u(t)$进行傅里叶低通滤波，截止波长为$\lambda = 10h$，得到超大尺度信号 $u_L(t)$；

（2）获得大尺度信号，对原始脉动流速序列 $u(t)$进行傅里叶带通滤波，带通范围为 $h<\lambda<10h$，得到大尺度信号 $u_S(t)$。

获得 $u_L(t)$与 $u_S(t)$之后的分析步骤与前文中的步骤（3）、（4）、（5）相同，只需将步骤（4）中对 $u_E(t)$进行低通滤波的截止波长改为$\lambda = 10h$。图 10.15（b）为超大尺度信号对小尺度信号的振幅调制，实际计算步骤是将计算图 10.15（a）过程中的带通滤波变为高通滤波，截止波长为$\lambda = h$。从图 10.15（a）、（b）的对比可见，超大尺度结构对外区大、小尺度结构均主要体现出振幅负调制，而且对大尺度结构的调制效应要强于对小尺度。而超大尺度结构对内区的调制主要体现在对小尺度的正调制上。

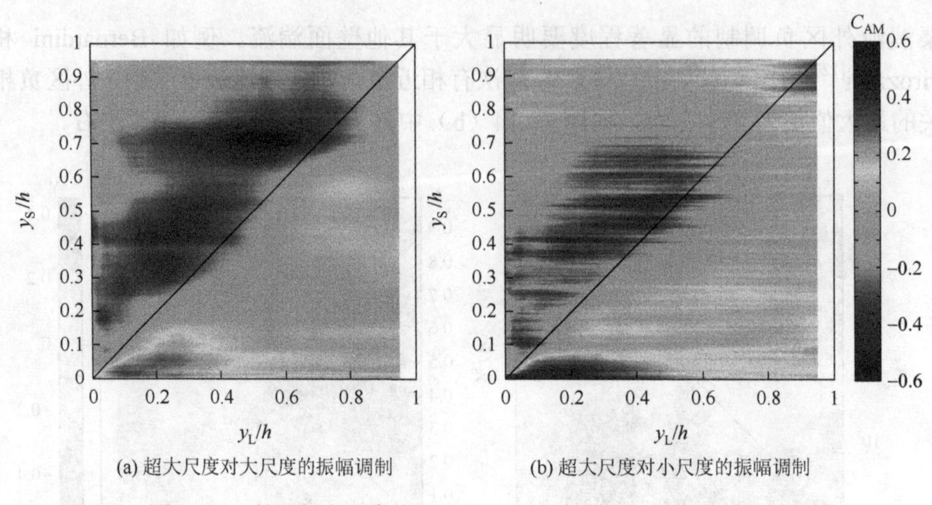

(a) 超大尺度对大尺度的振幅调制　　(b) 超大尺度对小尺度的振幅调制

图 10.15　外区超大尺度信号对大、小尺度信号的振幅调制分析

图 10.14 是超大尺度结构对大、小尺度信号的综合调制结果，图 10.15 为超大尺度结构对大、小尺度信号分别调制的结果。为了进一步明确超大尺度结构究竟对哪种尺度的振幅调制最为明显，将图 10.14（b）与图 10.15（a）、（b）分别相减，得到图 10.16（a）、（b）。图 10.16（a）基本为 0，说明图 10.15（a）与图 10.14（b）基本相同，即超大尺度结构对大、小尺度信号综合调制的结果与超大尺度对大尺度结构单独调制的结果一致。图 10.16（b）的上半部分在接近水面的区域小于 0，说明超大尺度信号对小尺度结构单独调制的结果弱于超大尺度结构对大、小尺度信号的综合调制。综合图 10.15 与图 10.16 可知，事实上外区振幅负调制主要是由超大尺度结构与大尺度结构的相互关系引起的。

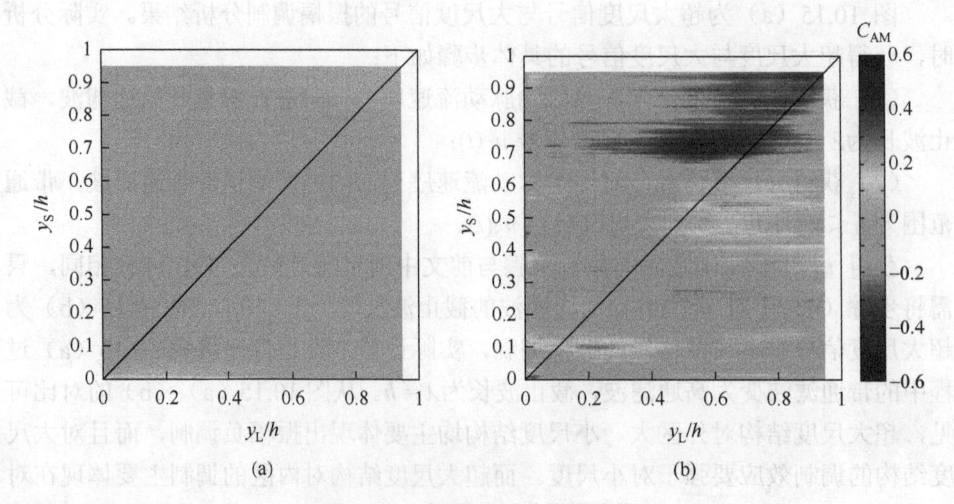

(a)　　(b)

图 10.16　振幅调制系数的差值

振幅负调制的具体物理意义是，在外区中，若某一测点处超大尺度纵向脉动为正，则此时测点以上流区的大尺度脉动减弱，相反，当超大尺度纵向脉动为负时，大尺度脉动就比较活跃。结合 10.2.2 节中互反馈维持机制的研究，当超大尺度纵向脉动为正时，即出现了大规模 Q4 事件，此时外区的发夹涡群很少，所以大尺度脉动较弱，而当超大尺度纵向脉动为负时，即出现了大规模 Q2 事件，此时外区的发夹涡群较多，大尺度脉动活跃，所以结合来看，超大尺度信号对外区的振幅负调制现象事实上是从另一个方面证明了发夹涡群主要聚集在大规模 Q2 事件区这一结论。

振幅正调制的具体物理意义是，当对数区中超大尺度纵向脉动为正时，黏性底层和缓冲区的小尺度脉动就增强，相反，当超大尺度纵向脉动为负时，小尺度脉动减弱。结合超大尺度流向涡模型，即出现大规模 Q4 事件时，内区小尺度脉动活跃，出现了大规模 Q2 事件时，内区的小尺度脉动被抑制。事实上，图 10.7 中 $y/h<0.1$ 区域的统计结果也证实了这种振幅正调制现象。图 10.7 中，$a_1<-10$（Q2 事件）一侧横向涡的密度要小于 $a_1>10$（Q4 事件）一侧，涡旋引起脉动，所以 Q2 事件一侧的小尺度脉动要弱于 Q4 事件一侧。由于横向涡是发夹涡的头部，内区的发夹涡与猝发密切相关，所以振幅正调制说明黏性底层与缓冲区内的发夹涡分布及猝发现象与对数区内的超大尺度结构相关。虽然本书数据仅到中等雷诺数，但是许多实验证据表明，高雷诺数中这种振幅正调制也是存在的，即振幅正调制是壁面湍流中的一种基本现象。

10.3.3　振幅调制机制

振幅正调制现象在壁面湍流中普遍存在，然而目前尚不清楚其原因。上一节的分析结果表明，对数区和内区脉动信号间的振幅正调制本质上反映了超大尺度流向涡与近壁区发夹涡的关系。发夹涡的增减变化可能有两方面原因：一是输运作用导致发夹涡在某些区域聚集或减少，如互反馈维持机制；二是发夹涡本身的生成速率不同导致密度差异。内区是整个流区紊动和涡旋的产生地，因此床面附近涡旋的增减应该主要与其生成速率有关。

在发夹涡模型中，发夹涡可由黏性底层和缓冲区的独立流向涡发展而来，也可由床面剪切生成的横向涡管发展而来。事实上，独立流向涡最初也应该是由横向涡管经扰动发展而来的，所以本质上讲，发夹涡的生成与床面剪切有密切关系。

由图 10.14（a）可知，$y^+=100$ 处的超大尺度结构对 $y^+<50$ 的小尺度信号有较强的振幅正调制。因此，以截止波长为 $10h$ 的低通滤波得到 $y^+=100$ 处的超大尺度信号 u_L，分析 u_L 正负变化时 $y^+<50$ 内的剪切情况。图 10.17 为 $y^+=100$ 处的

u_L 正负变化时流场的瞬时纵向流速剖面。图中黑色实线为平均流速分布，带符号的曲线为代表流场中线处的瞬时纵向流速。图 10.17（a）是 u_L 为正时的瞬时纵向流速剖面，从图中可以看到，$y^+=100$ 处的超大尺度脉动为正时，多数流场在整个流区的瞬时纵向流速都大于平均流速，$y^+<500$ 的范围内这种增大效应更加明显，为了清晰地显示黏性底层和缓冲区的情况，图 10.17（c）绘出了图（a）中 $y^+<50$ 的部分，可以看到四帧流场中瞬时纵向速度均大于平均流速，考虑床面无滑移条件，意味着这四帧典型的瞬时流场中床面剪切均大于平均水平。图 10.17（b）是 u_L 为负时的瞬时纵向流速剖面，从图中可以看到，$y^+=100$ 处的超大尺度脉动为正时，在 $y^+<200$ 的范围内四帧流场的瞬时纵向流速均小于时均流速。图 10.17（d）绘出了图（b）中 $y^+<50$ 的部分，四帧典型瞬时流场中瞬时纵向速度均小于时均流速，也就是说，瞬时流场床面剪切小于平均水平。

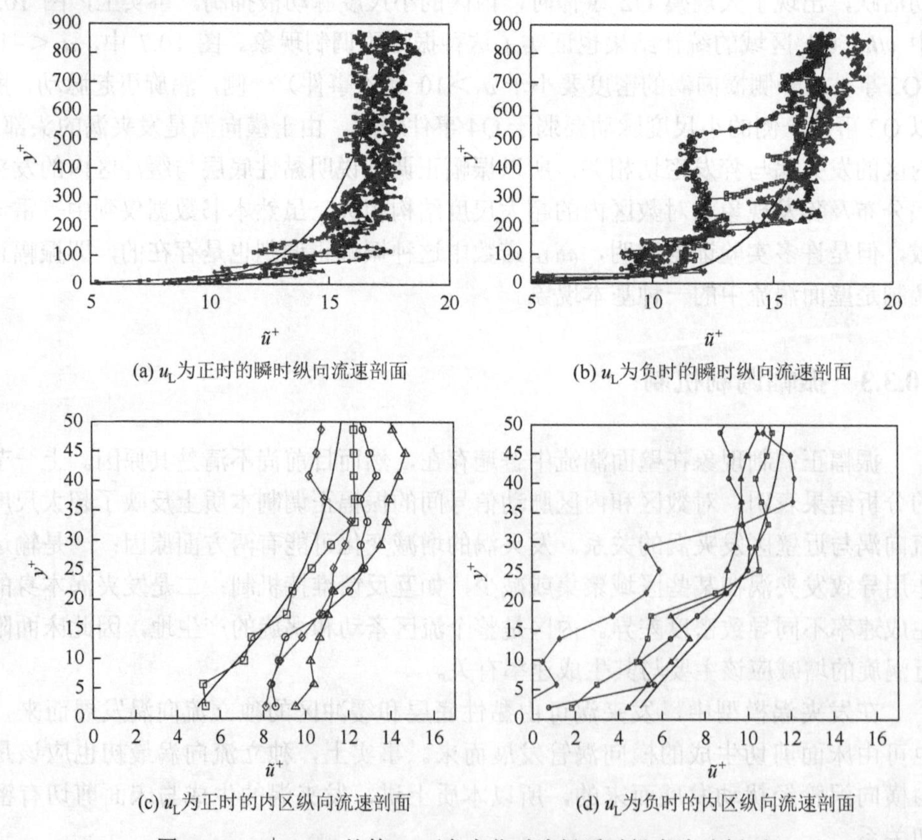

(a) u_L 为正时的瞬时纵向流速剖面　(b) u_L 为负时的瞬时纵向流速剖面

(c) u_L 为正时的内区纵向流速剖面　(d) u_L 为负时的内区纵向流速剖面

图 10.17　$y^+=100$ 处的 u_L 正负变化时流场瞬时纵向流速剖面

瞬时流场的情况仅能作为观察例子，需要进一步的统计证据支持。图 10.18 给出了根据 $y^+=100$ 处的 u_L 分正负对纵向流速进行条件平均的结果，图中黑色曲线为平均流速，红色曲线为$u_L>0$的流场的平均流速，蓝色曲线为$u_L<0$的流场的平均流速。从图 10.18（a）可以看到，$y^+=100$处的超大尺度纵向脉动为正时，从统计意义上讲，全流区的纵向流速都大于平均值，当超大尺度纵向脉动为负时，全流区的纵向流速都小于平均值。这种影响一直持续到水面。这种现象进一步证实了超大尺度流向涡引起的大规模 Q2/Q4 事件是一种全水深事件。图 10.18（b）画出了内区的情况，从中可以看到，从统计意义上讲，内区纵向流速与对数区内超大尺度纵向脉动的趋势是相同的。

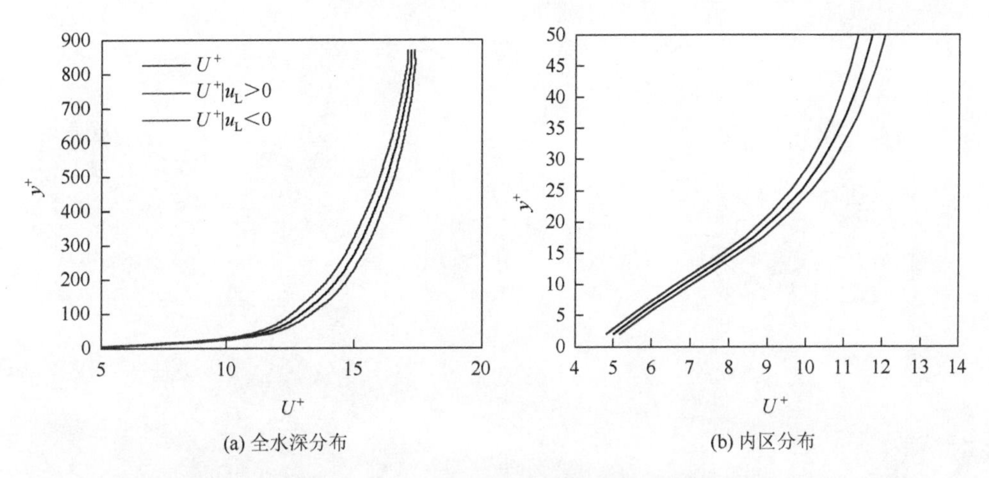

图 10.18　根据$y^+=100$处的u_L分正负对纵向流速进行条件平均的结果（见书后彩图）

因此，从瞬时流场和统计平均中均证实了对数区中超大尺度结构对应着床面剪切的变化。根据发夹涡模型的生成机制，如图 10.19 所示，当超大尺度结构为大规模 Q2 事件时，床面剪切弱于平均水平，此时床面纵向流速梯度较小，较难

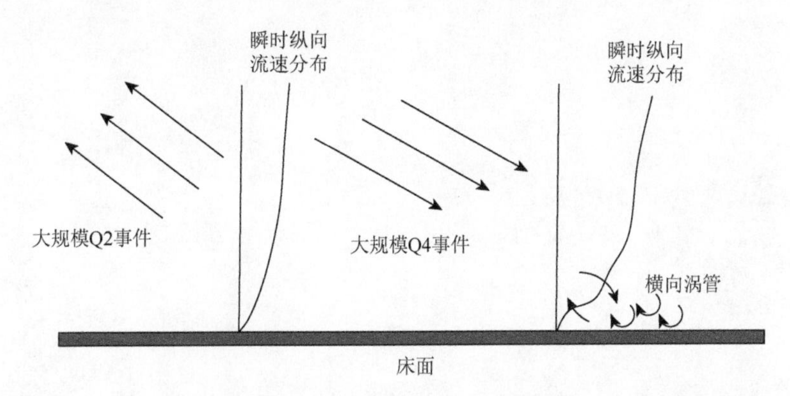

图 10.19　超大尺度流向涡与床面剪切以及床面涡管生成之间的关系示意图

生成横向涡管；当出现大规模 Q4 事件时，床面剪切较平均水平强，床面附近纵向流速梯度较大，上部流体快于床面上的流体，经扰动后生成横向涡管，进一步发展成为发夹涡，引起条带-猝发等现象，导致床面附近的小尺度脉动活跃。图 10.19 提出的超大尺度流向涡通过床面剪切对发夹涡的诱发机制为振幅调制提供了一种解释。

参考文献

[1] Reynolds O. An experimental investigation of the circumstances which determine whether the motion of water shall be direct or sinuous，and of the law of resistance in parallel channels[J]. Proceedings of the Royal Society of London，1883，35（224/226）：84-99.

[2] Reynolds O. On the dynamical theory of incompressible viscous fluids and the determination of the criterion[J]. Proceedings of the Royal Society of London，1895，186（1）：123-164.

[3] Boussinesq J. Essai sur la Théorie des Eaux Courantes[M]. Paris：Imprimerie Nationale，1877.

[4] Prandtl L. Bericht über Untersuchungen zur ausgebildeten Turbulenz[J]. Zeitschrift fur Angewandte Mathematik und Mechanik，1925，5（2）：136-139.

[5] Fursikov A. The Closure Problem for Friedman-Keller Infinite Chain of Moment Equations，Corresponding to the Navier-Stokes System，Fundamental Problematic Issues in Turbulence[M].Berlin：Springer，1999：17-24.

[6] Fursikov A，Emanuilov O Y. The rate of convergence of approximations for the closure of the Friedman-Keller chain in the case of large Reynolds numbers[J]. Russian Academy of Sciences. Sbornik Mathematics，1995，81（1）：235.

[7] Taylor G I. Statistical theory of turbulence[C]. Proceedings of the Royal Society of London A：Mathematical，Physical and Engineering Sciences，1935：421-444.

[8] Batchelor G，Townsend A. The nature of turbulent motion at large wave-numbers[C]. Proceedings of the Royal Society of London A：Mathematical，Physical and Engineering Sciences，1949：238-255.

[9] Kolmogorov A N. A refinement of previous hypotheses concerning the local structure of turbulence in a viscous incompressible fluid at high Reynolds number[J]. Journal of Fluid Mechanics，1962，13（1）：82-85.

[10] Frisch U，Sulem P L，Nelkin M. A simple dynamical model of intermittent fully developed turbulence[J]. Journal of Fluid Mechanics，1978，87（4）：719-736.

[11] She Z S，Leveque E. Universal scaling laws in fully developed turbulence[J]. Physical Review Letters，1994，72（3）：336.

[12] Kline S，Reynolds W，Schraub F，et al. The structure of turbulent boundary layers[J]. Journal of Fluid Mechanics，1967，30（4）：741-773.

[13] Robinson S K. Coherent motions in the turbulent boundary layer[J]. Annual Review of Fluid Mechanics，1991，23（1）：601-639.

[14] Adrian R，Meinhart C，Tomkins C. Vortex organization in the outer region of the turbulent boundary layer[J]. Journal of Fluid Mechanics，2000，422：1-54.

[15] Balakumar B，Adrian R. Large-and very-large-scale motions in channel and boundary-layer flows[J]. Philosophical Transactions of the Royal Society A：Mathematical，Physical and Engineering Sciences，2007，365（1852）：665-681.

[16] Kim J，Moin P，Moser R. Turbulence statistics in fully developed channel flow at low Reynolds number[J]. Journal of Fluid Mechanics，1987，177：133-166.

[17] Nezu I，Nakagawa H. Turbulence in Open-Channel Flows[M]. Rotterdam：Balkema，1993.

[18] Pope S B. Turbulent Flows[M]. Cambridge：Cambridge University Press，2000.

[19] Nezu I，Rodi W. Open-channel flow measurements with a laser Doppler anemometer[J]. Journal of Hydraulic Engineering，1986，112（5）：335-355.

[20] Coles D. The law of the wake in the turbulent boundary layer[J]. Journal of Fluid Mechanics，1956，1（2）：191-226.

[21] Roussinova V，Biswas N，Balachandar R. Revisiting turbulence in smooth uniform open channel flow[J]. Journal of Hydraulic Research，2008，46（sup1）：36-48.

[22] Zagarola M V，Smits A J. Mean-flow scaling of turbulent pipe flow[J]. Journal of Fluid Mechanics，1998，373：33-79.

[23] Wei T，Fife P，Klewicki J，et al. Properties of the mean momentum balance in turbulent boundary layer，pipe and channel flows[J]. Journal of Fluid Mechanics，2005，522：303-327.

[24] Richardson L F. Weather Prediction by Numerical Process[M]. Cambridge：Cambridge University Press，2007.

[25] Kolmogorov A N. Dissipation of energy in the locally isotropic turbulence[J]. Proceedings：Mathematical and Physical Sciences，1991，434（1890）：15-17.

[26] Nezu I. Turbulent structure in open-channel flows[R]. Kyoto：Kyoto University，1977.

[27] Willmarth W，Lu S. Structure of the Reynolds stress near the wall[J]. Journal of Fluid Mechanics，1972，55（1）：65-92.

[28] Jackson R G. Sedimentological and fluid-dynamic implications of the turbulent bursting phenomenon in geophysical flows[J]. Journal of Fluid Mechanics，1976，77（3）：531-560.

[29] Matthes G H. Macroturbulence in natural stream flow[J]. Eos，Transactions American Geophysical Union，1947，28（2）：255-265.

[30] Coleman J M. Brahmaputra River：channel processes and sedimentation[J]. Sedimentary Geology，1969，3（2）：129-239.

[31] Tamburrino A，Gulliver J S. Large flow structures in a turbulent open channel flow[J]. Journal of Hydraulic Research，1999，37（3）：363-380.

[32] Kinoshita R. An analysis of the movement of flood waters by aerial photography，concerning characteristics of turbulence and surface flow[J]. Photographic Surveying，2010，6（1）：1-17.

[33] Sukhodolov A N，Nikora V I，Katolikov V M. Flow dynamics in alluvial channels：the legacy of Kirill V. Grishanin[J]. Journal of Hydraulic Research，2011，49（3）：285-292.

[34] Tamburrino A，Gulliver J S. Free-surface visualization of streamwise vortices in a channel flow[J]. Water Resources Research，2007，43（11）：W11410.

[35] Zhong Q，Chen Q，Wang H，et al. Statistical analysis of turbulent super-streamwise vortices based on observations of streaky structures near the free surface in the smooth open channel flow[J]. Water Resources Research，2016，52（5）：3563-3578.

[36] Grass A. Structural features of turbulent flow over smooth and rough boundaries[J]. Journal of Fluid Mechanics，1971，50（2）：233-255.

[37] Rashidi M，Banerjee S. Turbulence structure in free-surface channel flows[J]. Physics of Fluids，1988，31（9）：2491-2503.

[38] Nakagawa H，Nezu I. Structure of space-time correlations of bursting phenomena in an open-channel flow[J]. Journal of Fluid Mechanics，1981，104：1-43.

[39] Roussinova V，Shinneeb A M，Balachandar R. Investigation of fluid structures in a smooth open-channel flow using proper orthogonal decomposition[J]. Journal of Hydraulic Engineering，2009，136（3）：143-154.

[40] 王龙. 明渠水流相干结构的试验研究[D]. 北京：清华大学，2009.

[41] Chen Q，Adrian R J，Zhong Q，et al. Experimental study on the role of spanwise vorticity and vortex filaments in

the outer region of open-channel flow[J]. Journal of Hydraulic Research，2014，52（4）：476-489.

[42] Hurther D，Lemmin U，Terray E A. Turbulent transport in the outer region of rough-wall open-channel flows：the contribution of large coherent shear stress structures（LC3S）[J]. Journal of Fluid Mechanics，2007，574：465.

[43] Nezu I，Sanjou M. PIV and PTV measurements in hydro-sciences with focus on turbulent open-channel flows[J]. Journal of Hydro-Environment Research，2011，5（4）：215-230.

[44] 钟强，李丹勋，陈启刚，等. 明渠湍流中的主要相干结构模式[J]. 清华大学学报：自然科学版，2012，52（6）：730-737.

[45] Panton R L. Overview of the self-sustaining mechanisms of wall turbulence[J]. Progress in Aerospace Sciences，2001，37（4）：341-383.

[46] Zhong J，Huang T S，Adrian R J. Extracting 3D vortices in turbulent fluid flow[J]. Pattern Analysis and Machine Intelligence，IEEE Transactions on，1998，20（2）：193-199.

[47] Zhou J，Adrian R，Balachandar S，et al. Mechanisms for generating coherent packets of hairpin vortices in channel flow[J]. Journal of Fluid Mechanics，1999，387：353-396.

[48] Christensen K，Adrian R. Statistical evidence of hairpin vortex packets in wall turbulence[J]. Journal of Fluid Mechanics，2001，431：433-443.

[49] Hommema S E，Adrian R J. Packet structure of surface eddies in the atmospheric boundary layer[J]. Boundary-Layer Meteorology，2003，106（1）：147-170.

[50] Adrian R J. Hairpin vortex organization in wall turbulence[J]. Physics of Fluids，2007，19（4）：041301.

[51] Townsend A. The Structure of Turbulent Shear Flow[M]. Cambridge：Cambridge University Press，1976.

[52] Tomkins C D，Adrian R J. Spanwise structure and scale growth in turbulent boundary layers[J]. Journal of Fluid Mechanics，2003，490：37-74.

[53] Brown G L，Thomas A S. Large structure in a turbulent boundary layer[J]. Physics of Fluids，1977，20（10）：S243-S252.

[54] Bandyopadhyay P. Large structure with a characteristic upstream interface in turbulent boundary layers[J]. Physics of Fluids，1980，23（11）：2326-2327.

[55] Head M，Bandyopadhyay P. New aspects of turbulent boundary-layer structure[J]. Journal of Fluid Mechanics，1981，107：297-338.

[56] Shvidchenko A B，Pender G. Macroturbulent structure of open-channel flow over gravel beds[J]. Water Resources Research，2001，37（3）：709-719.

[57] Imamoto H，Ishigaki T. Visualization of longitudinal eddies in an open channel flow[C]//Veret C. Flow Visualization Ⅳ：Proceedings of the Fourth International Symposium on Flow Visualization. Washington，DC：Hemisphere，1987：333-337.

[58] Gulliver J S，Halverson M J. Measurements of large streamwise vortices in an open-channel flow[J]. Water Resources Research，1987，23（1）：115-123.

[59] Shvidchenko A B，Pender G. Discussion on“Large flow structures in a turbulent open channel flow”[J]. Journal of Hydraulic Research，2001，39（1）：109-111.

[60] Adrian R J，Marusic I. Coherent structures in flow over hydraulic engineering surfaces[J]. Journal of Hydraulic Research，2012，50（5）：451-464.

[61] Zhong Q，Li D，Chen Q，et al. Coherent structures and their interactions in smooth open channel flows[J]. Environmental Fluid Mechanics，2015，15（3）：653-672.

[62] Carlier J，Stanislas M. Experimental study of eddy structures in a turbulent boundary layer using particle image

velocimetry[J]. Journal of Fluid Mechanics，2005，535：143-188.

[63] Pirozzoli S，Bernardini M，Grasso F. Characterization of coherent vortical structures in a supersonic turbulent boundary layer[J]. Journal of Fluid Mechanics，2008，613：205-231.

[64] Gao Q，Ortiz-Duenas C，Longmire E. Analysis of vortex populations in turbulent wall-bounded flows[J]. Journal of Fluid Mechanics，2011，678：87-123.

[65] 钟强，陈启刚，李丹勋，等.明渠紊流横向漩涡的尺度与环量特征[J]. 四川大学学报（工程科学版），2013，45（S2）：66-70.

[66] Adrian R J. Particle-imaging techniques for experimental fluid mechanics[J]. Annual Review of Fluid Mechanics，1991，23（1）：261-304.

[67] Westerweel J，Elsinga G E，Adrian R J. Particle image velocimetry for complex and turbulent flows[J]. Annual Review of Fluid Mechanics，2013，45：409-436.

[68] Raffel M，Willert C E，Kompenhans J. Particle Image Velocimetry：a Practical Guide[M].Berlin：Springer，2013.

[69] Adrian R J. Twenty years of particle image velocimetry[J]. Experiments in Fluids，2005，39（2）：159-169.

[70] Stanislas M，Okamoto K，Kähler C J，et al. Main results of the third international PIV challenge[J]. Experiments in Fluids，2008，45（1）：27-71.

[71] 陈槐，李丹勋，陈启刚，等. 明渠恒定均匀流试验中尾门的影响范围[J]. 实验流体力学，2013，27（4）：12-16.

[72] Zhong Q，Li D X，Chen Q G，et al. Evaluation of the shading method for reducing image blooming in the piv measurement of open channel flows[J]. Journal of Hydrodynamics，Series B，2012，24（2）：184-192.

[73] Zilberman M，Wygnanski I，Kaplan R. Transitional boundary layer spot in a fully turbulent environment[J]. Physics of Fluids，1977，20（10）：S258-S271.

[74] Hussain A，Kleis S，Sokolov M. A 'turbulent spot'in an axisymmetric free shear layer. Part 2[J]. Journal of Fluid Mechanics，1980，98（1）：97-135.

[75] Hussain A F. Coherent structures and turbulence[J]. Journal of Fluid Mechanics，1986，173：303-356.

[76] Czarske J. Laser Doppler velocity profile sensor using a chromatic coding[J]. Measurement Science and Technology，2001，12（1）：52.

[77] 钟强，王兴奎，苗蔚，等. 高分辨率粒子示踪测速技术在光滑明渠紊流黏性底层测量中的应用[J]. 水利学报，2014，45（5）：513-520.

[78] Del Alamo J C，Jiménez J，Zandonade P，et al. Scaling of the energy spectra of turbulent channels[J]. Journal of Fluid Mechanics，2004，500：135-144.

[79] Von Kármán T. Mechanische Ähnlichkeit und Turbulenz[J]. Nachr. Ges. Wiss Gottingen，Math. Phys. Klasse；1930，5. English Translation，NACA TM，1931，611：58-76.

[80] Coleman N L. Velocity profiles with suspended sediment[J]. Journal of Hydraulic Research，1981，19（3）：211-229.

[81] Wosnik M，Castillo L，George W K. A theory for turbulent pipe and channel flows[J]. Journal of Fluid Mechanics，2000，421：115-145.

[82] Zanoun E S，Durst F，Nagib H. Evaluating the law of the wall in two-dimensional fully developed turbulent channel flows[J]. Physics of Fluids，2003，15（10）：3079-3089.

[83] Marusic I，Mathis R，Hutchins N. Predictive model for wall-bounded turbulent flow[J]. Science，2010，329（5988）：193-196.

[84] Nagaosa R. Direct numerical simulation of vortex structures and turbulent scalar transfer across a free surface in a fully developed turbulence[J]. Physics of Fluids，1999，11（6）：1581.

[85] Sreenivasan K R，Sahay A. The persistence of viscous effects in the overlap region，and the mean velocity in

turbulent pipe and channel flows[J]. arXiv preprint physics/9708016，1997.

[86] Morrill-Winter C，Klewicki J. Influences of boundary layer scale separation on the vorticity transport contribution to turbulent inertia[J]. Physics of Fluids，2013，25（1）：015108.

[87] Tropea C，Yarin A L，Foss J F. Springer Handbook of Experimental Fluid Mechanics[M]. Berlin：Springer，2007.

[88] Papoulis A，Pillai S U. Probability，Random Variables，and Stochastic Processes[M]. New York：McGraw-Hill，1985.

[89] Deutsch R. Estimation Theory[M]. New Jersey：Prentice-Hall，1965.

[90] Adrian R J，Jones B，Chung M，et al. Approximation of turbulent conditional averages by stochastic estimation[J]. Physics of Fluids A：Fluid Dynamics，1989，1（6）：992-998.

[91] 郑君里，应启珩，杨为理，等. 信号与系统引论[M]. 北京：高等教育出版社，2009.

[92] 胡广书. 数字信号处理：理论，算法与实现[M]. 北京：清华大学出版社，2003.

[93] Kuo C H，Jeng W. Lock-on characteristics of a cavity shear layer[J]. Journal of Fluids and Structures，2003，18（6）：715-728.

[94] 杨国晶. 陷落式腔体水动力特性研究[D]. 哈尔滨：哈尔滨工程大学，2009.

[95] Lusseyran F，Pastur L，Letellier C. Dynamical analysis of an intermittency in an open cavity flow[J]. Physics of Fluids，2008，20（11）：114101.

[96] Basley J，Pastur L，Lusseyran F，et al. Experimental investigation of global structures in an incompressible cavity flow using time-resolved PIV[J]. Experiments in Fluids，2011，50（4）：905-918.

[97] Chui C K. An Introduction to Wavelets[M].New York：Academic Press，2014.

[98] Perrier V，Philipovitch T，Basdevant C. Wavelet spectra compared to Fourier spectra[J]. Journal of Mathematical Physics，1995，36（3）：1506-1519.

[99] Argoul F，Arneodo A，Grasseau G，et al. Wavelet analysis of turbulence reveals the multifractal nature of the Richardson cascade[J]. Nature，1989，338（6210）：51-53.

[100] Frisch U. Turbulence：the Legacy of AN Kolmogorov[M]. Cambridge：Cambridge University Press，1995.

[101] Saddoughi S G，Veeravalli S V. Local isotropy in turbulent boundary layers at high Reynolds number[J]. Journal of Fluid Mechanics，1994，268：333-372.

[102] 刘士和，梁在潮. 湍流相干结构与小尺度结构之间的相互作用[J]. 应用数学和力学，1995，（12）：1091-1099.

[103] Monty J P，Hutchins N，Ng H C H，et al. A comparison of turbulent pipe，channel and boundary layer flows[J]. Journal of Fluid Mechanics，2009，632：431.

[104] Sirovich L. Turbulence and the dynamics of coherent structures. Part I：Coherent structures[J]. Quarterly of Applied Mathematics，1987，45（3）：561-571.

[105] Marusic I，Adrian R. The Eddies and Scales of Wall Turbulence[M]. Cambridge：Cambridge University Press，2010.

[106] 王洪平，高琪，王晋军. 基于层析 PIV 的湍流边界层涡结构统计研究[J]. 中国科学：物理学 力学 天文学，2015，12：008.

[107] Adrian R，Christensen K，Liu Z C. Analysis and interpretation of instantaneous turbulent velocity fields[J]. Experiments in Fluids，2000，29（3）：275-290.

[108] Alfonsi G. Coherent structures of turbulence：methods of eduction and results[J]. Applied Mechanics Reviews，2006，59（6）：307.

[109] Perry A E，Chong M S. A description of eddying motions and flow patterns using critical-point concepts[J]. Annual Review of Fluid Mechanics，1987，19（1）：125-155.

[110] Hunt J C，Wray A，Moin P. Eddies，streams，and convergence zones in turbulent flows[C]. Proceeding of the Summer Program in Center for Turbulence Research，1988：193-208.
[111] Chong M，Perry A E，Cantwell B. A general classification of three-dimensional flow fields[J]. Physics of Fluids A：Fluid Dynamics，1990，2（5）：765-777.
[112] Jeong J，Hussain F. On the identification of a vortex[J]. Journal of Fluid Mechanics，1995，285：69-94.
[113] Lindgren E R. Vorticity and rotation[J]. American Journal of Physics，1980，48（6）：465-467.
[114] Giralt F，Ferré J. Structure and flow patterns in turbulent wakes[J]. Physics of Fluids A：Fluid Dynamics，1993，5（7）：1783-1789.
[115] Scarano F，Benocci C，Riethmuller M. Pattern recognition analysis of the turbulent flow past a backward facing step[J]. Physics of Fluids，1999，11（12）：3808-3818.
[116] Stanislas M，Perret L，Foucaut J M. Vortical structures in the turbulent boundary layer：a possible route to a universal representation[J]. Journal of Fluid Mechanics，2008，602：327-382.
[117] Cucitore R，Quadrio M，Baron A. On the effectiveness and limitations of local criteria for the identification of a vortex[J]. European Journal of Mechanics-B/Fluids，1999，18（2）：261-282.
[118] Wu Y，Christensen K T. Population trends of spanwise vortices in wall turbulence[J]. Journal of Fluid Mechanics，2006，568：55.
[119] Tsai W T. A numerical study of the evolution and structure of a turbulent shear layer under a free surface[J]. Journal of Fluid Mechanics，1998，354：239-276.
[120] Komori S，Nagaosa R，Murakami Y，et al. Direct numerical simulation of three-dimensional open-channel flow with zero-shear gas-liquid interface[J]. Physics of Fluids A：Fluid Dynamics，1993，5（1）：115-125.
[121] Varun A V，Balasubramanian K，Sujith R I. An automated vortex detection scheme using the wavelet transform of the d 2 field[J]. Experiments in Fluids，2008，45（5）：857-868.
[122] Natrajan V K，Wu Y，Christensen K T. Spatial signatures of retrograde spanwise vortices in wall turbulence[J]. Journal of Fluid Mechanics，2007，574：155-167.
[123] Hutchins N，Marusic I. Large-scale influences in near-wall turbulence[J]. Philosophical transactions. Series A，Mathematical，Physical，and Engineering Sciences，2007，365（1852）：647-664.
[124] Schlatter P，Örlü R. Quantifying the interaction between large and small scales in wall-bounded turbulent flows：a note of caution[J]. Physics of Fluids，2010，22（5）：051704.
[125] Ganapathisubramani B，Hutchins N，Monty J，et al. Amplitude and frequency modulation in wall turbulence[J]. Journal of Fluid Mechanics，2012，712：61-91.
[126] Mathis R，Hutchins N，Marusic I. Large-scale amplitude modulation of the small-scale structures in turbulent boundary layers[J]. Journal of Fluid Mechanics，2009，628：311-337.
[127] Bernardini M，Pirozzoli S. Inner/outer layer interactions in turbulent boundary layers：a refined measure for the large-scale amplitude modulation mechanism[J]. Physics of Fluids，2011，23（6）：061701.
[128] Saddoughi S G，Veeravalli S V. Local isotropy in turbulent boundary layers at high Reynolds number[J]. Journal of Fluid Mechanics，1994，268：333-372.
[129] Farge M，Ruppert-Felsot J，Petitjeans P. Wavelet tools to study vortex bursting and turbulence production[C]//Eckhardt B. Advances in Turbulence Ⅻ：Proceedings of the 12th EUROMECH European Turbulence Conference. Berlin：Springer Science & Business Media，2010.
[130] Donoho D L，Johnstone I M. Threshold selection for wavelet shrinkage of noisy data[C]//Proceedings of 16th annual international conference of the IEEE engineering in medicine and biology society. IEEE，1994，1：A24-A25 vol. 1.

彩　图

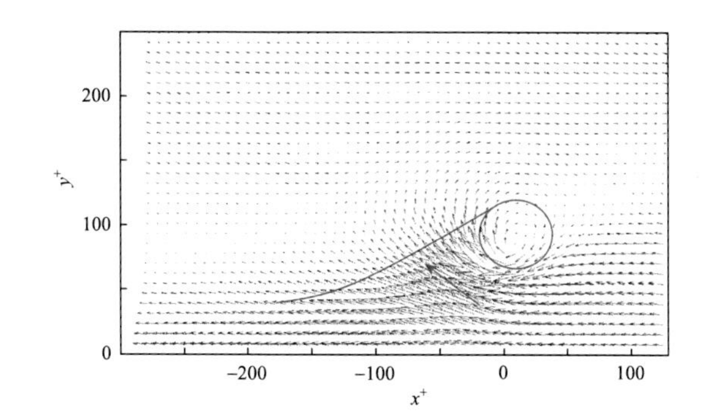

图 3.14　$y^+ = 70$ 处顺时针涡旋的条件平均流场

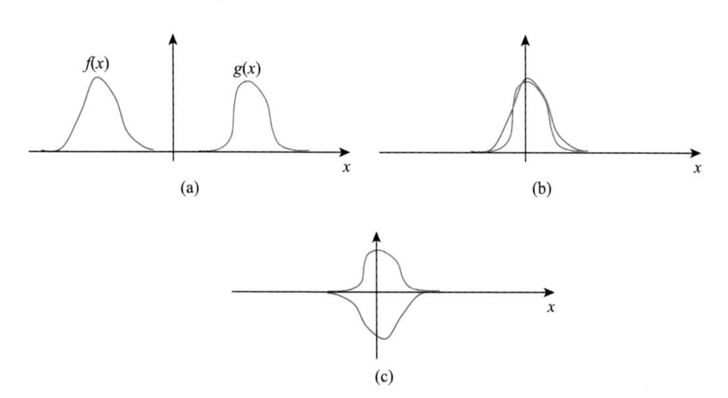

图 3.19　卷积物理意义示意

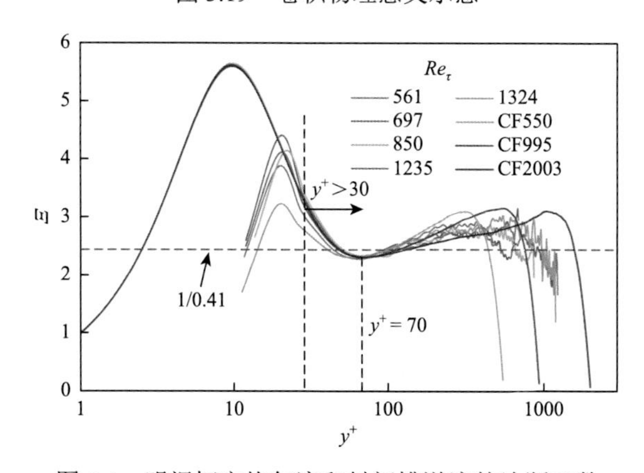

图 4.4　明渠恒定均匀流和封闭槽道流的诊断函数

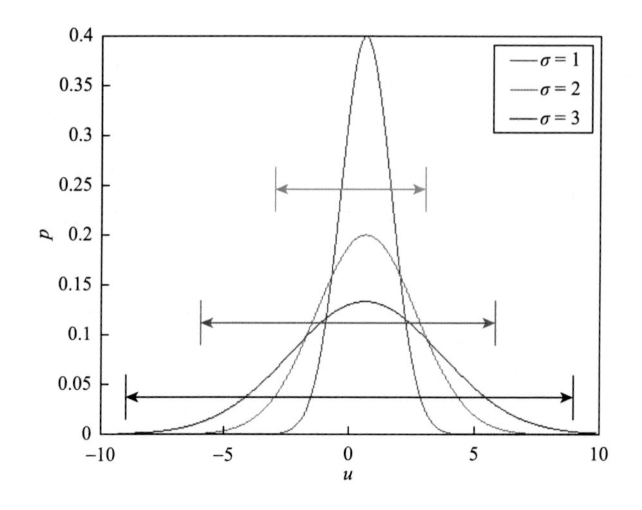

图 4.5　不同标准差的正态分布

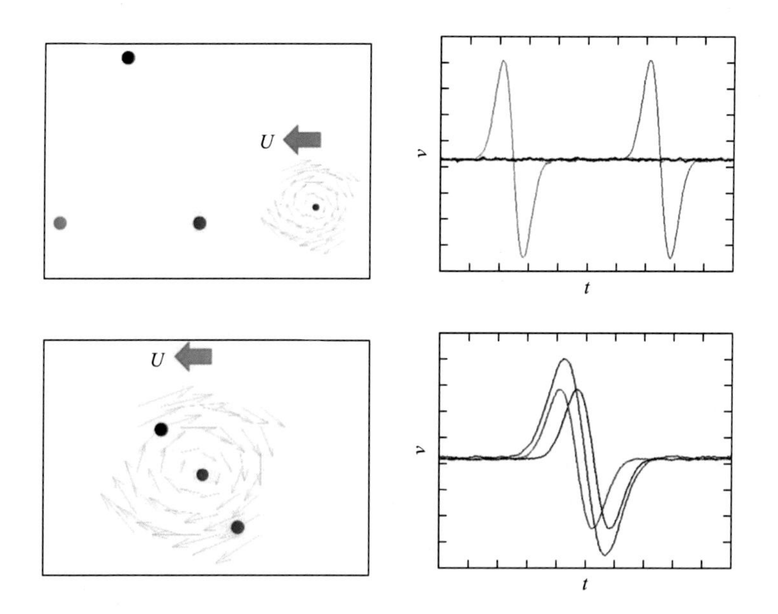

图 5.2　两种情况下的流速序列及对应相关系数

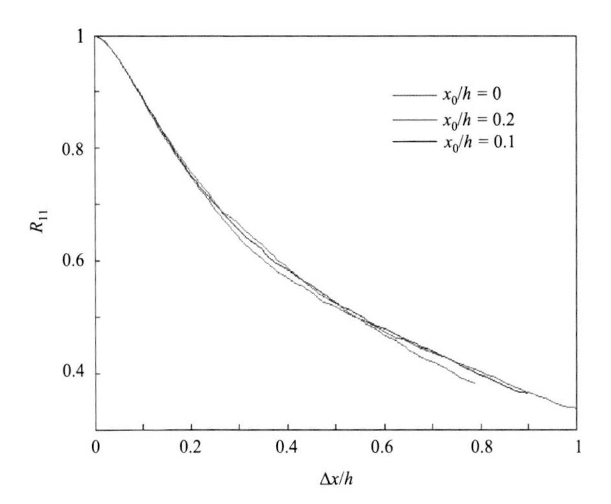

图 5.3　沿 x 方向的明渠湍流空间相关

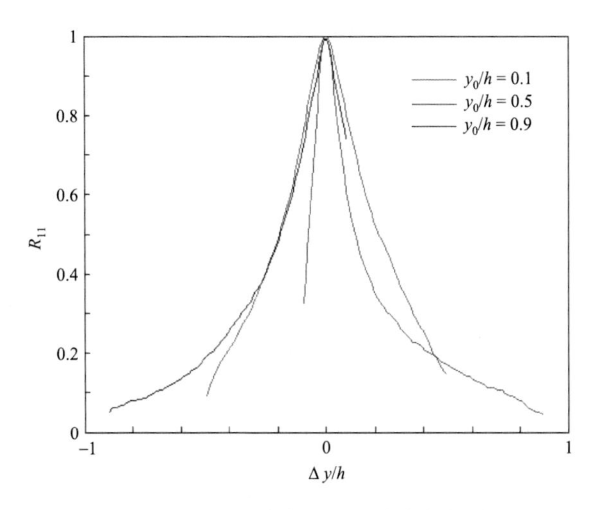

图 5.4　沿 x 方向的明渠湍流空间相关

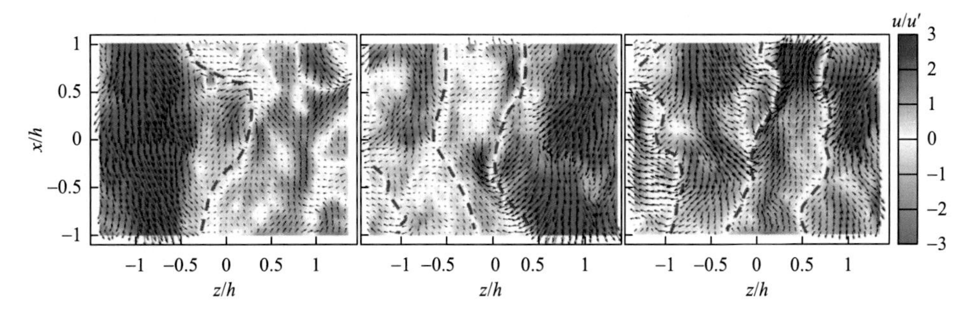

图 5.7　$y/h = 0.9$ 处 x-z 平面上的三个瞬时流场

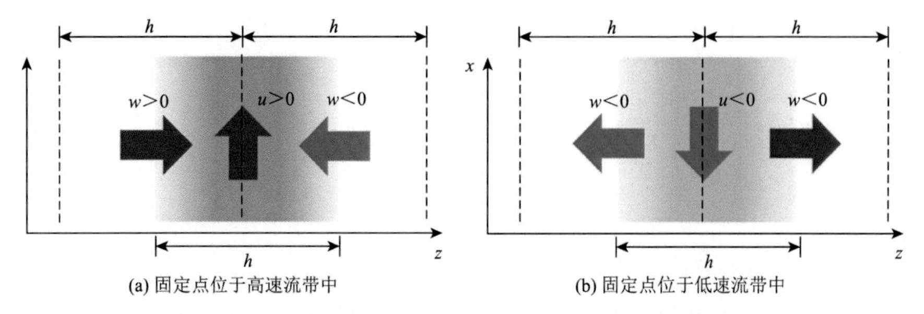

图 5.11　互相关分析揭示的流带结构内部的展向速度

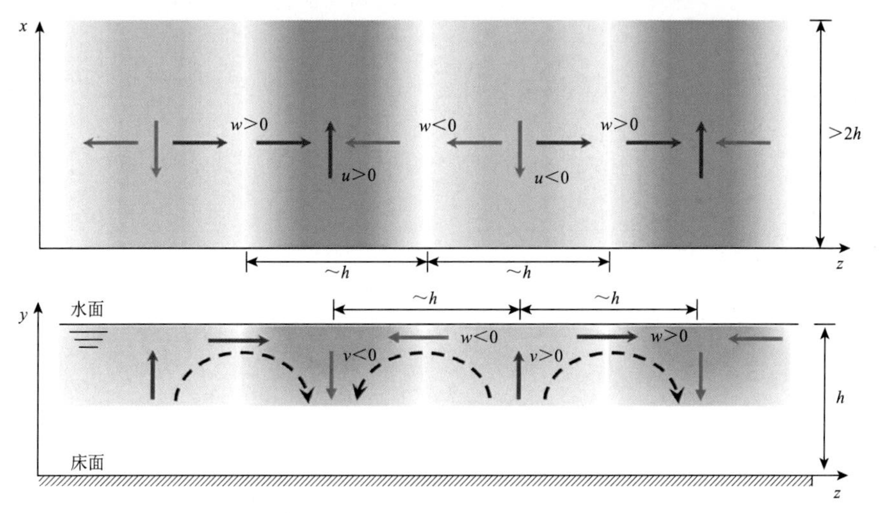

图 5.12　明渠流 $y/h = 0.9$ 处 x-z 平面高低速流带结构示意图

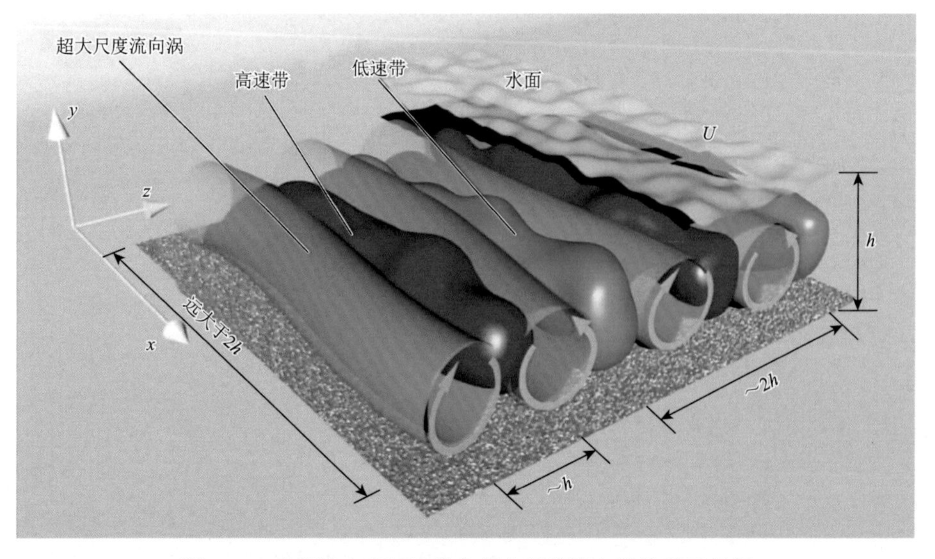

图 5.13　明渠流中高低速带和超大尺度流向涡关系示意图

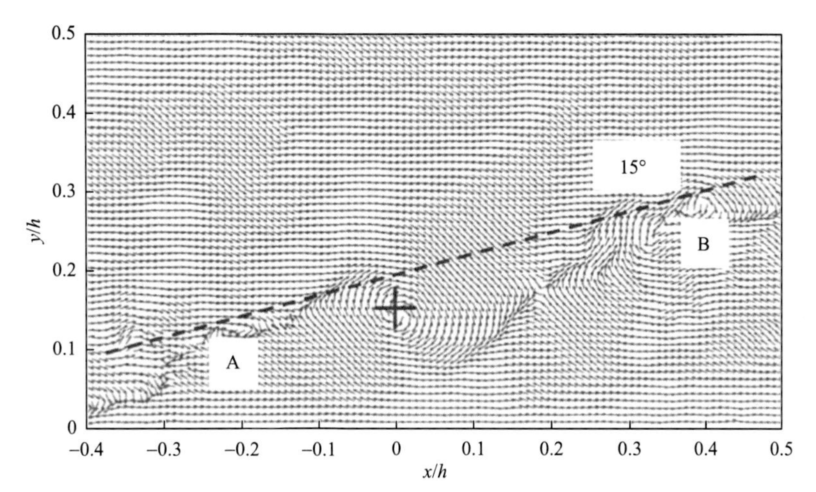

图 5.14　明渠恒定均匀流线性随机估计流场

流场中矢量大小均为 1，方向保持不变

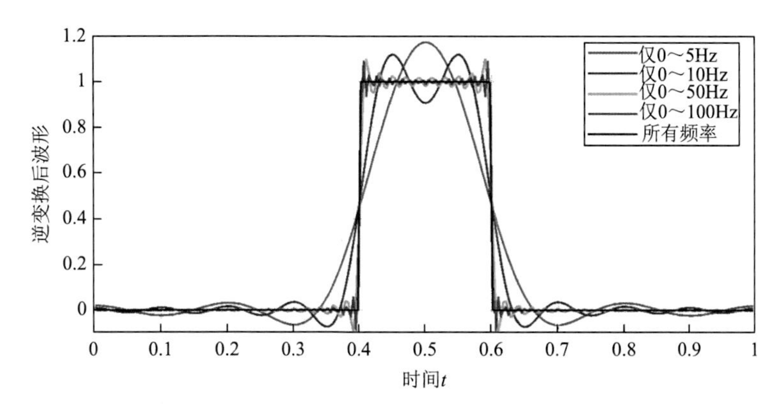

图 6.4　不同频率范围逆变换后的时域波形图

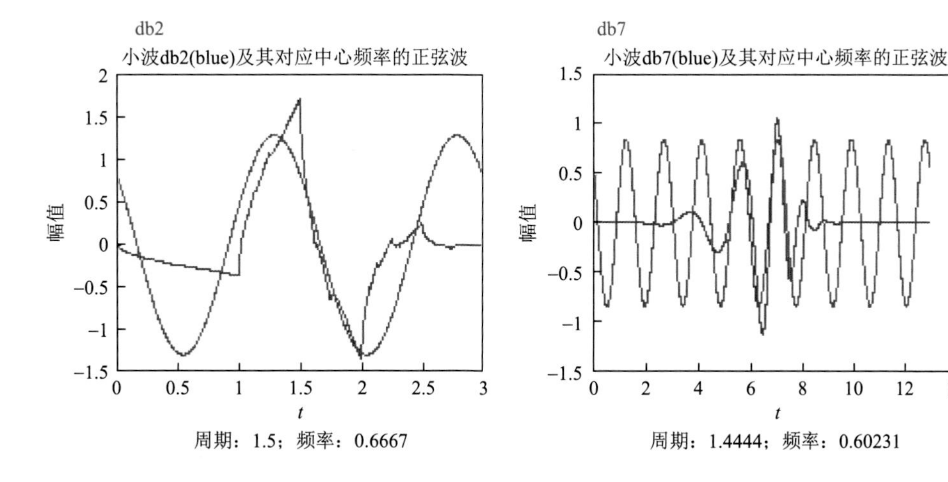

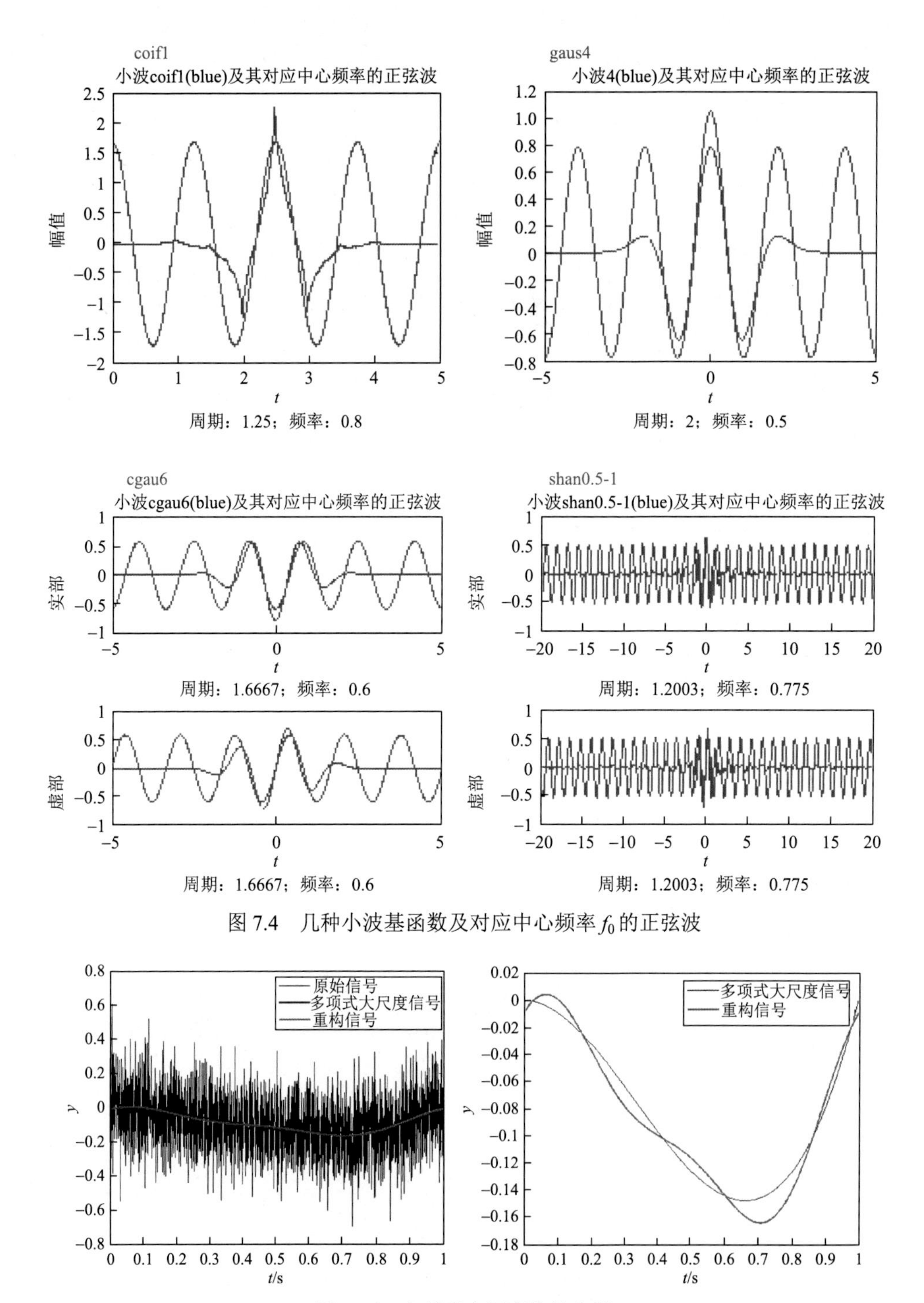

图 7.4　几种小波基函数及对应中心频率 f_0 的正弦波

图 7.12　多项式大尺度信号分析

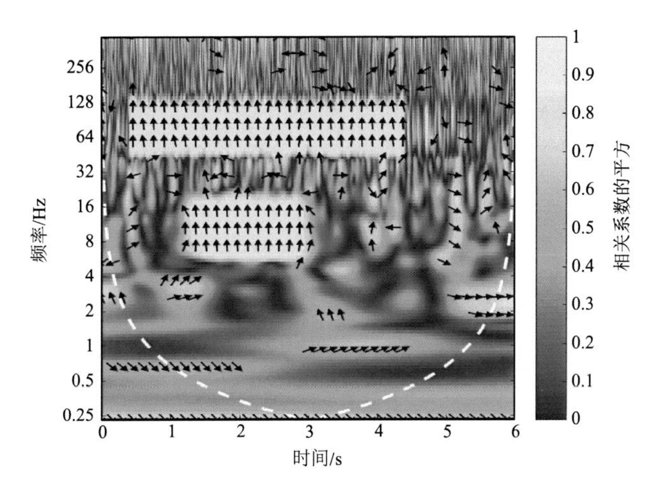

图 7.14　使用 wcoherence 命令计算 wcoherdemosig1 信号组中的两信号的小波相干

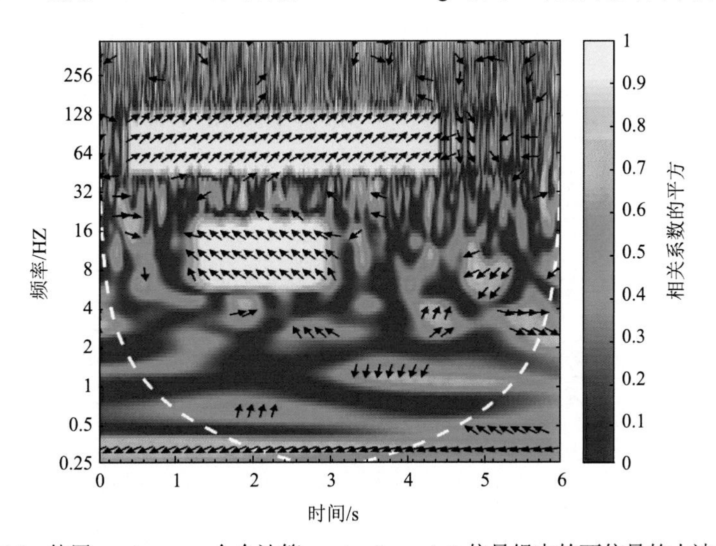

图 7.15　使用 wcoherence 命令计算 wcoherdemosig2 信号组中的两信号的小波相干

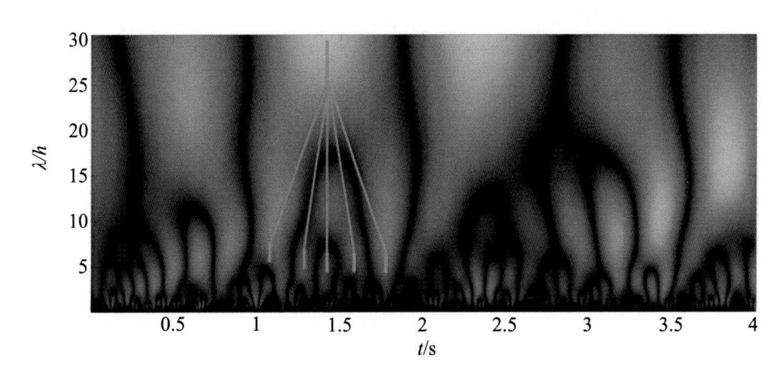

图 7.17　摩阻雷诺数为 880 的明渠恒定均匀流 $y^+ = 50$ 处 $u(t)$的连续小波变换

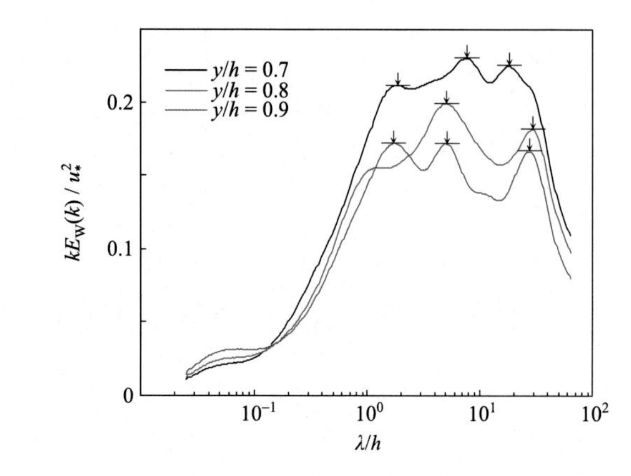

图 7.21　接近水面的测点 $u(t)$的预乘谱

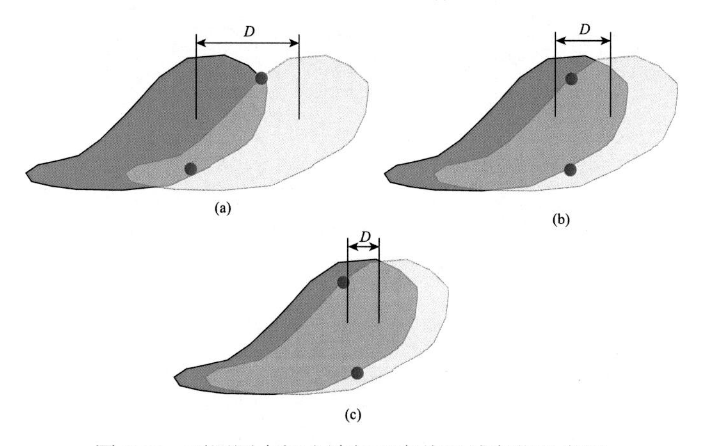

图 7.28　不同测点间小波相干高值区域变化示意图

（a）下测点位于上测点上游；（b）下测点和上测点在同一垂线上；（c）下测点在上测点下游

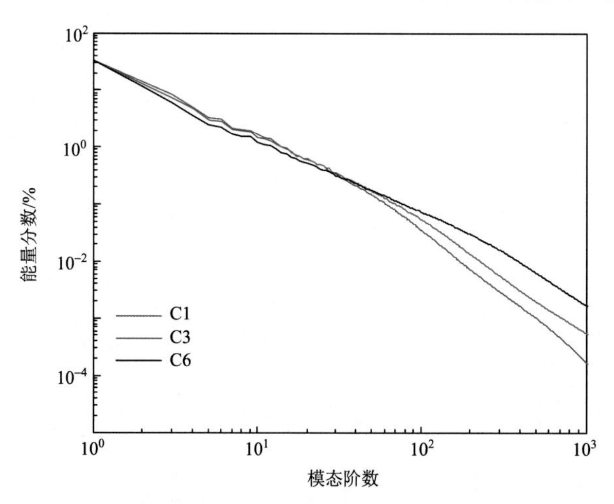

图 8.7　POD 分解的本征值谱

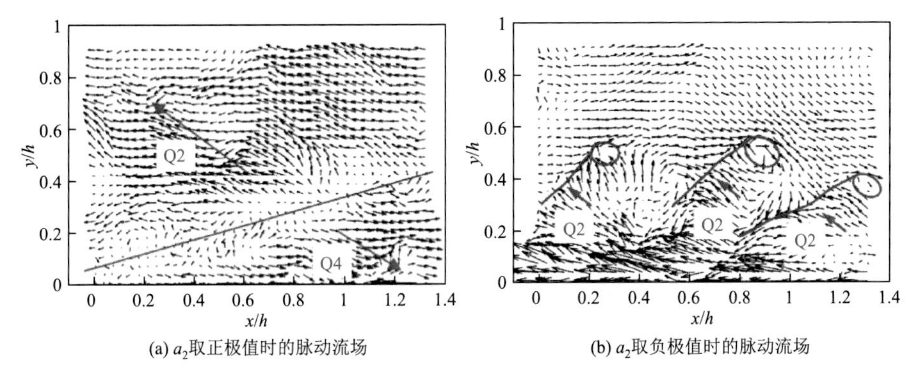

图 8.11　C3 测次 a_2 最值点对应的瞬时脉动流场

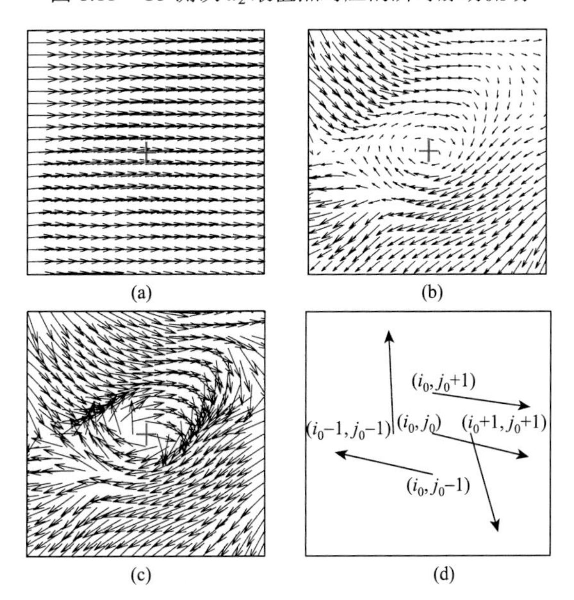

图 9.4　计算Ω_s的步骤

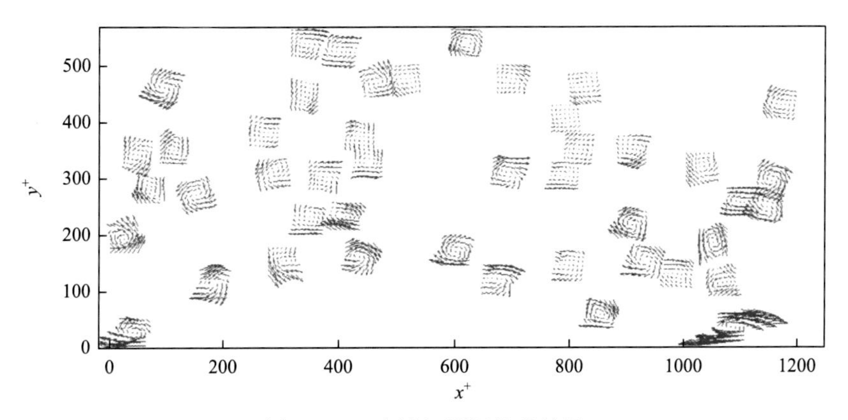

图 9.6　ω_s方法识别涡旋的结果

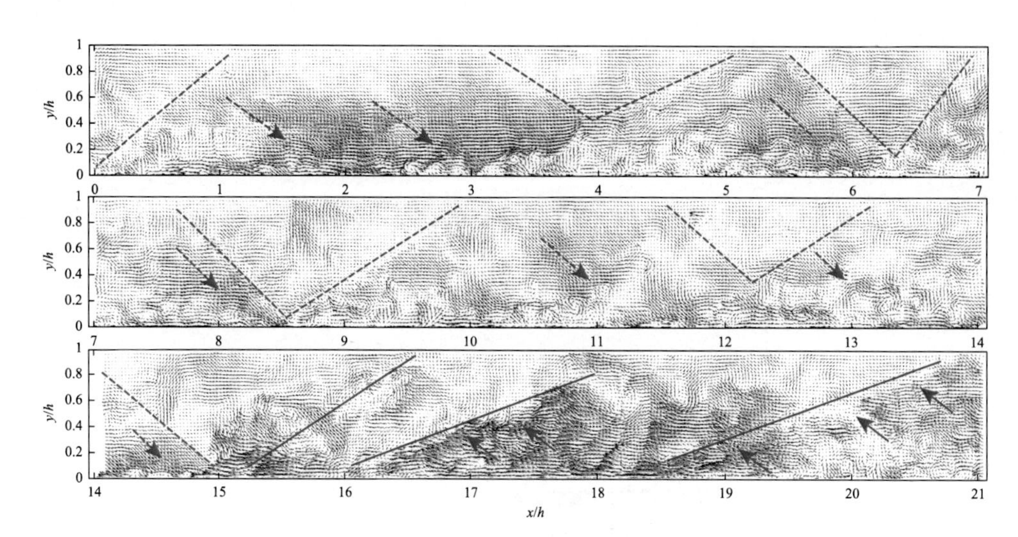

图 10.3　基于泰勒冻结假定拼接的脉动流场

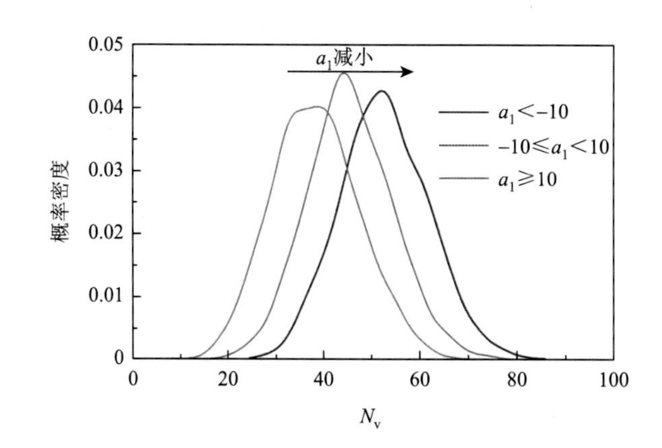

图 10.5　不同 a_1 时 N_v 的概率密度分布

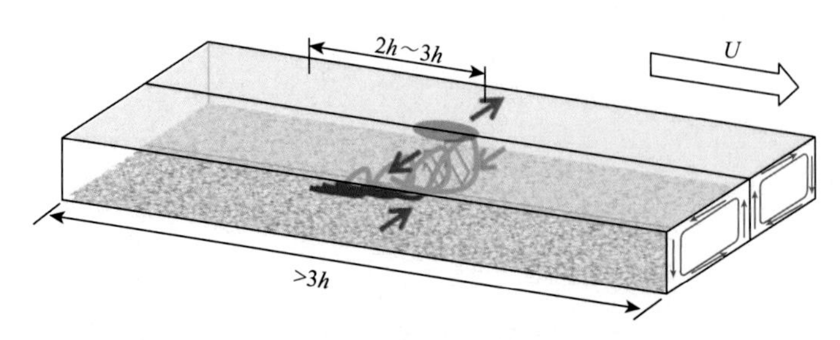

图 10.6　发夹涡群诱发流向旋转示意图

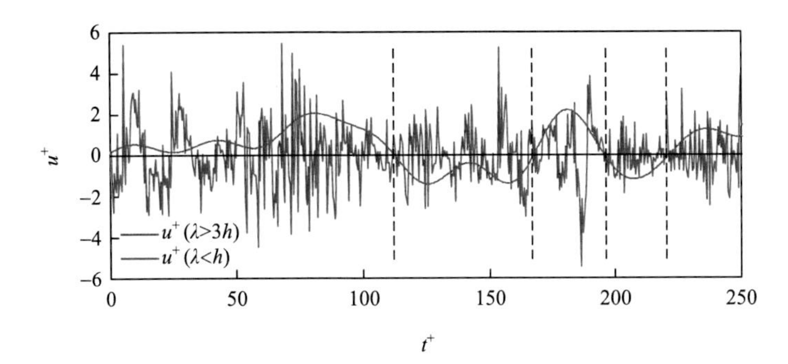

图 10.11　振幅调制示意图

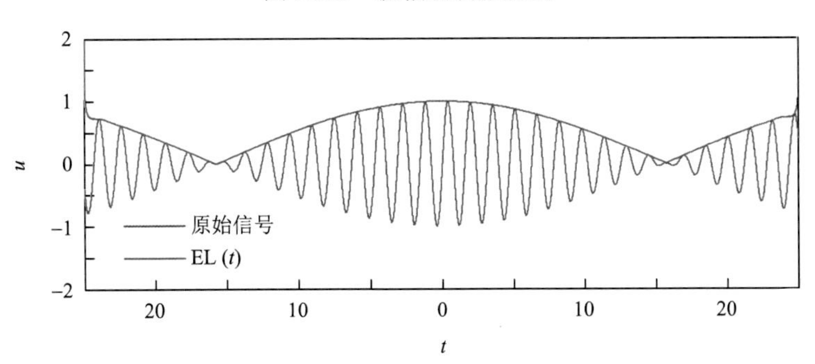

图 10.12　原始信号与 Hilbert 变换结果

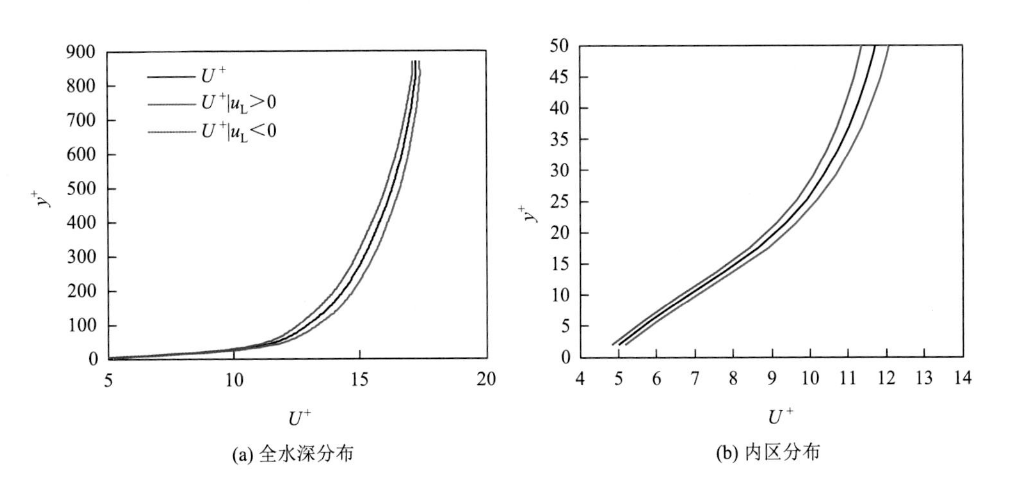

(a) 全水深分布　　(b) 内区分布

图 10.18　根据 $y^+=100$ 处的 u_L 分正负对纵向流速进行条件平均的结果